100 Orte besonderer Bäume in Norddeutschland

Genaue Ortsangaben auf S. 360 im Buch

Ostsee
Stralsund
Rostock
MECKLENBURG-VORPOMMERN
Schwerin
Elbe
BRANDENBURG
Oder
POLEN

1. Teuring Kratt
2. Gespensterwald Meierwik
3. Gespensterwald in der Geltinger Birk
4. Eichkratt Schirlbusch
5. Urwald bei Süderhackstedt
6. Gespensterwald Schwedeneck
7. Sumpfzypresse auf dem NordArt-Gelände
8. Eiche an der Liebfrauenkirche in Kiel
9. Eibe in Flintbek
10. Junger Urwald am Brahmsee
11. Überreste der Bordesholmer Linde
12. Eichen in Jasdorf
- ✗ Gurlitt-Eiche
13. Kattholzeiche bei Perdoel
14. Bräutigamseiche im Dodauer Forst
15. Guttauer Gehege bei Kellenhusen
16. Fünffingerlinde im Riesewohld
17. Reher Kratt
18. Flatterulme in Oelixdorf
19. Lindenallee Gut Seestermühe
20. Lindenalleen im Barockpark Jersbek
21. Lindenallee in Ahrensburg
22. Schwarzpappelallee bei Bliestorf
23. Erlen-Dschungel an der Wakenitz
24. Wald am Vossberg bei Mölln
25. Billetal im Sachsenwald
26. Blutbuchen im Hamburger Stadtpark
27. Sumpfzypresse im Kellinghusenpark
28. Zitterpappelkranz um das Johann-Georg-Büsch-Denkmal
29. Wacholder im Alten Botanischen Garten
30. Trauerweide auf Verkehrsinsel an der Außenalster
31. Misteln im Altonaer Volkspark
32. Kratteichen in der Wittenberger Heide
33. Misteln im Botanischen Garten Klein Flottbek
34. Lindenterrasse Hotel Louis C. Jacob
35. Misteln an der Elbchaussee
36. Misteln am Bubendey-Ufer
37. Vollhöfner Wald
38. Eibe am Neuländer Deich
39. Stühbusch und Heide am Falkenberg
40. Eichenpaar im Schlosspark Putbus
41. Silberweidenallee auf Rügen
42. Urwald auf der Insel Vilm
43. Reinberger Linde
44. Bäume am Jagdschloss Quitzin
45. Schwarzpappel in Greifswald
46. Lärchengruppe bei Diedrichshagen
47. Murchiner Seeholz
48. Gespensterwald Nienhagen
49. Lindenallee in Bad Doberan
50. Lindenalleen am Schloss Bothmer
51. Schattiner Zuschlag
52. Sumpfzypresse am Schweriner Schloss
53. Kastanienallee bei Warnow
54. Schäferbuche bei Dobbin
55. Bäume an der Burg Schlitz
56. Eichen im Ivenacker Tiergarten
57. Tanzlinde in Galenbeck
58. Eiche in Löcknitz
59. Heilige Hallen
60. Silberpappel im Schlosspark Mirow
61. Waldlewitz
62. Douglasien im Parchimer Stadtforst
63. Sumpfzypressen im Schlosspark Ludwigslust
64. Ur-Schwarzpappelbestand im Elbtal
65. Eiche auf der Eekenhöge
66. Linde vor der Horner Kirche
67. Bäume in den Wallanlagen
68. Eichkratts bei Cuxhaven
69. Naturwald Braken
70. Stieleichenallee in Varel
71. Neuenburger Urwald
72. Schlossgarten Oldenburg
73. Urwald Hasbruch mit Friederikeneiche
74. Dicke Linde in Heede
75. Buchenwald Tinner Loh
76. Urwald Herrenholz
77. Krüppeleichen am Holzberg
78. Eichenallee bei Verden (Aller)
79. Eiche in Haßbergen
80. Stühbusch Höpen bei Schneverdingen
81. Eichen am Wulfsberg
82. Wacholder im Totengrund
83. Flatterulme in Nindorf
84. Königseiche bei Ebstorf
85. Erlenbrüche in der Lucie
86. Hutewald in Bad Bentheim
87. Eibe in Wehrensdorf
88. Marienlinde in Telgte
89. Süntelbuchenallee in Bad Nenndorf
90. Süntelbuche in Lauenau
91. Süntelbuche in Bad Münder
92. Bäume im Saupark Springe
93. Platane in Ohr
94. Buche in Banteln
95. Eiche und Hainbuche im Tiergarten Hannover
96. Blutbuchen in Peine
97. Bäume im Schlosspark Destedt
98. Bergahorn im Harz
99. Urfichten am Brocken
100. Eibenwald am Hainberg bei Bovenden

Hans-Helmut Poppendieck & Helmut Schreier

BAUMLAND

Hans-Helmut Poppendieck
& Helmut Schreier

BAUMLAND

Was Bäume erzählen

Fotografien von Christian Kaiser
Weitere Fotos von Hans-Helmut Poppendieck,
Helmut Schreier und Uwe Hameyer
Naturdrucke von Helmut Schreier
Zeichnungen von Bettina Bick

Eine erste Ausgabe von BAUMLAND erschien 2005 im Murmann Verlag; Für diese neue Ausgabe, 15 Jahre später, haben die Autoren ihre Texte komplett bearbeitet und auch neue geschrieben. Ebenso wurde das Bildmaterial überwiegend erneuert.

Mai 2020

Simrockstr. 9a, 22587 Hamburg
www.kjm-buchverlag.de
ISBN 978-3-96194-095-0

Lektorat: Hella Kemper, Hamburg
Korrektorat: Andrea Wolf, Hamburg
Register: Rainer Kolbe, Hamburg
Umschlaggestaltung: Rothfos & Gabler, Hamburg
unter Verwendung eines Fotos von Christian Kaiser, Hamburg
Herstellung, Satz und Gestaltung: Eberhard Delius, Berlin
Lithographie: Reihs Satzstudio, Lohmar
Kartenrecherche: Eva-Lena Stange, Kiel
Karte im Vorsatz: Markus Kluger/infografiker.com
Druck & Bindung: Belvédère, Oosterbeek, Niederlande
Printed in Europe

Gefördert von der

Inhalt

Siebzehn Versuche, dem EIGENSINN DER BÄUME nachzuspüren 7

IMPRESSIONEN (Emkendorf, Elbaue, Vollhöfner Wald) 9

Ein SILBERWEIDEN-Hain am Hafenrand 17

Im grünen Schatten der LINDEN 23

Neu im Land – die SUMPFZYPRESSE 44

IMPRESSIONEN (Silberweiden, Ulme, Linden, Sumpfzypressen, Eichen) 49

Der EICHENSOLITÄR 75

Die GURLITT-EICHE am Großen Binnensee 87

Feurigrot im Frühjahr, schwarzbraun im Herbst: die BLUTBUCHE 100

IMPRESSIONEN (Eichen, Blutbuchen, Wacholder, Lokis Urwald) 113

Für ihn muss der Himmel offen sein: der WACHOLDER 129

Loki Schmidt und ihr junger URWALD am Brahmsee 146

Über TRAUERBÄUME oder: Auch in der Trauer ist Vergnügen 161

Uralt, toxisch, im Schatten hausend: die EIBE 175

IMPRESSIONEN (Trauerbäume, Eiben, Kratts) 177

Von KRATTS und krummen Bäumen 208

Eine problematische Natur und ein offenbares Geheimnis: die MISTEL 224

Eine Geschichte von zwei NUSSBÄUMEN 239

Überlebende des URWALDES 253

IMPRESSIONEN (Mistel, Nussbäume, Alter Wald, Esche, Schwarzerlen) 257

Bruchlandschaft mit SCHWARZERLEN 288

Frau Holles Medizin: HOLUNDER 303

Können wir Bäume verstehen? 316

IMPRESSIONEN (Holunder, Alter Wald, Rotbuche, Erlen) 321

Anmerkungen 342

Literatur 352

Internetquellen 357

Bildnachweis 359

100 Orte besonderer Bäume in Norddeutschland
Anmerkungen zur Karte im Vorsatz 360

Register 369

Über die Autoren 372

Siebzehn Versuche, dem EIGENSINN DER BÄUME nachzuspüren

von Helmut Schreier und Hans-Helmut Poppendieck

Wir haben bei den Recherchen zu diesem Buch kaum einen Baum gefunden, der ohne die kontrollierende Hand, ohne den kontrollierenden Blick von Menschen wächst. Viele wurden gepflanzt und gehegt, andere werden absichtsvoll geduldet, die meisten sind zweckgebunden, dienen der forst- oder landwirtschaftlichen Nutzung, dem Schmuck und Schutz des Geländes, dem Ansehen ihrer Besitzer.

Wer sich mitten in einem Waldstück unverhofft einer majestätischen Eiche gegenübersieht, glaubt zuerst, ein Naturwesen zu erblicken, das von unseren Wünschen und Motiven ganz unabhängig ist. Die mächtig und bizarr ausladenden Äste, der ungeheuer umfangreiche Stamm, den nicht einmal vier Leute mit ausgestreckten Armen umfassen können, das Kettenhemd der Rinde – all das verleiht diesem Lebewesen einen würdevollen Eigensinn. Aber historische Quellen zeigen, dass der Wald noch vor 200 Jahren Weideland gewesen ist. Herden von Rindern, Schweinen, Schafen, Ziegen, Pferden und Eseln fraßen auf der Stelle jeden grünen Trieb ab, der sich über der knappen Grasnarbe zeigte. Hirten waren es, die noch vor Anfang der historischen Neuzeit einzelne Eichenpflänzchen vor Verbiss schützten, indem sie darüber Dornverhau anhäuften, bis sie den Mäulern der Weidetiere entwachsen waren. Und weil keine anderen Bäume in der Nähe standen, die ihnen das Licht streitig machten, konnten sich die einzelnen Hudeeichen mächtig entfalten und als ausgewachsene Bäume im Herbst tonnenweise Eichelmast für die Schweine abwerfen. Nicht nur die Tatsache ihres Hierseins verdanken sie menschlichen Maßnahmen, sondern auch die besonders gewaltige Erscheinung. Von anderen Bäumen umgeben wären sie schlanker, mit höher ansetzenden und weniger weit reichenden Ästen.

Während der 15 Jahre seit dem Erscheinen des Vorgängers dieses Buches haben nicht nur die Bäume sich und wir Baumbetrachter uns verändert, der Buchbetrieb hat in auffallender Weise die schönen Themen der Natur entdeckt. Da ist nicht nur die populäre Aktualität des Waldes als Lebensgemeinschaft, sondern eine enorm erweiterte Naturbeschreibung zu beobachten, die sich in zahlreichen Buchtiteln spiegelt.

Wir fühlen uns der Art von Naturbetrachtung verbunden, dem *nature writing*, die sich eher narrativ als wissenschaftlich-systematisch versteht. Die Häufigkeit, mit der das Wörtchen »ich« auftaucht, ist ein Indiz für die Akzentuierung eigener Beobachtungen, Begegnungen und Einsichten. Dies gilt für die Naturbeobachtungen des englischen Vikars Gilbert White von 1789 ebenso wie für das Buch von Henry David Thoreau aus dem Jahr 1854, in dem er von seinem Leben in der Natur am Walden-See in Massachusetts berichtet. Beide repräsentieren die Anfänge des Genres *nature writing* im angelsächsischen Raum, und beide haben im deutschen Literaturbetrieb an überraschender, vor 15 Jahren nicht zu erhoffender Aktualität gewonnen.

Wir selbst verstehen unseren eigenen Ansatz im Sinne einer sprachlichen Wendung Robert Musils, die auf geglückte Weise ausdrückt, was uns von Anfang an vorschwebte: die Vereinigung von »Genauigkeit und Seele«. Die Gegenstände, von denen unsere Betrachtung ausgeht, begreifen wir nicht als Anlässe für Botschaften. Ein Baum, eine Allee, ein Wald, eine Landschaft sind nicht etwa im Sinne jener »Maschine zur Erzeugung von Assoziationen« zu verstehen, die Umberto Eco als Funktion von Romanen nennt. Sondern wir versuchen, den Eigensinn dieser Gegenstände genauer zu ermitteln, indem wir den traditionellen Fachbezug überschreiten, ohne ihn indes aus den Augen zu verlieren.

Menschen gestalten das Baumland nach ihren Wünschen und Bedürfnissen, und ihre Transaktionen, man könnte auch Pflege, Nutzung, Zerstörung sagen, stellen die Landschaft als einen eigenen, organisch empfundenen Zusammenhang her. Aber Bäume sind deshalb dem Willen der Menschen nicht völlig unterworfen. Sie bleiben Vertreter einer dauerhaft fremden Nation, im Kern ihres Wesens unberührbar.

Wir können sie nutzen, sogar ausschlachten, aber ihr Eigensinn ist uns unverfügbar. Vielleicht ist es gerade dies – das uneinholbare Anderssein –, was ihren Reiz ausmacht: die grazile Linie eines Knicks aus Weißdorn und Hainbuchen am Horizont, die intime Abgeschlossenheit im kastenförmig ausgeschnittenen Innenraum einer Lindenallee, das Wassernymphenhafte eines Erlenbruchs, das Sakrale einer Buchenhalle, das Monumentale eines Eichensolitärs, das Obeliskenartige einer Wacholderheide, die Sphinxhaftigkeit des Eibengeästs.

Dieses Buch ist der Versuch, dem Eigensinn der Bäume nachzuspüren, und zugleich eine Einladung, am spezifischen Reichtum menschlicher Naturerfahrung teilzunehmen.

Linden bei Emkendorf

Flatterulme bei Jasebeck in der Elbaue

Kopfweiden in der Elbaue bei Brandleben

Ein SILBERWEIDEN-Hain am Hafenrand

Von Hans-Helmut Poppendieck

Unbemerkt über einen Zeitraum von 50 Jahren ist am Rande des Hamburger Hafens ein großer Wald entstanden – ungeplant, ungestört, nahezu im Geheimen. Der Vollhöfner Wald liegt zwischen Obstplantagen und einem Aluminiumwerk am Rande der Alten Süderelbe, einem vergessenen Arm der großen Stromelbe. Der Boden besteht aus Elbschlick, den man hier in den 1970er Jahren aufgespült hatte, um ein Logistikzentrum für den Hafen zu errichten. Aber bis heute blieb das Gelände ungenutzt liegen und entwickelte sich zum größten Wald in der Hamburger Elbmarsch – 41 Hektar groß. Vogelschützer aus dem Stadtteil Finkenwerder haben ihn als Erste entdeckt und erforscht. Nun soll er nach dem Willen der Hamburg Port Authority abgeholzt, planiert und asphaltiert werden, um zukünftig Logistikhallen aufzunehmen, und genau das versucht eine sehr aktive Bürgerinitiative zu verhindern. Es gibt friedliche sonntägliche Naturwanderungen, aber auch Proteste und Demonstrationen, Baumbesetzungen, Polizeieinsätze und Betretungsverbote. 37

Wie es sich für einen geheimnisvollen Wald gehört, müssen wir uns den Weg dorthin erarbeiten. Da ich aus dem Norden Hamburgs anfahre, führt mich meine Route zuerst drei Kilometer unter der Erde durch den Elbtunnel und dann auf der Autobahn durch den Hamburger Hafen. Hier bilden Hafenbecken, Frachtschiffe, Kräne und Containerstapel die Kulisse, die von der Silhouette der Köhlbrandbrücke im Hintergrund gefasst wird und eine spektakuläre Techniklandschaft präsentiert.

Ein unwahrscheinlicherer Ort für einen Wald ist kaum vorstellbar.

Weiter geht es über verwirrende Autobahnschleifen erst nach Westen in Richtung Finkenwerder und dann nach Süden auf die Straße Vollhöfner Weiden. Wo sie einen Knick nach Osten macht, halten wir.

Unsere kleine Gruppe besteht aus den Biologen Petra Denkinger und Jan Mewes, dem Naturfilmer Helmut Vogt und mir. Erst einmal nimmt uns ein lichter Birkenwald auf und vermittelt die Illusion sibirischer Taiga. Der Boden ist mit einem dichten Moosteppich bedeckt, auf dem sich an vielen Stellen

Eichen angesiedelt haben, die aber erst wenige Handbreit hoch sind. Wir erleben hier mit, wie sich ein typischer Eichen-Birken-Wald auf einer ehemals offenen Sandfläche zu bilden beginnt. Wir befinden uns immer noch in der ersten Phase, und die wird eindeutig von den Birken dominiert, deren Samen vom Wind herangeweht wurden. Aber der Übergang deutet sich bereits an: Die Vögel fangen an, weitere Baumsamen in das Gebiet einzutragen, Vogelbeeren, Holunder, vor allem aber Eichen. Doch bis diese nächste Baumgeneration sich durchgesetzt hat, werden noch Jahre vergehen.

Wir gehen weiter, und das Waldbild verändert sich. Die Bäume sind nun höher, der Wald wirkt lichter und heller. Der Birkenwald hat sich dort entwickelt, wo sich beim Aufspülen des Substrates die schwereren groben Sande abgelagert hatten. Die leichteren Schlickfraktionen haben sich weiter südlich abgesetzt und dort einen an Feinerde reichen Boden gebildet, der die Feuchtigkeit länger halten kann.

Hier haben sich Weidenbäume angesiedelt, zunächst wahrscheinlich verschiedene Arten, unter denen sich die besonders hochwüchsige Silberweide durchgesetzt hat. Wir stoßen auf einen Hain aus wunderbaren, alten Silberweiden, deren harmonische Kronen mit dunklen Ästen nach oben streben. Ihr Blattwerk ist filigran und bildet mit Silber und einem blassen Oliv einen schönen Kontrast zum hellblauen Herbsthimmel.

Ich hatte das etwas altmodische Wort Hain zunächst unbewusst gewählt. Assoziationen zu den heiligen Hainen der Griechen und Römer mögen dabei mitgeschwungen haben, auch zur sentimentalen Naturlyrik des 18. Jahrhunderts, zu Schiller: *»Und in Poseidons Fichtenhain / tritt er mit frommem Schauder ein.«* Wie ich später lese, haben auch Martin Luther und Friedrich Gottlieb Klopstock das Wort Hain geliebt und ihm einen sakralen und poetischen Klang gegeben. Natur- und Forstwissenschaftler meiden es, mir erscheint es hier als angemessener Begriff: So etwas wie diesen Silberweiden-Hain bekommt man nämlich sonst nirgends zu sehen, einen so menschenleeren Wald. Die Bäume sind gleich alt und gleich hoch. Ihre Stämme stehen mal in weitem und mal in kurzem Abstand zueinander. Im Unterschied zum Buchenwald mit seinem dichten Blattwerk lassen hier die Baumkronen reichlich, wenn auch gedämpftes Licht auf den Grund des Waldes dringen, sodass sich am Boden ein schier endloser Teppich von Brennnesseln gebildet hat, der höchstens hier und da durch den morschen Stamm eines gestürzten Baumes unterbrochen wird.

Wenn man zwischen den Weidenbäumen in die Ferne schaut, gehen Laub, Licht und Himmel ineinander über und geben mir in einer unendlichen Weite das paradoxe Gefühl von Geborgenheit. Derartige Empfindungen scheinen universeller zu sein, als man zunächst denken mag. Eine einfühlsame Schilderung habe ich in dem eine ganze Epoche bestimmenden Entwicklungsroman *Anton Reiser* von Karl Philipp Moritz gefunden, dort heißt es:

»Dies zusammengenommen versetzte ihn allemal in jene wunderbare Empfindung, die man hat, sooft es einem lebhaft wird, dass man an diesem Augenblick nun gerade an diesem Orte und an keinem anderen ist, dass dies nun unsere wirkliche Welt ist, an die wir sonst so oft nur als eine idealische Sache denken.«

Und weiter:

»... dass eben der einsame Stand der Bäume in großen und unregelmäßigen Zwischenräumen der Gegend das feierliche Aussehen gab, wodurch sein Herz immer so gerührt wurde. – Diese einsamen Bäume machten ihm seine eigene Einsamkeit, indem er unter ihnen umherwandelte, gleichsam heilig und ehrwürdig – sooft er unter diesen Bäumen ging, lenkten sich seine Gedanken auf erhabene Gegenstände, seine Schritte wurden langsamer, sein Haupt gesenkt und sein ganzes Wesen ernster und feierlicher.«

Karl Philipp Moritz war ein Kind des 18. Jahrhunderts, wie der Begriff des Erhabenen zeigt, den die Autoren dieser Zeit so oft und gern mit dem des Naturschönen verbunden haben.

Aber liegt nicht wirklich etwas Großartiges in der Vorstellung, die Welt und die Natur so zu erleben, wie sie ist? Oder zumindest so, wie sie auf uns wirkt, wenn wir unsere Voreingenommenheit ablegen und uns nicht mehr von Begriffen ablenken lassen, mit denen wir heute der Natur zu Leibe rücken? Von Wortungetümen wie Arteninventar, Ökosystem, Klimawandel, Stadtgrün, Biodiversität, Wildnis oder was auch immer gerade angesagt ist? Wer sich beruflich oder ehrenamtlich im Naturschutz engagiert, hat sich daran gewöhnen müssen, die Natur im Zwangskorsett dieser Begriffswelten zu bewerten.

Vollhöfner Wald

Wir kommen an eine Lichtung, auf der wir uns die nächste halbe Stunde aufhalten werden. Eine mächtige Silberweide ist umgestürzt, offenbar schon vor vielen Jahren, denn das Holz beginnt sich zu zersetzen. Auf dem waagerecht liegenden Hauptstamm hat sich eine dichte Moosdecke gebildet. Auch einige Pilze entdecken wir. Leider kennen wir uns mit diesen Kryptogamen nicht aus und beschließen, die heimischen Moos-, Pilz- und Flechtenforscher auf den Vollhöfner Wald aufmerksam zu machen.

Wieso ist hier eine Lichtung und kein Gehölz? Wir stellen fest, dass wir hier in einer kleinen Senke stehen, die sich nach längeren Regenfällen vermutlich in eine offene Wasserfläche verwandeln wird. Solche Senken sind in diesem Gebiet nicht selten, und meistens kommt in ihnen auch die Flatterbinse vor als Zeigerpflanze für nasse und zeitweise überstaute Standorte. Von Gehölzen werden solche Standorte allenfalls vom Rande aus besiedelt.

Viele alte Bäume sind umgestürzt, auf eine ganz merkwürdige Art und Weise. Sie sind nicht etwa mit ihrem Wurzelteller aus dem Boden gerissen worden, sondern in Hüfthöhe abgebrochen. Als wir uns das an einem Baum näher ansehen, erkennen wir, dass das Kernholz der Weiden schwammartig durchlöchert ist. Jan Mewes erklärt mir, dass es sich hier um Nester einer Holz- oder Rossameise handelt. Sie baut ihre Nester in das frische Kernholz lebender Bäume und perforiert es durch ihre Gänge, was natürlich für die Statik des Baumes alles andere als vorteilhaft ist. Jan Mewes hatte Holzameisen schon vorher ein paarmal an alten Obstbäumen beobachtet, hier im Vollhöfner Wald haben sie mit den Silberweiden einen, wie es scheint, idealen Wirtsbaum gefunden. Wir gehen der Sache nach und finden in jedem der abgebrochenen Stämme Ameisennester. Später lese ich, dass solche Nester mehrere Meter in den Baum hoch reichen können und Spechte ihretwegen große Löcher in den Stamm machen, um die Ameisen herauszuholen und zu fressen. Und dass die Nester einer Ameisenkolonie auf verschiedene Bäumen verteilt sein können und durch unterirdische Ameisenstraßen miteinander verbunden sind. Letztlich fördert der Ameisenbefall den Umbau des Waldes, denn die gefallenen Bäume öffnen das Kronendach und lassen Licht auf den Boden, sodass sich hier andere Gehölze ansiedeln können.

Die schönste Eigenschaft des Vollhöfner Waldes liegt darin, dass hier nichts menschengemacht ist.

Jede Pflanze hat sich hier selbst angesiedelt, jedes Tier auf eigene Faust den Weg hierher gefunden. Was das bedeutet – wir können es uns an einem Gedankenspiel klarmachen.

Was wäre anders, wenn der Vollhörner Wald für die Erweiterung des Hamburger Hafens gefällt würde und man für ihn Ersatz schaffen müsste, indem man an anderer Stelle einen neuen Wald oder einen neuen Park schaffen würde? Keinen spontanen, sondern einen gepflanzten Wald oder Park, also eine Plantage?

Zunächst einmal würde man ein geeignetes Gelände suchen müssen, was im dicht besiedelten Hamburg schon eine fast unlösbare Aufgabe darstellt. Dann müsste ein Planungsbüro für den Park einen Plan machen, ein Leitbild formulieren wie beispielsweise »Weichholz-Auwald«, die Einzelheiten festlegen, Kosten abschätzen, Aufträge vergeben. Die Ausführung würde dann eine andere Firma übernehmen: Erdbewegungen, Wegebau, Aufbringen von kulturfähigem Oberboden, Drainage. Wie mit den feuchten Senken umgehen? Sollte man sie planieren, zu Teichen vertiefen oder das Kleinrelief zur Förderung der Standortvielfalt belassen? Das Letzte würde allerdings die spätere Pflege erschweren. Nach der Bodenvorbereitung ginge es an die Bepflanzung, die wahrscheinlich eine dritte Firma übernehmen würde. Das Gerüst bilden die Großgehölze aus der Baumschule, hoch aufgeastet, mehrfach verpflanzt, die nach entsprechender Bodenvorbereitung mit großem Gerät an Ort und Stelle gebracht würden. Wie es vorgeschrieben ist, würde man bei der Auswahl des Pflanzenmaterials auf gebietseigene Herkünfte achten sowie auf eine möglichst große Zahl unterschiedlicher Gehölze, denn man will ja die Biodiversität fördern. Und nach welchem Konzept pflanzen wir sie zusammen? Kleine Wäldchen mit Lichtungen, Baumgruppen, Einzelbäume? Man würde sich wahrscheinlich am Formenrepertoire des klassischen Landschaftsgartens orientieren. Buschwerk, obgleich heute eher unpopulär, würde hinzukommen. Die Entscheidung Rasen oder Wiese würde je nach Nutzungskonzept differenziert ausfallen, denn Grünflächenpflege kostet Geld. Was passiert mit dem Schnitt- und Mähgut? Auf Stauden würde man wegen des hohen Pflegeaufwandes eher verzichten. In ein, zwei Jahren könnte die naturnahe Parkanlage aus dem Baukasten fertig dastehen, dank einer leistungsfähigen Gartenbauindustrie, die auf solche Vorhaben spezialisiert ist. Die Pflege würde dann eine vierte Firma übernehmen oder vielleicht das städtische Grünflächenamt selbst.

Vollhöfner Wald

Nichts von all dem ist im Vollhöfner Wald geschehen, sondern vielmehr: das genaue Gegenteil. Keine Planung, keine Pflanzaktion, keine Kontrolle. Für einen glücklichen Zeitraum, so scheint es, hat sich die staatliche Planung von diesem Stück Land am Rande des Hafens zurückgezogen, ihren flächendeckenden Anspruch auf die Landschaft aufgegeben, der Natur den Rücken zugedreht und sie sich selbst und damit der kreativen Kraft des Zufalls überlassen. Der Vollhöfner Wald zeigt uns, dass biologische Vielfalt, dass Eigenart und Schönheit keine Leistungen sind, die in Auftrag gegeben oder eingefordert werden können, sondern Geschenke, die uns unverdientermaßen in den Schoß gefallen sind. Wir können sie bewahren oder verspielen. Wir haben die Wahl.

Im grünen Schatten der LINDEN

Von Hans-Helmut Poppendieck

Großes Landschaftskino: Von Weitem glaubt man, Kamele in einer Karawane zu sehen, die sich in einer langen Reihe über einen sanften Hügel hinweg bewegen.[1] Wenn man näherkommt, sieht man, dass hier kleine, gedrungene Bäume wie durch Girlanden zu einer Art Kette miteinander verbunden sind – Lindenpaare, die sich an den Händen halten. Alleen sind bekanntlich eine französische Erfindung, und Girlanden heißen auf Französisch *festons*, also bezeichnet man die berühmte Lindenallee beim Schloss Bothmer auch gern als Festonallee. 50

Das Schloss liegt im Nordwesten von Mecklenburg vier Kilometer von der Ostsee entfernt in dem mit besonders fruchtbaren Böden gesegneten Klützer Winkel. Meine Frau und ich haben unseren Spaziergang beim Vorwerk Hofzumfelde begonnen und zunächst den kleinen, mit Weiden umstandenen Dorfteich umrundet. Jetzt stehen wir am Eingang eines Hohlweges, der auf den Kuppen rechts und links von Linden gesäumt wird. Nur die ersten Bäume auf jeder Seite sind hoch aufgewachsen, alle anderen sind gestutzt; sie bilden eine sogenannte Lindenstammhecke. Geköpft wurden sie in einer Höhe von rund 1,80 Metern, denn hier entspringen die Laubtriebe und bauen eine Baumkrone auf, die – wenn sie regelmäßig alle drei Jahre zurückgeschnitten wird – nur wenige Meter in Höhe und Umfang erreicht. Nach ein paar Schritten taucht am Ende des Hohlweges das Schloss Bothmer auf, zunächst nur als ein kleiner Ausschnitt des Daches und der Backsteinfassade. Der Rest bleibt noch hinter dem kleinen Hügel verborgen, auf den wir jetzt zuschreiten. Normalerweise gibt es Alleen vor allem auf ebenem Gelände. Sie über einen Hügel zu führen ist ein genialer Trick, durch den sich eine weitere Raumdimension erschließt.

Man sieht den Bäumen ihr Alter an. Breite, platte, oft in der Mitte geborstene Stämme mit vorspringenden Wulsten. Wo die Bäume hohl sind, haben sich an den Rändern durch Überwallung dicke Leisten am alten Holz gebildet. Die Köpfe dieser Bäume bestehen aus dicken, knubbeligen Zapfen, die vom jahrhundertelangen Beschneiden zeugen. Solche Knubbel finden wir auch, wo die alten Seitenzweige miteinander zur Girlande verwachsen sind. An anderen Stellen versucht man, jüngere Zweige miteinander zu verflechten und sie so zum Zusammenwachsen zu bringen. Einige Bäume sind offenbar völlig ausgefallen und durch Neupflanzungen ersetzt worden.

Wir haben den Hügel überschritten und nähern uns dem Schloss. Noch immer ist es ein Ausschnitt, den wir sehen, aber ganz überblicken können wir hier schon den ebenmäßigen Mittelrisalit, der von dem Wappen der Bothmers gekrönt wird. Das Gesamtbild wird sich uns erst am Ende der Lindenallee erschließen. Aber es lohnt, an dieser Stelle stehen zu bleiben und über das Verhältnis zwischen Architektur und Baumgestalt nachzudenken, denn hier sind beide perfekt aufeinander abgestimmt. Die freien Stämme der Bäume lassen nach beiden Seiten die Weite der Landschaft erahnen. Die gebändigten Laubmassen der Lindenkronen lenken den Blick auf das Schloss im Zentrum, von dem wir gerade so viel sehen, dass wir seine Schönheit wahrnehmen, aber doch noch nicht alles. Und da die Baumkronen niedrig bleiben und wir über sie hinwegsehen können, wird auch der Blick auf den freien Himmel nicht eingeengt.

Himmel, Baumwerk, Landschaft und Gebäude bilden an dieser Stelle ein wohlproportioniertes Raumkunstwerk.

Würde man die Lindenallee nicht stutzen, sondern sich auswachsen lassen, würde das die Proportionen und damit die Wirkung dieser Szenerie zerstören.

Genau dies ist aber in der Mitte des 20. Jahrhunderts geschehen. Schloss und Lindenallee sind etwa gleich alt, sie entstanden zwischen 1726 und 1732. Die Lindenallee wurde über 200 Jahre lang als Stammhecke gepflegt, regelmäßig beschnitten und immer in der gleichen Form gehalten. Eine Fotografie im offiziellen Führer von Schloss Bothmer aus der Zeit um 1910 zeigt, dass die Stämme damals nur rund und nicht wie heute abgeplattet waren. Sie zeigt aber auch, dass einzelne Lindenbäume aufgrund nachlassender Pflege durchgewachsen und teilweise bereits doppelt so hoch waren wie ursprünglich vorgesehen. Dennoch wurde die Allee weiter in Form gehalten. Erst im Zweiten Weltkrieg wurde diese bemerkenswerte Kontinuität unterbrochen. Den letzten Schnitt der Lindenallee nahmen französische Kriegsgefangene im Jahre 1943 vor. Für den Rest der Kriegszeit und weit bis in die Zeit danach blieb sie sich dann selbst überlassen. Die Kronen wuchsen in die Höhe und in die Breite, und ihr ungewohntes Gewicht drückte auf die schmalen Stämme, bis sie nachgaben, in die Breite wuchsen oder sich aufspalteten. Es war der Gärtner Wolfgang Kaletta, der schließlich im Jahre 1973 die Bäume durch einen kräftigen Rückschnitt wieder in Form brachte und die Allee dadurch rettete. Die bizarren breiten, geborstenen oder brettartigen Stämme sind also nicht gewollt und schon gar keine normale Alterserscheinung, sondern die Folge einer 30-jährigen Vernachlässigung und der spezifischen Fähigkeit der Linde, durch plastische Umformungen ihres Stammes auf äußere Einflüsse zu reagieren.[2] Dennoch ist diese 300 Jahre lang mehr oder wenig kontinuierlich gepflegte Lindenstammhecke etwas sehr Seltenes – ihren Charakter verdankt sie der Gestalt ihrer Bäume und der Geschichte von Verwahrlosung, Gefährdung und glücklicher Rettung.

Festonallee Schloss Bothmer

Wir haben die Allee hinter uns gelassen und stehen jetzt im weitläufigen Hof vor dem gewaltigen, mehrflügeligen Gebäudekomplex. Bothmer ist das größte erhaltene Barockschloss in Mecklenburg. Im Gegensatz zu den Burgen des Mittelalters sollten die Schlösser der Neuzeit vor allem eines: den Besucher beeindrucken. Der Begriff Imponierarchitektur trifft es genau. Das Merkwürdige an Schloss Bothmer ist, dass es in Abwesenheit seines Bauherrn errichtet wurde und dieser selbst nie in seinem kostspieligen Haus gewohnt hat. Hans Caspar von Bothmer stammte aus niedersächsischem Adel und stand als Diplomat im Dienste von König Georg I. von England. Während der Baumeister Johann Friedrich Künnecke die prachtvolle Anlage in seiner Abwesenheit fertigstellte, wohnte Bothmer in London in Downing Street 10, dem heutigen Dienstsitz der englischen Premierminister. Erst später nahm seine Familie bis zum Ende des Zweiten Weltkrieges hier ihren Wohnsitz. Zu DDR-Zeiten wurde das Schloss bis 1994 als Altenheim genutzt, und danach war es ziemlich heruntergekommen. Es stand leer, die Fenster waren mit Brettern vernagelt. Heute präsentiert es sich nach einer sehr aufwendigen Restaurierung im neuen Glanz.

Wir blicken vom Schlosshof aus zurück. Die parallel zur Schlossfassade verlaufende Hauptallee besteht aus hochgewachsenen Linden, ein Bild, wie wir es aus vielen anderen barocken Anlagen in Norddeutschland kennen. Die niedrig gehaltene Festonallee steht dazu im rechten Winkel, und gerade der Vergleich mit den hohen Bäumen lässt ihre besondere Eigenart deutlich werden. Sie besteht darin, dass nur an dieser Stelle noch die ursprüngliche Intention verwirklicht ist – im Gegensatz zu den anderen Alleen des Gutes. Denn auch die heute weit über zehn Meter hohen Linden waren eigentlich einst als niedrige Stammhecken gepflanzt worden, wie man an den Baumgabelungen in Kopfhöhe und an dem engen Stand erkennen kann. Sie haben sich jedoch in eine ganz andere Richtung entwickelt. Besonders imponierend muss die Festonallee für die Gäste und Nachbarn der Schlossherren gewesen sein, die sie von der Kutsche aus oder hoch zu Ross erlebten. Von der Kutsche oder vom Pferd aus sieht man das grüne Laub und darüber hinweg in die weite Landschaft und nimmt damit genau die herrschaftliche Perspektive ein, für die die Allee konzipiert worden war. Bei einer Allee aus hohen Bäumen dagegen sieht man im Sommer nur Laubwerk und im Winter nur Stangenholz, und der Blick bleibt darin gefangen.

Meine Frau und ich versuchen uns vorzustellen, wer im Laufe der Jahrhunderte alles durch diese Allee zum Schloss gekommen ist: der Graf mit seiner Gesellschaft, der Knecht mit dem Mistwagen, der junge Herr vom Nachbargut auf einem Ausritt, der Postbote zu Fuß aus dem acht Kilometer entfernten Grevesmühlen, der Dorflehrer aus Klütz mit dem Fahrrad, der Doktor im Einspänner oder seit den 1920er Jahren mit dem Auto, dann Geländefahrzeuge der Roten Armee oder der DDR-Volksarmee, die Ortskrankenschwester auf der Schwalbe (einem Motorrad), und heute schließlich der fahrbare Kran der Gartenbaufirma, die die Linden mit der pneumatischen Schere beschneidet. Meine Frau findet die krüppelige Allee fremdartig und komisch.

Auch mir erscheint sie wie aus der Zeit gefallen, alt und altmodisch zugleich, faszinierend, aber erklärungsbedürftig.

Es scheint vielen Menschen so zu gehen, denn wie wir dem Büchlein über die Geschichte des Schlosses entnehmen können, handelt es sich um eines der meistfotografierten Motive in Bundesland Mecklenburg-Vorpommern.[3]

Wir wechseln an einen anderen Ort. Heinrich Carl Schimmelmann, vom Kaufmann und Heereslieferanten zum dänischen Lehnsgrafen aufgestiegen, kaufte
21 1759 dem Grafen Christian Rantzau den Besitz Ahrensburg ab.[4] Der lag 20 Kilometer hinter Hamburg an der Landstraße nach Lübeck und bestand aus einem prächtigen Schloss, einer Kirche, ausgedehnten Ländereien und dem ärmlichen Dorf Woldenhorn. Schimmelmann verfolgte ehrgeizige Pläne und setzte sie umgehend in die Tat um: Er ließ das Bauerndorf abreißen, ordnete es völlig neu und vereinigte es mit dem Schloss- und Kirchenbezirk zu einer geschlossenen und streng symmetrischen barocken Ortsanlage. Im Jahre 1764 war der Umbau beendet. Ortsmittelpunkt war nun die platzartig erweiterte sogenannte Große Straße mit ihren drei parallelen Fahrwegen, die im Gartenstil der Zeit mit Parterres, Zierteichen und Lindenstammhecken gestaltet worden war. Im Süden endete die Straße an einem runden Platz, dem Rondeel,

von dem aus sich drei Lindenalleen auffächerten. Pastor Eicke, der erste Chronist, beschrieb diesen Straßenfächer 1771 so:

»Bei der Ausfahrt aus dem Dorf öffnen sich drei Alleen, die der jetzigen Welt Anmut schenken und der Nachwelt reichen Schatten versprechen.« [5]

Nach Norden folgen Marktplatz, Kirche und in weitem Abstand das Schloss. In diesem Bereich weicht die Wegeführung jedoch bewusst vom streng axialsymmetrischen Plan ab, um den landschaftlichen Reiz des Auetals zur Wirkung zu bringen. Die Chaussee macht einen weiten Bogen nach Osten und quert den Bach, während der direkte Weg zum Schloss über eine weitere Lindenallee führt, deren Fortsetzung den Schlossteich im rechten Winkel umfasst, und auch auf der Schlossinsel wurden Lindenreihen gepflanzt. Es sind die Linden, die Schimmelmanns Anlage ihr einheitliches Gepräge geben. Ahrensburg war und blieb bis in die 50er Jahre des 20. Jahrhunderts die Stadt der Linden.

oben: Linden vor Schloss Ahrensburg
unten: Jersbeker Garten

Heinrich Schimmelmann gestaltete Ahrensburg nach der Mode seiner Zeit als ideale Stadtanlage, in der die Bewohner unter der aufgeklärten Autorität des Gutsherrn in Frieden leben sollten. Die barocke geometrische Manier hatte 1759 ihren Höhepunkt bereits überschritten, und so konnte Schimmelmann auf zahlreiche städteplanerische Vorbilder zurückgreifen: auf Stadtanlagen wie die in Mannheim in der Kurpfalz oder Friedrichstadt bei Husum. Und auf die Parks im französischen Stil, die in ganz Europa entstanden waren. Vorbild von ihnen allen war Versailles, das Ludwig XIV. zwischen 1661 und 1685 geschaffen hatte.

Ein weiteres Vorbild für Ahrensburg lag nur sieben Kilometer entfernt: der 1740 fertiggestellte Jersbeker Garten, mit dessen Anlage Ahrensburg so viel gemeinsam hat. Auch Alleen gab es in dieser Zeit viele, sie waren in den großen Städten teilweise schon früher als in Versailles aufgekommen und sehr populär geworden, beispielsweise die in Berlin vom Großen Kurfürsten 1647 geschaffene Straße Unter den Linden. Im nahegelegenen Hamburg waren nacheinander entstanden die Kirchenallee (1644) und die sogenannte Große Allee (1652) im Vorort St. Georg, die vierreihige Lindenallee am Jungfernstieg (1665) und etwa gleichzeitig in Altona die Allee an der Palmaille.[6] Pflanzgut für seine Alleen konnte Schimmelmann daher aus Hamburg beziehen, wo es mehrere leistungsfähige Baumschulen gab, oder über die See aus Holland, wenn es nicht sogar aus eigener Vermehrung stammte. Spätere Generationen haben in Ahrensburg weiter Linden gepflanzt. Das erste und größte Gasthaus des Ortes direkt am Bahnhof mit seinem weitläufigen schattigen Kaffeegarten trug den programmatischen Namen Lindenhof. Linden begleiteten die Straßen und Chausseen. Linden prägten das um 1900 entstandene Villengebiet östlich der Bahnlinie. Linden säumten den Wulfsdorfer Weg, der die Neubaugebiete der Zwischen- und Nachkriegszeit erschloss. Und Linden beschatteten die lange Laufbahn des Stormarnplatzes, der als großzügige Sportplatzanlage der 20er Jahre heute als untergegangenes Gartendenkmal der Neuen Sachlichkeit gelten muss.

Viel ist von dieser Stadt der schönen alten und vitalen jungen Linden nicht geblieben.

Mehr als 20 Jahre wurde über die Erhaltung des historischen Ortsbildes, über Umgehungsstraßen und Bausatzungen diskutiert, bis schließlich Straßenerweiterungen, Geschäftsansiedlungen und der Bau von Wohnhäusern und Verwaltungsgebäuden nur noch einen Torso übrig gelassen hatten. Den allerdings möchte man heute stückweise und vorsichtig wieder in Richtung auf das Vorbild Schimmelmanns zurückentwickeln. Das Rondeel wurde für den Durchgangsverkehr gesperrt. An der Großen Straße wurden neue Linden gepflanzt, über deren Pflegekonzept in den Jahren 2008 und 2009 öffentlich ein ebenso erbitterter wie obskurer Streit geführt wurde. Von den alten Lindenalleen hat jedoch nur die mittlere und verkehrsärmste den alten Charakter bewahren können, und das auch nur in ihrem stadtfernen südlichen Abschnitt.

Hagener Allee in Ahrensbug um 2005

Die Hagener Allee ist ziemlich genau einen Kilometer lang und heute durch die Eisenbahn brutal in zwei Teile zerschnitten. Sie beginnt am Rondeel als schmale zweispurige Straße, dann erweitert sie sich nach 50 Metern zu einem breiten und für Ahrensburger Verhältnisse recht ansprechend gestalteten Platz. Dieser Teil endet abrupt an den Bahngleisen, wo eine Minibastion mit 30 Zentimeter hoher Brüstung und einem kleinen Sprudelbrunnen einen Schlusspunkt zu markieren versucht. Was bitter nötig ist, handelt es sich hier doch um die Hauptachse der Stadtanlage, an deren nördlichem Ende der Kirchturm zu sehen und das Schloss zu denken ist. Hinter den Bahngleisen geht diese Achse weiter, hier befindet sich der schönste und älteste Teil.

Die Alleebäume im südlichen Teil sind bis zu 250 Jahre alt, sie stammen aus Schimmelmanns Zeiten. Hier nur lässt sich ahnen, wie es einmal in ganz Ahrensburg ausgesehen hat. Die Fahrbahn mit Kopfsteinpflaster, der Abstand zwischen den Bäumen fünf bis sieben Meter auf der Länge, manchmal etwas mehr, und auf der Breite etwa acht Meter. Es hat Ausfälle gegeben, die immer wieder mit Jungbäumen aufgefüllt wurden, neben den alten dicken Bäumen mit ihren bizarren Formen stehen schlanke Lindenstämme aus den 50er Jahren und ganz junge, erst vor wenigen Jahren gepflanzte und noch mit ihren Stützpfählen vertäute Hochstämme. Die alten Bäume sind es, die der Allee den Charakter geben.

Der Stammfuß verbreitert, oft mit vorspringenden Knollen, meist mit reichlich gebildeten Jungtrieben, sogenannten Stockloden, die von den Stadtgärtnern zurückgeschnitten wurden. Die Stämme bis zur Verzweigungsstelle etwa zwei Meter hoch, mit rundlichen Wulsten, brettartigen Vorsprüngen, schmalen Frostrissen und breiten, von Autos geschlagenen Rindenverletzungen, mit Löchern, die abgefaulte alte Äste hinterlassen haben und die nach und nach vom Kambium umwallt werden. Alle sind Individuen, mit Narben, die das 250-jährige Leben schlug. Oberhalb des Zwiesels, der Gabelung des Stammes, sind kandelaberartig zwei, drei oder vier säulenartige Stämme, selten mehr, selten nur ein einziger Stamm, und diese Stämme zweiter Ordnung wurden im vergangenen Winter auf runde sechs Meter geköpft, sodass in diesem Sommer ungewohnt viel Licht die sonst eher dämmerige Allee durchflutet. Blattwerk bildet sich in diesem Jahr dicht am Stamm, buschige kurze Triebe am Zwiesel, noch kürzere Triebe auf der ganzen Länge der langen Säulen, und energisch nach allen Seiten ausgreifende meterlange Zweige an der gekappten Spitze. Schon im nächsten Jahr werden die Linden wieder den gewohnten Schatten spenden, ein unendlich langer kühler und dunkler grüner Tunnel sein.

Wer dieses Bild sucht, findet es im Jersbeker Garten[7] nördlich von Ahrensburg. Hier hatte Bendix von Ahlefeldt zwischen 1726 und 1740 einen acht Hektar großen Barockpark geschaffen, dessen Gestalt den Grundriss des Ahrensburger Schlossgartens praktisch vorwegnimmt. Ein Kupferstich aus dem Jahr 1747, der im Dorfkrug, in dem Fasanenhof, hängt, zeigt die aufwendig gestaltete Anlage mit kleinteiligen Parterres, Bosketten, Laubengängen, Wasserbecken, Springbrunnen, dem Küchengarten und den weiten Alleen. Ob sie jemals in dieser Vollständigkeit erlebt werden konnte, ist fraglich. Ein ganzes Heer von Gärtnern wäre zur Unterhaltung nötig gewesen. Aber die Grundstruktur der Anlage ist erhalten geblieben, hat die teilweise Umgestaltung im landschaftlichen Stil ebenso überlebt wie den Wiedereinzug der landwirtschaftlichen Nutzung. Geblieben sind die eindrucksvollen Lindenalleen. Und die sind nun auch noch ganz unterschiedlich. Umschlossen wird der Park von einem hohen Heckengang im Osten, von einer zweireihigen Allee im Westen, die wohl aus einer geschorenen Lindenstammhecke hervorgegangen ist, und von einer vierreihigen Allee im Norden. Prunkstück des Gartens ist aber die doppelreihige Hauptallee, die vom Nordende ausgehend die Achse des Gartens fortsetzt und 600 Meter lang ist, bis sie den Jersbeker Forst erreicht und sich dort in drei breite Waldwege auffächert. Früher bildeten zu Ostern Schlüsselblumen auf der langen Rasenfläche des Mittelstreifens einen leuchtend gelben Teppich, aber das ist leider vorbei. Sie wurden durch unsachgemäße Pflege dezimiert, und das heißt hier: zu frühes Mähen. Immerhin wurden die alten Linden sachgemäß restauriert.

19 Für diese Prunkallee gibt es ein berühmtes Vorbild: In Seestermühe bei Elmshorn hatte Bendix' Vater, Hans Hinrich von Ahlefeldt, eine Generation früher eine weit längere Allee anlegen lassen, die ebenfalls noch heute erhalten ist und wie die in Jersbek zu den Berühmtheiten der holsteinischen Gartenkunst zählt.

Was man zu Schimmelmanns und Ahlefeldts Zeiten unter Alleen verstanden hat und wie sie fachgerecht anzulegen waren, kann man detailliert dem 1709 erschienenen Buch *La Théorie et Pratique du Jardinage* von Antoine Joseph Dezaillier d'Argenville entnehmen, das 1740 in deutscher Übersetzung erschienen ist. Dort wird der Begriff »Allee« mit »Spaziergängen« übersetzt, was uns zeigt, dass man damals darunter noch nicht eine von Bäumen gesäumte Straße verstanden hat, sondern vielmehr einen dem Flanieren vorbehaltenen Weg in einem Park oder Garten.

> *»Die Alléen in den Gärten sind wie Straßen in den Städten. Sie führen einen bequemlich von einem Ort zum anderen und sind gleichsam Wegweiser, welche einen durch den ganzen Garten führen.«*

Dabei war Allee nicht gleich Allee:

> *»Von denen vielen Arten der Alléen werden solche in bedeckte, offene, einfache, gedoppelte, weiße und grüne eingeteilet.«*

All diese Typen hat es in Jersbek gegeben und gibt es teilweise auch heute noch.[8]

Doch wie hat sich das Landschaftselement Allee im Laufe der Jahre in die Städte und in die Feldmarken ausgebreitet? Im Vergleich zu Jersbek, wo die Lindenalleen ein Element zur Gliederung des Parks bildeten, stellt Ahrensburg den Übergang zur Verwendung im Siedlungsbereich dar. Fast gleichzeitig dringen Lindenalleen weiter in die Städte vor und erobern die entfestigten Bastionen der Stadtwälle, denn andere städtische oder gar innerstädtische Grünflächen gab es damals nicht. Dann erst, nämlich im frühen 19. Jahrhundert, folgten Alleen auf dem Land, angeregt vor allem durch Peter Joseph Lenné, Gustav Vorherr und ihre Zeitgenossen. Das Schlagwort hieß *»Landesverschönerungskunst«*. Das Schöne sollte mit dem Nützlichen vereint werden, zum Wohle des Landes und zum Nutzen der Bevölkerung, und im Zuge dieser Bewegung bereisten Lenné und seine Schüler die Güter Mecklenburgs und Brandenburgs, gestalteten sie auf Wunsch fortschrittlicher Gutsbesitzer neu und schufen die Alleen, für die diese Gutslandschaften heute so berühmt sind. Rümplers Gartenbaulexikon von 1882 dokumentiert diesen Wandel:[9]

> *»Alleen kommen hauptsächlich an Straßen und Städten vor, außerdem als Anfahrt zu einem Schlosse oder ansehnlichen Landhause, seltener im Park und Garten, im Park fast nur noch als Reste alter Anlagen, worin die Alleen das Hauptmaterial bildeten.«*

Heute ist der Bezug zum Garten völlig verschwunden. Nach Pareys Gartenbaulexikon[10] von 1956 sind Alleen lediglich *»mit Bäumen ein- oder mehrreihig bepflanzte Straßen«*.

Lindenallee in Jersbek 2005

In Deutschland gibt es zwei Arten von Linden, die miteinander Kreuzungen bilden können.[11] Diese Kreuzungen sind in der Kulturlandschaft viel häufiger als die »reinen« Arten und tragen den bezeichnenden Namen *Tilia x vulgaris*, also Gemeine Linde, wobei das x das sogenannte Hybridzeichen und Bestandteil des wissenschaftlichen Namens ist. Sie werden aber auch als Holländische Linden bezeichnet, weil seit dem 17. Jahrhundert Pflanzmaterial von dort bezogen wurde. Ihre Eltern sind die Sommerlinde, *Tilia platyphyllos*, und die Winterlinde, *Tilia cordata*. Erfahrene Baumschüler und Förster können all diese Formen von Weitem am Habitus unterscheiden. Alle anderen müssen

Bedeckter Lindengang bei Trittau; Ehemalige Lindenlaube bei Jersbek

sich an der Größe der Blätter und der Behaarung von Blättern und Trieben orientieren. Die Triebe der kleinblättrigen Winterlinde sind stets kahl, ebenso wie die Oberseite ihrer Blätter. Auf der Unterseite tragen sie in den Winkeln der Blattnerven klei-ne Bärtchen, gelbliche bis rostrote Haarbüschel. Bei der großblättrigen Sommerlinde sind diese Bärtchen weiß, die Blattoberseiten sind kurzhaarig – man kann es spüren, wenn man mit dem Finger darüberfährt –, und die Triebe sind teilweise ebenfalls behaart. Die Gemeine Linde steht mit ihren Merkmalen zwischen den Eltern, ihre Achselbärtchen sind von einem hellen schmutzigen Braun. Sommer- und Winterlinde haben unterschiedliche Ansprüche an Bo- den und Klima. Die Sommerlinde liebt kalkhaltige Böden und hat es – ihr Name zeigt es an – gern wärmer. Ihre natürlichen Vorkommen beginnen in den Mittelgebirgen, in der norddeutschen Tiefebene kommt ursprünglich nur die weniger wählerische, sehr viel robustere Winterlinde vor, die, ihrem Namen entsprechend, kalte Winter erträgt und deren Verbreitungsgebiet sich bis nach Südschweden erstreckt.

Linden können sehr alt werden. Sie vertragen die Einengung ihres Wurzelraumes ebenso wie die Veränderung ihrer natürlichen Wuchsform und radikale Eingriffe im Kronenbereich, ja sie können darauf sogar mit besonders energischem Wachstum reagieren, wie wir es bei Schloss Bothmer gesehen haben. Ein Baum, der solchen Misshandlungen zu trotzen vermag, kann als »stadtfest« gelten, wie der betreffende Fachausdruck lautet. Ein Grund dafür, dass wir die Linde mit Stadt und Siedlung assoziieren.

In unseren Wäldern, vor allem in den norddeutschen, sind ursprüngliche Lindenvorkommen dagegen außerordentlich selten.

Bei den Germanen war die Linde der heilige Baum der Frigga, der Göttin der Fruchtbarkeit. Das Lindenblatt war das Zeichen des freien Grundbesitzers. Im Schatten des Lindenbaumes wurde Gericht gehalten. An seinem Stamm brachte man Votivbilder an. Als Siegfried im Blut des erlegten Drachens badete, verhinderte ein herabfallendes Lindenblatt die vollständige Hörnung. Besungen wurde die Linde von Walther von der Vogelweide, von Hans Sachs und von vielen Lokalpoeten. Die Linde spielt in der Poesie, im Volksglauben und im Volksleben eine so große Rolle, dass man ein ganzes Buch darüber schreiben könnte. Jeder kennt das Lied *Am Brunnen vor dem Tore*. Auf die Sitte, dort Lindenbäume zu pflanzen, wies bereits Leonhart Fuchs[12] in seinem 1543 erschienenen Kräuterbuch hin, nach dem unter »no. 495« der *»Lindenbaum allenthalben under die thor / und sonst an anderer Ort gepflanzt«* werde.

Woher rührt diese große Beliebtheit der Linde im Vergleich mit anderen Bäumen? In den alten Texten werden viele angenehme Eigenschaften genannt: Blätter, Stamm, Krone und Rinde sind schön, die Blüten haben einen angenehmen Duft und sind eine gute Bienenweide; in früheren Zeiten gab es eine Menge medizinischer Anwendungen, von denen der Lindenblütentee überlebt hat; das Holz ist immerhin zum Schnitzen geeignet, und aus der Rinde kann man Seile machen. Interessant ist eine Notiz aus dem Jahre 1709, wonach der Baum *»kein Geschmeiß und Ungeziefer leidet«* – sollten die heute als so lästig empfundenen Blattläuse die Linde erst danach erobert haben? Aber dennoch erklärt all dieses nicht die Sonderstellung der Linde. Vermutlich sind es nicht zuletzt biologische Eigenschaften, die für die Popularität der Linde verantwortlich sind. Da ist zunächst einmal das Holz. Weich ist es, weil die im Sommer erwirtschafteten Kohlenhydrate nur teilweise in den Holzkörper investiert werden, und in stärkerem Maße als bei anderen Gehölzen in Form von Stärke, später auch als Öl, in einem speziellem Gewebe, den sogenannten Markstrahlen gespeichert werden.

Das Holz der Linde ist so nährstoffreich, dass man das Sägemehl früher dem Viehfutter beimischte.

Diese Nährstoffe können im nächsten Jahr wieder leicht mobilisiert werden, womit das gute Ausschlagvermögen der Linde zusammenhängt, und dies wiederum ist verantwortlich für die einfache vegetative Vermehrung wie für die Toleranz gegenüber Formschnitt und Kappung: für problemlose Pflanzung und Pflege also auch zu Zeiten, in denen es noch keine Baumschulen gab.

Lindenblatt

Da ist zum anderen der Laubtrieb, bei dem die Blätter strikt waagerecht in eine Ebene ausgerichtet sind und einen perfekten Blattschirm bilden. Sie wird in dieser Beziehung allenfalls von der

Buche übertroffen, die aber ausgesprochen heikel und längst nicht so leicht zu vermehren ist wie die Linde. Mit dem perfekten Blattschirm hängt übrigens auch die charakteristische Schiefe des Lindenblattes zusammen, bei dem stets die eine Blatthälfte etwas größer ausgebildet ist als die andere – und zwar immer die dem Stängel zugewandte Seite.

Beide Eigenschaften, der perfekte Blattschirm und die einfache Vermehrung, mögen die Gründe dafür sein, dass die Linde wie kein anderer heimischer Baum für architektonische Aufgaben in der Gartenkunst verwendet wurde. Nicht nur in den Lindenalleen, sondern auch in den Kasten- und Knüppellinden, Lindengängen, Lindenterrassen und Lindenlauben lebt die Gartenkultur des Barocks weiter, ohne dass uns dies so recht bewusst wird. Ein kleines Panorama der Lindenverwendung soll dies deutlich machen: Heckenförmig gestutzte Linden vor einer Hauswand, sogenannte Lindenschirme oder Kastenlinden, waren früher in ganz Norddeutschland häufig.[13] Es handelt sich um eng stehende Lindenreihen, die in rund zwei Meter Höhe kastenförmig beschnitten werden und so eine Art Stammhecke bilden. Dieser Schnitt ist eine ziemlich aufwendige Prozedur und wird nur noch selten in der alten Manier durchgeführt. Es hat sich bei Heimatkundlern eingebürgert, diese Lindenschirme funktionell zu deuten. So wurden ihnen gern wichtige Aufgaben als Wind- oder Sonnenschutz zugeschrieben. Größe und Himmelsrichtung der Lindenschirme zeigen jedoch, dass davon keine Rede sein kann, sondern dass es vor allem um die Schmuckwirkung ging. In Dänemark pflanzte man Lindenschirme vor allem vor Stadthäuser, der Höhepunkt dieser Mode lag im 18. Jahrhundert. Man kann wohl davon ausgehen, dass es sich bei Lindenschirmen um ein Stück grüner Architektur handelt, das von Holland aus nach Nordwestdeutschland und darüber hinaus vorgedrungen ist. Im 19. Jahrhundert wurden derartige Lindenschirme nur noch selten gepflanzt, aber um 1900 erlebten sie mit der Wiederentdeckung des formalen, architektonischen Gartens eine Renaissance, zieren seitdem die Allee zum Casino in Travemünde und avancierten zum beliebten Schmuck von Villen und Stadthäusern im norddeutschen Heimatstil.

Kastenlinden in Plön

Nicht immer wurde die Krone dieser Linden heckenförmig geschoren. Vielfach ließ man das Astgerüst eine bestimmte gewünschte Dimension erreichen und kappte es dann Jahr für Jahr an der gleichen Stelle. Die so entstandenen Knüppellinden haben eine freiere und weniger strenge Kronenform, bleiben aber durch die Schere dauerhaft in der gleichen Größe. Der Grund für diesen Aufwand: Es ging um die richtigen Proportionen – große Bäume können ein Haus optisch erdrücken, nehmen viel Platz weg und werfen Schatten. Bäume mit klein bleibender Krone sind vorzuziehen, aber die gibt es in Mitteleuropa nicht. Wenn Haus und Hausbaum in ihrer Größe auf Dauer aufeinander abgestimmt bleiben sollen, muss die Schere ihr Werk tun. Gestutzte Linden bilden an der Stammbasis viele starke Austriebe, sogenannte Stockloden. Sie werden in der Regel als störend empfunden und Jahr für Jahr zurückgeschnitten. Man kann sie aber auch kreativ nutzen, indem man sie zu einer Hecke auswachsen lässt.

Lindenschirm im Museum Molfsee

Kasten- und Knüppellinden haben in Stadt und Land vielfach überdauert, selbst wenn sie durchgewachsen sind. Wer mit offenen Augen durch Hamburg fährt, wird in den alten Dorfkernen überall alte Linden finden, meist rigoros zurechtgestutzt, deren enger Stand auf ihre frühere Verwendung hinweisen. Sie haben überlebt, selbst wenn in vielen Fällen das dazugehörige Bauernhaus abgerissen wurde.

Auch Lindengänge erfordern einen hohen Arbeitsaufwand und sind nur noch sehr selten anzutreffen. Sie haben zu jeder Jahreszeit ihren besonderen Reiz, sei es im Frühjahr beim Austrieb des zarten Grüns, im Sommer als kühler und schattiger Gang, im Herbst, wenn das spärliche gelbe Laub mit den schwarzen Ästen und dem blauen Himmel einen wunderbaren farblichen Kontrast bildet, und selbst im Winter, wenn die waagerechten Äste mit Schnee bedeckt sind und sich das schwarzweiße Astwerk vor grauen Wolkenwänden abhebt.

Lindenlauben sind ein Kapitel für sich.[14] Der Titel der 1853 gegründeten Familienzeitschrift *Die Gartenlaube* war programmatisch und wurde zum Symbol der selbstgenügsamen deutschen Bürgerlichkeit. Man saß gern im »grünen Schatten«, im intimen und abgeschlossenen kleinen Raum, aber gleichzeitig doch im Freien, und vor allem für die Liebespaare jener Zeiten scheinen die Lauben unverzichtbar gewesen zu sein. Heute sind echte Gartenlauben – und das heißt in Norddeutschland vor allem Lindenlauben – so selten geworden, dass man die wenigen gut erhaltenen Exemplare am liebsten alle unter Denkmalschutz stellen möchte.

Lindenlauben standen meist im Vorgarten. Doch nachdem in den 50er und 60er Jahren der Autoverkehr mit seinem Lärm und seinem Gestank zugenommen hatte, war dies kein angenehmer Aufenthaltsort mehr. Wer in der Laube nicht mehr sitzen mag, macht sich auch nicht mehr gern die Mühe, sie fachgerecht zu pflegen. Die Linden wuchsen empor, verkahlten an der Basis, und bildeten schließlich lebende Ruinen, denen – als man sie zur Verbreiterung der Fahrbahn fällte – niemand eine Träne nachweinte. So fielen die Lindenlauben dem Straßenverkehr zum Opfer.

Zum Schluss bleiben noch die Lindenterrassen.

Von Linden beschattete weiträumige Sitzplätze waren in Norddeutschland früher offenbar bei Gasthäusern groß in Mode. Nur wenige haben überlebt, viele davon am Hamburger Elbstrand zwischen Altona und Blankenese. Aber
34 keine ist so berühmt wie die Terrasse beim Hotel Jacob in Nienstedten, die von Max Liebermann gemalt wurde.

Seitdem Wälder in Mitteleuropa bewirtschaftet werden, hat man das Ausschlagvermögen der Baumarten für die Verjüngung genutzt. Allerdings können sich nicht alle Bäume auf diese Weise vermehren. Nadelbäume wie Fichte und Kiefer sterben ab, wenn sie gefällt werden. Die Buche treibt nur unter günstigen Bedingungen wieder aus.

Aber die meisten heimischen Arten – Eiche, Esche, Erle oder Linde – bilden, wenn sie gefällt worden sind, sogenannte Stockausschläge:

Aus dem Stubben treiben junge Schösslinge aus, entwickeln sich zu Stangenholz und können nach einigen Jahren erneut geschlagen werden. Dieser Zyklus lässt sich nahezu unbegrenzt wiederholen. Hecken und Knicks, Niederwälder und der Unterwuchs der Mittelwälder werden seit Jahrhunderten so bewirtschaftet. Allerdings werden die jungen Schösslinge in allen Fällen stark vom Vieh oder vom Wild verbissen. Um das zu vermeiden, muss man den Wald einzäunen, und wenn dies nicht praktikabel ist, bietet es sich an, die Bäume nicht am Grund zu schlagen, sondern in einer Höhe zu köpfen, auf der die Schösslinge von Schafen, Rindern oder Rehen nicht mehr erreicht werden können. So entstanden Kopfbäume, zur Erzeugung von Nutzholz, aus rein praktischen Gründen also, und es gab einen reichen Erfahrungsschatz im Umgang mit solchen Gehölzformen, längst bevor auf Kopf- und Kastenform getrimmte Bäume im Barockgarten Mode wurden.

Im Barockgarten wird der Formschnitt der Gehölze jedoch Teil der Gartenphilosophie. Eine ausgezeichnete Darstellung dieser Philosophie hat Clemens A. Wimmer in seinem Buch *Bäume und Sträucher in historischen Gärten* gegeben[15].

Linden. Wellingsbüttel Grevenau

Die wohlgeordneten und fein proportionierten Gärten spiegelten die Staatsauffassung des Absolutismus wider, und danach musste, wie es Wimmer formuliert, *»die ganze Gesellschaft sich zu einem Gesamtkunstwerk fügen, in dem jeder Mensch, jede Kunst, jede Pflanze ihren genau definierten Platz hatte«*. Es waren Gärten der architektonischen Formen, der Hecken und Heckentheater, der grünen Arkaden und repräsentativen Alleen, und all diese Formen ließen sich durch gärtnerische Kunstfertigkeit schaffen, wenn auch unter hohen Kosten. Der barocke Baumschnitt, der jetzt zur höchsten Blüte gelangte, wurde bereits von vielen Zeitgenossen als bewusste Naturbezwingung angesehen. Andererseits gibt Wimmer zu bedenken:

»Die meisten Barockautoren aber bezogen den Menschen noch so stark in den Schöpfungsplan ein, dass sie im Schnitt etwas gottgewollt Natürliches sahen. Die Natur musste geordnet und korrigiert werden, um dem Ideal zu entsprechen, das man von der Natur hatte.«

Wenn ein Gärtner einen Baum entsprechend der Idee beschneidet, die er sich von einem schönen Baum gemacht hat, so vergleichen die Gartenschriftsteller des Barocks diese Tätigkeit mit der eines Bildhauers, der aus dem unförmigen Gesteinsblock eine Statue schafft. Wimmer hat zur Illustration dieser uns heute so fremden Gedankenwelt einige wundervolle Zitate gefunden, die den Zusammenhang zwischen Gartengestaltung und Gesellschaft im Ancien Régime deutlich machen:

»Ich weiß nicht, ob ich nicht gar sagen könnte, dass die Schnittregeln bei den Bäumen oft genug fast dasselbe sind wie die Regeln der christlichen Moral beim menschlichen Verhalten. Unsere Bäume sind, so scheint mir, in der Beschränkung, die wir ihnen auferlegen, um sie niedrig zu halten und vielleicht an Mauern zu heften, unzufrieden; man kann sagen, dass sie stets streben, dem Gärtner zu entkommen und ihn zu hintergehen, um zu wachsen, wie er nicht will, und gerade da zu wachsen und Zweige zu bilden, wo er nicht wollte, dass sie sie treiben, ganz wie die verderbte Natur des Menschen sich oft gegen die göttlichen Gesetze und gegen die Vernunft auflehnt und zu den meisten Dingen neigt, welche die Moral verbietet.«

So Jean de La Quintinye im Jahr 1690. Und sein Zeitgenosse Andreas de La Croyx:

»Man beschneidet keinen baum / es sey dann / dass er wider den ordentlichen Lauff der Naturen anwachse.«

Die nachfolgenden Generationen hatten eine andere Auffassung von Natur, Freiheit und Kunst im Garten. Ordnung, Symmetrie und Geradlinigkeit werden als unnatürlich verworfen, als gekünstelt. Den Anfang macht um 1710 Joseph Addison mit seiner Klage:

»Unsere Britischen Gärten hingegen, statt der Natur nachzugehen, weichen vielmehr so sehr von ihr ab, als sie können. Unsere Bäume erheben sich zu Kegeln, Kugeln und Pyramiden. Die Spuren der Schere sehen wir an jeder Pflanze und Staude. Ich weiß nicht, ob ich ein Sonderling mit meinem Geschmack bin, aber ich muss gestehen, dass ich lieber einen Baum in aller seiner schwelgerischen Wildheit von Ästen und Zweigen sehe, als wenn er solcher Gestalt in eine mathematische Figur gehackt und geschnitten ist.«

Und Addison schließt mit einer Schelte des Gärtnerstandes, den er für die Unnatürlichkeit der Gärten verantwortlich macht. Auch im idealen Garten des Jean-Jacques Rousseau, wie er ihn 1760 in der *Nouvelle Héloïse* beschreibt, sehe man *»nichts gekünstelt, nichts nach der Schnur gezogen. Niemals kam die Schnur an diesen Ort; die Natur pflanzt nichts nach der Schnur.«*

Als der Kieler Professor Christian Cay Lorenz Hirschfeld 1779 seine *Theorie der Gartenkunst* publizierte, hatte sich der neue Geschmack weitgehend durchgesetzt. Auch er lehnt in der Form reglementierte Bäume kategorisch ab: *»Nichts kann uns abhalten, künstlich geschorene Hecken zu verwerfen.«* Alleen sieht er dagegen etwas differenzierter:

»Wenn Alleen, die aus Bäumen bestehen ... an den Seiten und auf der Oberfläche die Merkmale der Gartenschere zeigen, so gehören sie mit den Hecken in eine Klasse

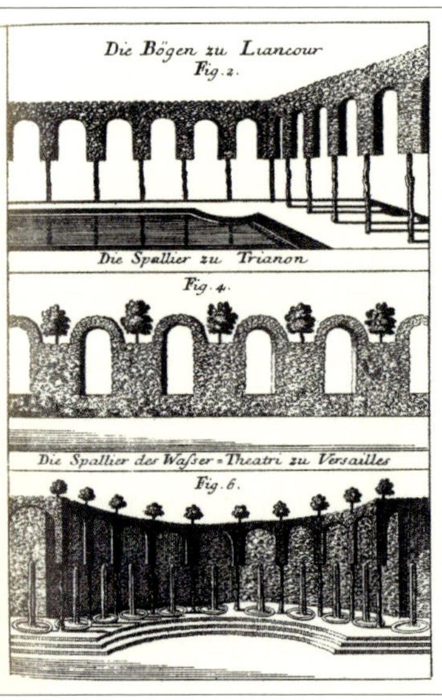

Historische Spaliere und Kastenlinden in Trianon, Versailles, Chantilly

... Allein wenn sie bloß eine regelmäßige Pflanzung vorstellen, wobei jeder Baum die Freiheit seines Wuchses ohne Verkünstelung behält: So dürfen wir sie nicht ohne Unterschied verwerfen.«

Die Freiheit des Wuchses ohne Verkünstelung zur Entfaltung bringen ist also Ende des 18. Jahrhunderts das vorherrschende Baumideal. In welchem Maße es im Widerspruch zu den bislang geltenden Regeln der Kunstgärtnerei stand, zeigt eine Kontroverse um die *»Vortheile und Nachtheile des Kappens der Bäume auf den Hamburgischen Wällen und Landstraßen«*, zu der die Patriotische Gesellschaft in Hamburg Ende des 18. Jahrhunderts ein Preisausschreiben auslobte.[16] Dabei ging es eigentlich um nicht mehr als, wie wir heute sagen würden, baumpflegerische Maßnahmen. Aber welchen Abscheu und welche Empörung müssen sie 1792 hervorgerufen haben!

1742 Charlottenburger Schloss, Friedrich II. besichtigt den Schnitt der Kastenlinden

Zunächst einmal rühmen die Verfasser der Denkschrift mit dem hierzulande üblichen Lokalpatriotismus Hamburg als eine der *»wegen schöner Gegenden berühmtesten deutschen Städte«*. Diese Schönheit verdanke sich vor allem der schattigen, als »Gänge« bezeichneten Alleen auf dem Wall und vor den Toren. Sie seien zwar zugegebenermaßen in gleichen Abständen bepflanzt und würden damit eigentlich nicht den als gültig angesehenen Regeln der schönen Gartenkunst entsprechen. Aber unter den hohen und dichten Laubgewölben dieser Promenaden würden sich treffliche weite Aussichten anbieten. Und was die Bäume selbst betreffe, so gebe es keinen wohltätigeren Anblick als

»den eines in der ganzen Kraftfülle seines unverkünstelten Natur-Wuchses emporsteigenden Baumes, der das treffende Bild ungeschwächter Gesundheit, und fester den Stürmen des Schicksals trotzender Manneskraft darstellt«.

Die weisen Vorfahren haben dafür gesorgt, dass ihre Enkel in den Genuss dieses herrlichen Anblicks gelangten, und haben die jetzt hohen, gesunden und üppig gewachsenen Linden und Ulmen gepflanzt.

Offenbar aber würden die Nachfahren diesen Reichtum nicht in der richtigen Art und Weise kennen und verwalten. Denn, so heißt es weiter in der Denkschrift:

»Bei weitem der größte Teil dieser herrlichen Bäume ist durch das in Hamburg seit einem Menschenalter übliche Kappen gesunder Bäume seiner natürlichen Schönheit beraubt und durch das Beil und die Säge bis auf den Stamm verstümmelt.

Diese abgehauenen Stämme sind wegen des gestockten Saftes durch Knollen und Auswüchse entstellt, der freie Wuchs der Äste ist gehemmt; unverhältnismäßig schlank sind diese aus dem unförmig starken Stamm, größtentheils zur Seite seiner abgehauenen Fläche, herausgetrieben und bilden keinen natürlich schönen Baumschlag mehr. – Durch diese unerhörte Operation ist nun die ursprüngliche Bestimmung der Bäume unersetzlich zernichtet, und ihre ganze Existenz und Wirksamkeit auf eine periodische Alternation von Sein oder Nichtsein herabgebracht.«

Was mag zur »*Einführung dieser über unsere schönen Baumpflanzungen zum Schaden des Ganzen verübten willkürlichen Gewalt*« geführt haben? Die Autoren stellen sich ratlos, führen einige mögliche Gründe an, von denen sie aber nicht überzeugt sind: Erhaltung der Bäume, Abtrocknung der Straßen, Gefahr durch Windwurf, Behinderung der Luftzirkulation, Holzertrag. Und sie formulieren die Preisfrage des Wettbewerbs:

»Welches sind die Vortheile und welches die Nachtheile des Kappens (Köpfens) der Ypern (Ulmen, Rüstern), Linden, Buchen, Eschen und Hainbuchen auf unseren Wällen und Landstraßen?«

Die eingegangenen Preisschriften gaben keine befriedigenden Antworten, kaprizierten sich auf technische Details oder gaben entgegen der geforderten Aufgabe praktische Hinweise, wie das Kappen korrekt durchzuführen sei. Offenbar hatte die Patriotische Gesellschaft sich für ihr Naturideal Unterstützung von außen erhofft und wurde nun enttäuscht. Die Angelegenheit verlief im Sande.

Aber die Kontroverse lebte 200 Jahre später im 20 Kilometer entfernten Ahrensburg wieder auf.[17] Es ging um die platzartige erweiterte Große Straße und damit um das Kernstück des barocken Stadtentwurfes. Die alten Linden aus der Zeit Schimmelmanns waren nach und nach dem Straßenausbau zum Opfer gefallen. Nun hatte man den Platz zum Fußgängerbereich gemacht und neue Linden gepflanzt, die sich im dichten Abstand von rund sechs Metern unter entsprechendem Rückschnitt zu Kastenlinden entwickeln sollten.

Und wieder kam die Frage auf: Ist es richtig, die Bäume in Kastenform zu beschneiden, oder muss man ihnen die Freiheit des Wuchses ohne Verkünstelung zugestehen?

Offenbar trifft diese Frage auch heute noch eine ganz empfindliche Stelle bei naturliebenden Menschen. In Ahrensburg gab es unzählige Zeitungsartikel und Leserbriefe, Bürgerproteste, Ausschusssitzungen und Unterschriftenaktionen. Frappierend war für mich, dass dabei im Jahre 2009 genau die gleichen Argumente ausgetauscht wurden wie seinerzeit 1792. Über ein Jahr lang polarisierte die Kastenschnittdebatte die Stadt Ahrensburg, bis sie schließlich durch einen Bürgerentscheid beendet wurde. Mit 80-prozentiger Mehrheit wurde der Kastenschnitt der Linden auf der Großen Straße abgelehnt, die nun stattdessen durch einen sogenannten Kronenbegrenzungsschnitt in ihrem natürlichen Erscheinungsbild erhalten und gepflegt werden sollen. Damit war erst einmal Ruhe eingekehrt, aber nicht lange. Im Jahre 2011 hatten sich an den Stämmen Ersatztriebe gebildet, und die Kronen waren nicht rund, sondern zu einer Spitze ausgewachsen. Das wurde als Verwilderung angeprangert, und polemisch wurde gefragt:

»Ist das die Rache des Bauamtes an uns Bürger, weil wir den Planern bei der Wahl ein Kreuz durch ihre quadratische Rechnung gemacht haben …?«

Offenbar scheinen die Wunden, die der emotional geführte Kampf gegen die Kastenlinden an den Seelen der engagierten Ahrensburger hinterlassen hat, nur langsam zu verheilen.[18] Grundsätzlich gilt:

Fast alle gepflanzten Bäume sind Pflegefälle auf Lebenszeit.

Kopf- und Kastenlinden wie am Schloss Bothmer oder in Ahrensburg, bei denen schon bei der Pflanzung geplant war, dass sie stets gestutzt werden und nie eine frei entwickelte Krone bilden sollen, sind es in ganz besonderem Maße.

Noch einmal wechseln wir den Ort. Auf dem Marktplatz der kleinen, beschaulichen Stadt Bordesholm stand bis vor wenigen Jahren die berühmteste und 11
vielleicht auch älteste Linde Schleswig-Holsteins. Ein wundervoll gewachsener, breit ausladender Baum, hoch kompakt und dicht belaubt. Sein mächtiger Stamm teilte sich in Kopfhöhe in eine Hand voll starker Äste auf. Insgesamt war er wohl gut 30 Meter breit und 20 Meter hoch, viel höher jedenfalls als die kleinen Fachwerk- und Backsteinhäuser in seiner Nähe. Diese Linde war das Wahrzeichen der Stadt und zugleich lebende Erinnerung an die Zeit zwischen 1330 und 1620, als Bordesholm das kulturelle Zentrum des alten Herzogtums Holstein gewesen war – man nimmt an, dass sie um 1580 herum gepflanzt wurde.

Schon seit Langem war die Bordesholmer Linde ein Pflegefall gewesen. Man hatte Stahlseile gespannt, hatte Teleskopstangen zur Unterstützung der Äste eingebaut und schließlich den Baum mehrfach zurückgeschnitten, aber es hatte alles nichts genutzt. Im Jahre 2018 musste die Linde vollständig gekappt werden. Heute ist hier nur noch ein enorm breiter, etwa mannshoher Stumpf zu sehen, der in seinem verstümmelten Zustand ein trauriges Bild abgibt. Die letzten Stücke des historischen Bruchholzes wurden 2018 öffentlich versteigert. Wie geht man jetzt mit der Baumruine um? Das wird in Bordesholm eifrig diskutiert. Es gibt Vorschläge zur Anlage einer Allee oder gar eines Boulefeldes, wo früher die Linde stand. Die meisten Einwohner scheinen sich

Bordelsholmer Linde

für eine Rodung und die Anpflanzung eines genetisch identischen Nachkömmlings auszusprechen.

Aber noch lebt die Linde! Denn alte Linden sind zäh. An einer Seite haben sich neue Leittriebe gebildet, und auch an der Basis schießen kräftige Stockloden in die Höhe. *»Von Weitem sieht es wie ein prächtig grüner Busch aus«*, weiß die Lokalzeitung zu berichten.[19] Es gibt bereits Stimmen, die den starken Austrieb als Symbol für die Lebenskraft, wenn nicht den Lebenswillen des Baumes ansehen, und die dafür plädieren, den Baum zu erhalten und auf seine Wiederauferstehung zu hoffen.

Kehren wir für einen Augenblick noch einmal zum Bild der Bordesholmer Linde zurück, als sie noch gesund war, in vollem Saft stand und ein beliebtes Motiv für Ansichtspostkarten bildete. Ein traumhafter Anblick, das Idealbild eines frei aufgewachsenen, kraftvollen Baumes, mit mächtigem Stamm und ebenmäßiger, weit ausladender Krone. Und doch ist dieser Baum Menschenwerk, ist gepflanzt und jahrhundertelang gepflegt worden. Alle »historischen« Linden wurden gepflanzt, die mächtige Sommerlinde auf der Fraueninsel des
88 Chiemsees, die Marienlinde von Telgte, die Dicke Linde bei Hildesheim und all die vielen anderen berühmten alten Lindenbäume Deutschlands.[20] An solche gepflanzten Bäume denken wir, wenn wir von der Linde sprechen, an die

Linde am Brunnen vor dem Tore, an Gerichts- und Tanzlinden, aber wir denken zumindest in Norddeutschland nicht an einen Waldbaum. Wenn es einen Baum gibt, der typisch ist für die mitteleuropäische Kulturlandschaft, dann ist es die Linde. Das gilt auch für Schleswig-Holstein.

> **Norddeutschland ist Baumland, aber kein Waldland. Was unsere Landschaft prägt, sind Einzelbäume, Baumgruppen und Baumreihen: Lindenalleen, Pappelreihen in der Marsch, Eichen als Überhälter in den Knicks.**

Bäume des Waldes sehen ganz anders aus. Bedrängt von ihren Artgenossen und von anderen Baumarten hungern sie dem Licht entgegen, reinigen sich von allen beschatteten Seitenästen und bilden lange, gerade und unverzweigte Schäfte. Man kann sie an ihrer Borke, ihren Blättern oder ihren Früchten unterscheiden, nicht aber an ihrer Gestalt, ihrer Wuchsform. Ein Baum mit einer charakteristischen Silhouette bildet sich nur im Freistand, nur wenn der Mensch ihm beständig Freiraum offen hält. Die Baumfreunde der Aufklärungszeit hatten gegen die verschnittenen Kopf- und Kastenlinden polemisiert und ihnen das Ideal eines frei in seiner natürlichen Schönheit aufgewachsenen Baumes gegenübergestellt, das ihrem Erziehungsideal eines sich frei entwickelnden Menschen entsprach. Ihnen war entgangen, dass es sich gerade dabei um ein Gebilde handelt, das seine Eigenart nicht »von Natur aus« in seinem ursprünglichen Lebensraum des Waldes entfalten kann, sondern nur unter ständigen menschlichen Eingriffen. Der frei aufgewachsene Baum als schönes Individuum ist ein Produkt der Kulturlandschaft und ein Werk des gestaltenden Menschen.

Neu im Land – die SUMPFZYPRESSE

Von Helmut Schreier

27 Ein Freitagnachmittag im Mai, endlich Sonnenschein am Ende einer trüben, verregneten und kühlen Woche. Die Sonne erscheint im Hamburger Kellinghusenpark als weiße Scheibe oberhalb der Häusergiebel und Baumwipfel und wirft lange Schattenbahnen über aufscheinende Rasenflächen. An der Böschung des Weihers im Winkel des Parks finde ich den Baum, der mir als eine Art Emblem dieser Stadt erscheint, eine doppelstämmige Sumpfzypresse *(Taxodium distichum)*. Der Umfang beider Stämme zusammen mag bei fünf Metern liegen, beide streben empor, sich verjüngend wie gezogene Kerzen. Der eine erreicht mehr als 20 Meter, der andere ist auf halber Höhe abgebrochen. Im Gegenlicht leuchten die feinen, zartgrünen Nadelzweige, schleierartig um- spielen sie die Starrheit der Stämme und mildern deren strebsamen Ausdruck. Die Basis des Stamms, wie aus hundert stangenartigen Wülsten zusammengesetzt, ist mit hohen Graffiti-Mustern besprüht, Knoten aus schwarzen Lettern auf silberner Grundierung.

Graffiti auf Sumpfzypressenstämmen

Die Rinde bildet, wo sie nicht von Moosen und Algen begrünt oder von Sprühfarbe versilbert ist, eine Abdeckung aus lauter langen Spänen, grauen und braunen, die sich unter den Fingerspitzen angenehm weich anfühlen. Aus nächster Nähe betrachtet erinnert der Blick auf sie an den Blick auf Landschaften schindelgedeckter Dächer. Auf Augenhöhe treibt aus dieser ungeordnet geordneten Schuppenfläche ein winzig grüner Zweig hervor. Im Zwickel zwischen den beiden Stämmen hat sich eine Schicht abgeworfener Nadeln und Zweige angesammelt, aus der ein Ahornbäumchen keimt. Richtet man den Blick gerade nach oben, so stehen inmitten des zartgrünen Flors der jungen Zweige die Äste wie mit energischen Pinselstrichen um den Stamm geschrieben, und die expressionistische Dramatik des Bildes, das sich im Winter geboten hatte, taucht wieder auf.

Auffällig ist die Ansammlung von Brennnesseln, sie bedecken die Böschung unterhalb des Stammes; auch die Sumpfzypressen an anderen Stellen Hamburgs, etwa die im Hirschpark, wachsen inmitten von Brennnesselfeldern, während die benachbarten Bäume, Stieleichen und Roteichen, Buchen, Tulpen- und Amberbäume, von Gras umgeben sind, und der berühmte Bergahorn des Hirschparks, der vom *Hamburger Abendblatt* immer wieder zum schönsten Baum Hamburgs gekürt wird, wirft einen so dichten Schatten, dass darunter nur wenige Handvoll verschiedener Kräuter gedeihen.

Möglicherweise bindet die Sumpfzypresse in ihrem Wurzelwerk Stickstoff und reichert den Boden damit an, ähnlich wie die Schwarzerle.

Die spärliche Fachliteratur sagt nichts darüber. Die Stickstoffbildung würde jedenfalls die Brennnesselvegetation erklären, die stets auf stickstoffreiche Böden hinweist – wie man sie um alte Abfallgruben, Hühnerhöfe, Komposthaufen häufig findet.

Ein Mann spricht mich an, es sei doch ein Jammer, dass die Graffiti-Sprüher nicht einmal einen so seltenen Baum schonen. Es handle sich wohl um eine Zeder? Ich nenne ihm den Namen, sage, dass ich selbst nicht weiß, weshalb dieser Baum ausgerechnet »Zypresse« genannt wird, wo er doch mit den Zypressen, die alle aus der Toskana kennen, so gar nichts gemein hat, und zeige ihm die ähnlichen und doch ganz anderen drei Urwelt-Mammutbäume gleich nebenan: Ihre nadelartigen Blättchen wachsen exakt gegenständig aus den kleinen Zweigen heraus, während die der Sumpfzypresse wechselständig hervortreten. Und nicht zu vergessen die »Atemknie«, knubbelartige Holzkugeln, die aus dem Boden herausschauen. Der Baum treibt diese typischen Kennzeichen der Sumpfzypresse aus seinen Wurzeln hervor. Die Böschung unterhalb der Zypresse bis ins Wasser des Weihers hinein ist mit ihnen bestückt; wie knorzige Kniescheiben sitzen sie auf den Wurzelsträngen und ragen aus der Grasfläche empor, aus dem kleinen Brennnesselfeld und aus dem schwarzen Wasserspiegel. Durch diese Auswüchse kann der Baum Luft aufnehmen und ist daher in der Lage, selbst mitten im Sumpf oder mit im Wasser untergetauchten Wurzeln zu überleben. Dieser Baum erscheint mir emblematisch für den Geist der Hansestadt, gerade weil er, ein Neusiedler, ein Fremder in der Erde des Parks, hier seinen Platz gefunden hat und kraftvoll austreibt, trotz des abgebrochenen Nebenstammes.

Sumpfzypressen sind in Hamburg nicht selten; im Alten Botanischen Garten finden sie sich an verschiedenen Stellen; beim Zugang am Dammtorbahnhof steht eine Gruppe von neun, die dickste hat einen Umfang von fast vier Metern, und sie wurden auf Bildern schon vor mehr als 100 Jahren als stattliche Bäume gezeigt. An der Straße Lünkenberg in Klein Flottbek steht eine besonders große Sumpfzypresse mit einem Stammumfang von mehr als fünf Metern auf trockenem Gelände; allerdings floss dort vor 100 Jahren noch eines der Flüsschen durch das Quellental.

Die Sumpfzypresse von Büdelsdorf bei Rendsburg, auf dem Gelände der nordart.

Der Neue Botanische Garten liegt in der nördlichen Nachbarschaft. Hans-Helmut Poppendieck erinnert mich daran, dass dort eine ganze Südstaaten-Sumpfzypressen-Landschaft angelegt worden ist, 7 eingeschlossen die grauen Bärte vom Louisianamoos *(Tillandsia usneoides*, engl. *Spanish Moss*), die jeden Winter
52 ins Gewächshaus gebracht und jeden Sommer aufs Neue wieder in die Zweige gehängt werden, weil die dekorativen Tillandsia-Gehänge nicht frosthart sind (siehe das Kapitel über die Trauerbäume).

63 Außerhalb Hamburgs ist zum Beispiel die mächtige Sumpfzypresse hinter dem Schweriner Schloss unmittelbar am Seeufer manch einem Besucher bekannt. Im Schlosspark von Ludwigslust steht eine Art Hain dieser Bäume neben dem schwarzen, von ihren Knien durchbrochenen Wasserspiegel des Kanals, der die katholische Kirche umschlingt. Im Wendland finde ich hier und da ansehnliche Exemplare, etwa an der alten Schule in Quickborn. Aber der Baum gilt immer noch als rarer Exot oder als exotische Rarität; anders ist kaum zu erklären, dass ihn etwa der Kosmos-Naturführer *Welcher Baum ist das?* mit seinen mehr als 500 Eintragungen nicht ein einziges Mal erwähnt.

Das Ursprungsland der Sumpfzypresse liegt in den Südstaaten Nordamerikas; dort heißt sie *Baldcypress*, weil sie im Herbst die kleinen Zweige mitsamt den beige und braun gewordenen Nadeln abwirft und den Winter über kahl *(bald)* erscheint. Allerdings sind die Bäume in den Sumpfgebieten und Seen von Osttexas und Louisiana häufig mit meterlangen weißgrauen Schleppen vom Spanischen Moos derart drapiert, dass sie eher gespenstisch als kahlköpfig erscheinen.

Da drängt sich die Erinnerung an eine Reise auf: Mit Charles und Wendelin unterwegs in einem Anglerboot auf den weiten Wasserflächen des Caddo Lake (in der Nähe von Texarkana), wir tuckern an Feldern aus Seelilie und Lotus, Blättern von einem halben Meter Durchmesser und kopfgroßen, vanillefarbenen Blüten vorüber. Mitten im See ragen riesige Sumpfzypressen aus dem Wasser, sie wachsen aus dicken Klötzen von Wurzeln und Erde heraus, auslaufend in schlanken Stämmen. Charles steuert das Boot in weitem Bogen um sie herum, denn in der Nähe der Stämme strecken die Sumpfzypressen ihre Knie aus dem Wasser, als ob sie Bootsfahrern ein Bein stellen wollten. *Taxodium distichum* keimt nur in mäßig feuchtem Boden – ist der Keimling mit Wasser bedeckt, geht er ein, ebenso wie im völlig trockenen Gelände. Aber wenn er zur Höhe eines Heisters, also Jungbaums angewachsen ist, vermag er ganz gut auch mitten im Wasser zu leben – mithilfe seiner Knie.

In den Seitenarmen des Caddo Lake drängen sich die Bäume zu Zypressen-Hainen mit mächtigen Vorhängen aus Spanischem Moos. Die Luft steht und schmeckt stickig, im Dämmerlicht ist es totenstill. Die Bäume führen uns eine Welt vor Augen, in der alles Mögliche passieren könnte, und tatsächlich meine ich, hinter den Stämmen den Hals eines Dinosauriers zu sehen. Da fliegt ein riesiger Blaureiher krächzend auf, und ich zucke zusammen.

Hier im Kellinghusenpark gibt es keinen Blaureiher, höchstens ab und zu einen viel kleineren Graureiher, der über die Straßen und Parkplätze, über die Dächer und Gleisanlagen sich hinweggeschwungen hat und nun am Rande des Weihers eingefallen ist und dort auf markante Weise Stellung bezogen hat. Wenn ich die Augen halb schließe, kann ich verschwommen im Wechsel die Szene vom Caddo Lake und die vom Kellinghusenpark sehen. In der Fantasie lässt sich vieles miteinander verbinden, aber

Fakt ist, dass der Baum hier in Norddeutschland zu überleben versteht.

Im Winter hängt ein bleicher Mond zwischen den beiden Stämmen der Sumpfzypresse, mit ihren kahlen Ästen und nackten Zweigen verharrt sie dann in der klirrenden Kälte, ihre Knie ragen aus der Eisfläche des gefrorenen Teichs heraus. Aber sie ist da, sie lebt, sie gedeiht, und zeigt so, dass es möglich ist, sich in der Fremde einzurichten.

Der Kellinghusenpark ist ein Überbleibsel weitläufiger Parkanlagen nahe den Villen wohlhabender Hamburger des 18. und 19. Jahrhunderts. Als die Wohnblocks mit den typischen dunklen Klinkermauern und weißen Fensterrahmen in den 20er Jahren des 20. Jahrhunderts entlang der angrenzenden Straßen errichtet wurden, retteten umsichtige Architekten einen Teil der Anlagen mit den damals schon alten und meist exotischen Bäumen; der größere Teil allerdings fiel den Neubauvorhaben zum Opfer. Der mächtigste Baum in der nun relativ engen, inselartigen Parkanlage zwischen Häuserreihen und Bahndamm ist ein alles überragender Tulpenbaum *(Liriodendron tulipifera)* von gewaltigem Umfang in der Mitte der Rasenfläche. Den Sommer über schwillt sein Laub in Wellen um die Äste zu einem grünen Turm, der im Herbst zu einer spektakulären Erscheinung von lackartigem Gelb mutiert, das über Wochen hin allmählich abblättert und sich um den Baum herum ausbreitet, bis der Rasen mit einem kniehohen Bett der auffälligen doppelt gezipfelten Blättern bedeckt ist, die von Arbeitern mit Laubbläsern unter ohrenbetäubendem Lärm zu Haufen gepustet werden. Ich stelle mir das erstaunte Gesicht des Hamburger Kaufmanns vor, der diesen Baum vor 300 Jahren aufgrund seiner Beziehungen nach Amerika besorgen konnte – wenn er ihn heute sähe. Und was würde er zu dem mit Graffiti besprühten Doppelstamm der hochgewachsenen Sumpfzypresse sagen, die er einst am Ufer eines eigens angelegten Weihers pflanzen ließ?

Exotische Bäume im eigenen Park galten seinerzeit unter wohlhabenden Kaufleuten als Statussymbol.

Man stellte seinen Reichtum dadurch auf subtile Weise zur Schau, demonstrierte Weltoffenheit und signalisierte sein kultiviertes Interesse an der Botanik und mit ihr an den aktuellen weltpolitischen Strömungen, die schon damals, im 17. und 18. Jahrhundert, die Wirtschaft und Politik global prägten; in deutschen Gebieten vielleicht am bemerkenswertesten durch Veränderungen in der Landwirtschaft, wo sich zum Beispiel der Kartoffelanbau durchsetzte; andere europäische Länder griffen in die Weltwirtschaft ein durch Produktion von Baumwolle, Tabak, Rohrzucker, Tee, Kaffee in fern gelegenen Kolonien.

Die Verpflanzung der Pflanzen von Kontinent zu Kontinent – zum Beispiel die aus Ägypten stammende Baumwolle in die britischen Kolonien der Südstaaten Amerikas – ging mit der brutalen Verpflanzung von Menschen zusammen. Weiße Unternehmer betrieben mit der Arbeit schwarzer Sklaven Plantagenbau in Gebieten, die sie zuvor für sich reklamiert hatten. Die Neuzeit, die mit der sogenannten Entdeckung Amerikas begonnen hatte, führte zu interkontinentalen Verpflanzungskampagnen und bestimmte fortan den Lauf der Geschichte. Motor des Prozesses war der global betriebene Pflanzenbau – von der botanischen Ausforschung der neu entdeckten Territorien bis hin zu den Kriegen zur Abschaffung der Sklaverei.

Knorrige Silberweide in der Wedeler Marsch

Ulme auf Kampenwerder im Biosphärenreservat Schaalsee

Lindenallee Gut Stegen

 Festonallee in Bothmer mit 290 Jahre alten Linden

Beschirmt von alten Linden: Max Liebermann, Terrasse im Restaurant Jacob, 1902

 Bordelsholmer Linde im Jahre 2012

Bordelsholmer Linde im Jahre 2019

 Sumpfzypressen im Kellinghusenpark in Hamburg

Sumpfzypressen im Neuen Botanischen Garten, Hamburg

Eiche bei Stöfs, Überhälter im Knick

Mit den Entdeckungsreisen und Eroberungen der Neuzeit kam ein Schwall vorher nie gesehener Pflanzen nach Europa.

Viele dieser Neophyten sind längst Bestandteile des hiesigen Pflanzeninventars geworden; wir nehmen sie als selbstverständlich zugehörige Elemente der Landschaft wahr, von der Kartoffel auf dem Acker über die Tomate im Garten bis zu den Douglasien, Robinien und Roteichen im Wald. Die Benennung Neophyt – neue Pflanze – ist in diesen Fällen fast unangemessen, wegen des stigmatisierenden Anklangs, der durch die sich ausbreitende Kombination mit dem Beiwort »invasiv« – wie häufig ist von »invasiven Neophyten« die Rede! – vernehmbar bleibt. Dies ist ein Beispiel für das sogenannte sprachliche *framing*, bei dem eine – in diesem Fall polemische – Bedeutung (invasiv) auf ein im Grunde neutrales Wort (Neophyt) so aufgesetzt wird, als ob es dazugehöre wie Bocksfuß, Schwanz und Hörner zum Teufel.

Sumpfzypressenzweig

Tatsächlich haben die pflanzlichen Neusiedler sowohl Segen als auch Unheil gestiftet.

Das Wort Neophyt besagt lediglich, dass die Pflanze im Lauf der Neuzeit in unserem Kulturraum aufgetaucht ist. Die politische Absicht, alles, was von anderen Kontinenten stammt, unter Generalverdacht zu stellen und abzuwehren, kann in diesen Jahren sogar ein Gespräch über Bäume kontaminieren.

Manche der Neusiedler sind hierzulande auf quasi unsichtbare Weise integriert,

etwa die Rebstöcke der Weinberge, die allesamt von der amerikanischen Rebe stammen, der die europäischen Traubensorten, vom Riesling über den Sauvignon bis zum Rioja, aufgepfropft wurden. Die Geschichte dieses Falles interkontinentalen Zusammenwirkens von Pflanzen belegt aufs Interessanteste die Erkenntnis, dass die Neuankömmlinge Vorzüge und Nachteile zugleich mit sich bringen: Man hatte die amerikanische Weinrebe nach Europa gebracht (wie vorher Kartoffel, Tabak, Mais, Tomate, Bohne usw.), fand den Geschmack des Weines aber etwas »fuchsig« (süß, doch mit einer leicht giftigen Note) und entfernte die Versuchsfelder. (Im österreichischen Burgenland allerdings werden die Amerikanerreben anscheinend immer noch angebaut und der aus den Trauben gekelterte Wein unter dem Namen Uhudler regional konsumiert, wie mir ein Freund berichtet.) Nach dem Abbau dieser Weinstöcke zeigte sich auf fatale Weise, dass Reben, wie alle Pflanzen, Bestandteile eines komplexen Gewebes von Lebewesen sind, zu dem auch Pilze und Insekten gehören. Ein zuvor unbekannter, winziger Parasit der amerikanischen Rebe, die Reblaus, hatte sich inzwischen bei den europäischen Reben eingenistet und verbreitete sich rasch über sämtliche Weinbaugebiete Europas. Die Reblaus vernichtete im Lauf der Jahre von etwa 1880 bis 1920 den althergebrachten Weinbau. Die amerikanische Rebe versteht sich gewissermaßen darauf, die Reblaus zu überleben, während die europäische Rebe daran zugrunde geht. Es dauerte Jahrzehnte, bis französische Forscher die Reblaus überhaupt als Ursache des Rebensterbens identifiziert und das rettende Pfropf-Verfahren erfolgreich erprobt hatten. Das dabei praktizierte Zusammenwirken – feine europäische Reben den widerstandsfähigen amerikanischen Wurzelstöcken eingesetzt – rettete den Anbau europäischer Sorten. Entlang der Elbe beispielsweise wurde der zwischenzeitlich aufgenommene Anbau von Erdbeeren auf den ehemaligen Weinbergen bei Radebeul wieder durch Rebstöcke ersetzt, und für die Weinbauern war es ein gutes Zeichen, dass der Transport frischer Erdbeeren auf Frachtkähnen elbabwärts nach Hamburg allmählich ausblieb.

Man kann die fortlaufende Ausbreitung von Pflanzen über die Oberfläche des Planeten auch evolutionär betrachten: indem man erkennt, welche Veränderungen durch die Wechselwirkungen zwischen den Rebsorten verschiedener Kontinente entstehen oder durch Verpflanzungen großen Stils wie die des amerikanischen Mais über weite Gebiete Afrikas oder des euro-asiatischen Apfelbaums über Nordamerika, Chile und Neuseeland. Ein schönes Beispiel aus diesem Zusammenhang ist Michael Pollans Bericht in seinem Buch *Die Botanik der Begierde* über die Ausbreitung des Anbaus von Apfelbäumen.[1] Tatsächlich entstammen die Hunderte verschiedener Apfelsorten, die überall in den gemäßigten Zonen der Erde kultiviert werden, einer überraschend lokal beschränkten ursprünglichen Population, die auf hohen Bäumen in der Nähe der Stadt Alma-Ata (Vater des Apfels) in Kasachstan immer noch zu finden ist. Pflanzen, so vermutet Pollan, verstehen sich darauf, Menschen gleichsam einzuspannen für dieses Streben nach maximaler Verbreitung, das dem Prozess der Evolution selbst innewohnt. Man wird das Wort »Streben« nur in Ermangelung eines angemesseneren, weniger auf Menschen und menschliches Verhalten gemünzten Wortes gebrauchen. Und doch sehen wir, dass überall, wo Licht hinfällt, wo ein wenig Stickstoff im Boden, ein wenig Kohlendioxid und Wasser verfügbar sind, Pflanzen einen Weg finden, sich den Umständen anzupassen und ihre lebende Substanz in die Welt zu bringen, als ob sie von einer Art Wollen angetrieben wären.

In den Zeiten, in denen sich Gletscher über das Land ausbreiteten, zogen sich Pflanzen zurück, aber nur so weit, dass sie am Ende der Eiszeit wieder auf ihre tastend-versuchende Weise vorrücken konnten. Als die Weichsel-Kaltzeit vor 12.000 Jahren in Norddeutschland zu Ende ging, waren rasch wieder Miniatur-Birken und -Kiefern da, Ebereschen und Haselbüsche bedeckten in den folgenden Jahrtausenden Hügel und Täler, Weichholzauenwälder und die aus Süden um die Alpen herum nach Norden nachrückenden Laubbäume verwandelten die offene Steppenlandschaft in eine grüne Welt aus Wald und Busch.

Als dann die Menschen – hierzulande vor etwa 5000 Jahren – Einkorn, Emmer und Gerste anzubauen und Ziegen und Rinder und Schweine zu halten begannen, brach das Zeitalter des Gartenbaus, der Pflanzenzüchtung und Tierhaltung an, das im Mittelmeerraum schon Jahrtausende vorher blühende Kulturen hervorgebracht hatte. Von dem damit verbundenen Wissen profitierten dann vor 2000 Jahren die römisch besetzten Gebiete Germaniens, in denen Weizenfelder und Weinberge angelegt und Nuss- und allerlei Obstbäume gepflanzt wurden. Hier in Norddeutschland hatten die Bewohner nur sporadisch Kontakt mit den Römern, und der Landbau ging einen anderen Weg. Der Anbau von Buchweizen und Hafer auf den armen Sandböden brachte zumal entlang der Küste die Heidelandschaft hervor, und weithin über die Tiefebene wurden Schweine und Rinder auf Weideflächen gehalten, auf denen man einzelne Bäume wegen der Eichelmast unberührt ließ.

Die uralten Eichensolitäre in unserer Landschaft sind Zeugen jener Wirtschaftsweise.

Fast 1000 Jahre nach der Römerzeit kamen dann – im Zuge der Christianisierung mit ihren Klöstern – Fachleute (soll man sie »Entwicklungshelfer« nennen?) in den Norden, die praktische Kenntnisse und theoretisches Wissen vermittelten, aber auch Gärten und Obstplantagen anlegten, in denen neue, bis dahin ganz unbekannte Früchte reiften, Äpfel und Birnen und Pflaumen. Die Obstbäume ihrerseits führten ihr eigenes Gefolge von Insekten und Singvögeln nach Norddeutschland.

Der ökologische Einfluss von Obstgehölzen innerhalb des Landes nahm mit dem Bevölkerungswachstum zu. Karl der Große hatte Waldrodungen veranlasst, die das von Tacitus in der *Germania* beschriebene Bild Deutschlands als Sumpf- und Waldland gründlich veränderten, und nachfolgende Herrscher betrieben über viele Jahrhunderte eine eigene Baumpolitik, die in der Regel Anpflanzungen nützlicher Gehölze vorantrieb. Einen interessanten Beleg bietet die Baumpflanzordnung Friedrichs aus dem Jahre 1739. Ein Beispiel für viele ähnliche Anordnungen, die den Wert der betreffenden Länder durch Baumpflanzungen zu mehren suchte. Dank derartiger Baumpolitik wuchs die Artenvielfalt in Norddeutschland, verglichen mit dem Zustand vor 2000 Jahren, um ein Vielfaches an: Jede Art Baum transportiert ein eigenes Netz von Lebewesen, Insekten, Mollusken, was wiederum eine bestimmte Population von Singvögeln nach sich zieht, und diese bereichern bekanntlich

32 Baum-pflantz-Ordnung.

7. Diese Gemeinde-Baum-Schulen werden / so weit als eines jeden Antheil gehet / mit einem Pfad unterschieden / mit allerhand Arthen von gutem Stein- und Kern-Obst / auch Eicheln besæet / und wann solche aufgangen / der Behör gewartet.

8. Die junge Obst-Bäume / wann sie 7. bis 8. Fuß hoch worden / seynd in die ledige Plätze an die Felder / und die wilden Stämme in die Wälder auf die angewiesene Oerter zu verpflantzen.

9. Das Obst / so auf denen Gemeinden-Angern und Trieschern wächset / wird von denen Unterthanen nach proportion ihres Antheils am gemeinen Gebrauch getheilt.

10. Zum propffen und oculiren seynd gute Sorten von Obst zu nehmen.

11. Aus denen Herrschafftlichen Garten werden nöhtigen Falls zum bepflantzen an die Land-Strassen jährlich 100. junge Bäume hergegeben.

Die Conductores müssen ebenmässige Baum-Schulen anlegen / und wo Sie es unterliessen / ein solches von denen nächst angelegenen Greben gemeldet werden.

12. Mit Anpflantzung wilder Bäume / als Eichen / Büchen / Pappeln / Eschen / Hainbüchen / Aspen / Weiden und anderer Arth Holtzes / ist gleichergestalt fortzufahren.

13. Die neue Innzöger seynd ehender nicht aufzunehmen / bis jeder auf seinem eigenen Grund 5. Obst-Bäume / und da er keine hätte / in die Gemeinde-Hecken und Waldung 5. Eichen- oder andere wilde Bäume angepflantzt habe.

Die-

Cassel 1739, Landgraf zu Hessen

das verfügbare Angebot für andere Arten der Nahrungspyramide.

Beim Blick über die gesamte Entwicklung von der Eiszeit zur Römerzeit zur Klosterzeit zur Zeit der Entdeckungsreisen und Kolonien hin zur Zeit des gegenwärtigen Klimawandels erscheinen die Phasen der Pflanzenausbreitung gleichsam als Wellenkämme im Fluss einer weiter fortlaufenden Strömung. Reizvoll, den Einzelheiten der langen Geschichte einer Verbindung von Zivilisation und Baumbestand nachzuspüren. Man findet dabei allerlei Arten des Zusammenspiels der Menschen mit ihrem vielfältigen Hunger – von dem nach Nahrung zu dem nach Schönheit – und der Pflanzen mit ihrem unablässigen Streben zu möglichst weltweiter Verbreitung. Dem menschlichen Dominanzgebaren zum Trotz ist es nicht leicht zu sagen, wer dabei Subjekt ist und wer Objekt. Die Schwierigkeit tritt aktuell in unserer Zeit rapider Klimaveränderung zutage. Möglicherweise – um eine fast metaphysische Hoffnung anzudeuten – ist im Zusammenwirken mit Pflanzen auf irgendeine Weise die Lösung der menschengemachten Probleme enthalten, und wahrscheinlich ist es für den Erhalt unserer zivilisierten Welt hilfreich zu lernen, ihnen gewissermaßen zuzuhören.

Der englische Dichter W. H. Auden hat die tonangebende Wirkung von Bäumen für das Wesen einer Landschaft angesprochen:

The trees encountered on a country stroll
reveal a lot about a country's soul.[2]
Die Bäume, denen man auf einem Landspaziergang begegnet,
verraten viel über die Seele eines Landes.

Dies Spiel zwischen Baum und Land leuchtet ein. Was dabei nicht sofort zutage tritt, ist der fortwährende Prozess der Verwandlung des Landschaftsbildes durch die Veränderung der Baumpopulation.

Wir wissen, dass sich die Geschwindigkeit, mit der sich das Bild der Landschaft ändert, im Lauf der Zeit gesteigert hat.

Noch vor ein paar Jahrhunderten konnte jemand ein langes Menschenleben in einem Baumland verbringen, das durchgängig durch Eichen und Linden und Knicks mit weißen Blütenwolken von Weißdorn im Frühsommer bestimmt war, auch wenn erste Kastanienbäume hier und da auftauchten und in den Gärten die Zahl der Fliederbüsche anstieg. In einer Welt, in der mit dem Luftverkehr ein Strom von Keimen über verschiedene Kontinente transportiert wird und mit jedem Ablassen des in den Ballasttanks gebunkerten Wassers der Schiffe Tausende von neuen Arten in die Hafenbecken gespült werden, ist diese Erfahrung so nicht mehr zu haben.

Die Veränderungsrate hat derart zugenommen, dass wir im Lauf unseres Lebens mehreren neuen Erscheinungsformen ein- und derselben Landschaft begegnen.

Heinrich Heines bitteres Gedicht *Nachtgedanken* von 1844 – er beklagte, dass er seine in Hamburg lebende Mutter wohl nicht mehr sehen werde, auch wenn das Land noch so da sein würde, wie er es kannte – skizziert denkbar knapp ein Deutschlandbild in vier Zeilen, von denen genau genommen keine einzige mehr zutrifft:

Deutschland hat ewigen Bestand,
Es ist ein kerngesundes Land,
Mit seinen Eichen, seinen Linden
Werd' ich es immer wiederfinden.

Vielleicht hängt der Effekt, der bei vielen mehr oder weniger deutlich als Sehnsucht nach alten Landschaftsbildern erscheint, mit der immer rapider werdenden Veränderung des Landes zusammen. Als ob die Anmutung des Ursprünglichen, Eigentlichen ein dauerhaftes Leitbild liefere, dessen Erhalt und Wiederherstellung uns den entsprechenden Auftrag erteilen würde, soweit wir auf die Gestaltung der Landschaft Einfluss nehmen können.

Ich bin vor zehn Jahren aus Hamburg ins Wendland gezogen und finde öfter Anlass, die städtische Baumkultur mit der ländlichen zu vergleichen. Ein Unterschied besteht in der unterschiedlichen Bereitschaft, neue Arten probeweise oder auch im großen Stil anzupflanzen. Da geht die Stadt voran, und das Land zögert. Möglicherweise erzwingen die Umstände – die Luftverschmutzung im Straßenverkehr setzt verschiedenen Bäumen unterschiedlich stark zu – diese Praxis. Auffällig bleibt aber die Vielzahl von Neophyten und Exoten an Hamburgs Straßenrändern, in Hamburgs Parkanlagen, und angesichts der großen alten mit saftigen Früchten beladenen Feigenbäume im Freigelände von Planten un Blomen kommt sogar der Verdacht auf, dass hier das

Schwarzerlen- und Ginkgo-Blätter

heimliche Leitbild der ursprünglichen Baumlandschaft absichtlich ignoriert wurde.

Im städtischen Milieu finde ich, dass Flügelnuss, Ginkgo, Amberbaum und Götterbaum, Libanonzeder und Trompetenbaum prachtvoll gedeihen und die riesenhaften älteren Exemplare von Blutbuche, Platane, Tulpenbaum und Rosskastanie zu verdrängen beginnen, die seinerzeit – eine oder zwei Generationen zuvor – als Exoten oder exotisch anmutende Bäume kultiviert wurden. Eichen und Linden sind immer noch präsent, und sie spielen, wo sie etwa in den Elbvororten erscheinen, einen zauberhaften Part, zauberhaft, aber auf einen Part beschränkt im vielstimmigen Auftreten der verschiedenen Arten.

So entsteht in der Stadt ein ständig wechselndes Bild, in dem mehrere Schichten von Baummoden einander überlagern,

gleichsam als Sedimente der Phasen, in denen Menschen neue Bäume ins Stadtbild aufgenommen haben.

Auf dem Lande erscheint dieser Wandel wohl ebenfalls, aber mit Verzögerungen. Die Menschen, vor allem die in Behörden und anderen Einrichtungen Zuständigen, beharren auf den als ursprünglich wahrgenommen alten Bildern des Baumlands als repräsentativ, typisch, prägend, beispielhaft und tonangebend. Entsprechende Konturen zeigt etwa die Bestandsaufnahme des Kuratoriums »Alte liebenswerte Bäume in Deutschland e.V.«.

In der Buchreihe *Wege zu alten Bäumen* sind alle wichtigen Bäume in verschiedenen Bundesländern aufgelistet, mitsamt Standortbeschreibung und vielen Fotos.[3] Da finden sich beispielsweise im Band *Mecklenburg-Vorpommern* wenige einzelne Mammutbäume, Platanen, Kastanien, Lärchen, Eschen, Kiefern und Wildbirnen, aber den allergrößten Raum nehmen unsere deutschtypischen Bäume ein.

184 Eichen, 37 Linden und elf Buchen.

Daraus ergibt sich, dass auf jeweils zwei Eichen irgendein anderer Baum kommt, und unter diesen anderen Bäumen ist jeder zweite eine Linde.

Die unausgesprochene Verbindlichkeit der alten Bilder mit den einstmals dort vorherrschenden Bäumen ist auch dem Text auf einer Lehrtafel im Elbtal 64 (bei der Tongrube Rüterberg auf der mecklenburgischen Seite) abzulesen, die dort vom Biosphärenreservat Flusslandschaft Elbe aufgestellt wurde:

> *»Eigentlich ist die Schwarzpappel (Populus nigra) eine weit verbreitete Art der intakten Auenlandschaft. Doch mittlerweile ist sie in der Roten Liste bedrohter Pflanzenarten als gefährdet eingestuft! Die Ausweisung als Baum des Jahres 2006 machte auf die vielfältigen Gründe für ihre Seltenheit aufmerksam: Vor allem sind es Veränderung und Flächenverluste natürlicher Auen z. B. durch Eindeichung und Regulierung von Flussläufen oder Absenkungen des Grundwasserspiegels. Aber auch die künstliche Einbringung konkurrenzstarker, fremdländischer Wirtschaftspappeln sowie die leichte Kreuzbarkeit mit diesen haben die heimische Schwarzpappel immer mehr verdrängt.*
>
> *Bei genauerer Untersuchung stellt sich heraus, dass die meisten wie Schwarzpappeln aussehenden Bäume in Wirklichkeit Hybride (Bastarde) sind. Echte, d. h. genetisch unverfälschte Schwarzpappeln sind schon eine kleine Sensation. In Deutschland wurden bislang nicht mehr als 3000 Altbäume sicher identifiziert. Erstaunliches kam bei Untersuchungen zu den Genressourcen in Mecklenburg-Vorpommern heraus: Neben kleinen Vorkommen im Binnenland wurde bisher nur ein Vorkommen entdeckt, das sich natürlich verjüngt und damit selbst erhält! Es liegt im mecklenburgischen Teil des UNESCO-Biosphärenreservates Flusslandschaft Elbe im Naturschutzgebiet Rüterberg.«*

Vielleicht ist es ein Rest typisch städtischer Sichtweisen, wenn ich beim Lesen des Tafeltextes an bestimmten Stellen zusammenzucke. Ich frage mich, ob es so etwas gibt wie eine botanische Fremdländerhetze, oder ob ich in die Botanik zu viele gesellschaftspolitische Bezüge hineinlese. Und ob der unausgesprochene Maßstab dieses »so wie früher sollte es sein« nicht ein typisches Kennzeichen der auf dem Lande (im Unterschied zur Stadt) geltenden Vorstellungen ist. Dass es an dieser Stelle genetisch unverfälschte Schwarzpappeln gibt, ist jedenfalls vor allem unter dem botanischen Aspekt des Erhalts einer indigenen Population zu Züchtungszwecken von Interesse. Die Samen von Pappelgehölzen sind allzu kurzlebig, um das Material in Genbänken am Leben halten zu können. Umso wichtiger ist deshalb das Überleben der Rüterberger Ur-Schwarzpappeln. Neben diesem Gesichtspunkt vermittelt der Text durch die Aufzählung von störenden oder zerstörenden Einflüssen gewissermaßen *ex negativo* auch das Bild der Elblandschaft vor den Wasserbaumaßnahmen des 19. Jahrhunderts. Die alten Verhältnisse vor Eindeichung, Buhnenbau und der Einführung von nicht indigenen Pappeln erscheinen dabei als maßgeblich.

Kürzlich fand ich in meiner Post einen Flyer vom Biosphärenreservat Niedersächsische Elbtalaue zum Thema *Gebietsfremde Problempflanzen in unserer Landschaft*. Da wird der Begriff »Invasive Neophyten« erläutert, gefolgt von einer Beschreibung von Japan- und Sachalinknöterich, Drüsigem Springkraut und Riesenbärenklau, und unter der Überschrift »Welchen Beitrag können Sie leisten?« gibt es Hinweise zur Vernichtung. Außer den hautschädigenden Säften des Riesenbärenklaus scheint die von diesen Neophyten ausgehende Gefahr vor allem im Überwuchern von Pflanzen zu bestehen, an deren Anblick wir gewohnt sind.

In Wilsede in der Lüneburger Heide sah ich die Eingrenzung einer Rasenfläche durch eine gestaffelte Hecke, deren vordere und am tiefsten gelegene (blühende) Staffel aus einer langen Front des japanischen Staudenknöterichs bestand, und dass sich hier die Neophyten so hübsch ins Gesamtbild fügten, bestärkte meine Zweifel an der Argumentation der Verfasser des Informationsblatts.

Ein Baum, dessen Bewertung durch Fachleute zwischen Fluch und Segen schwankt und der daher sozusagen als naturgegebener Mittelpunkt der Neophyten-Diskussion gelten könnte, ist die Spätblühende oder Amerikanische Traubenkirsche *(Prunus serotina)*.

Hans-Helmut Poppendieck sagt in diesem Buch (in seinem Beitrag zu Loki Schmidts Urwald) das Wichtigste dazu. Ich greife das Thema hier auf, weil es geeignet ist, die Erfordernis von situationsabhängigen Entscheidungen – meine eigene Position – deutlich zu machen.

Seit langen Jahren bereits werden von der Forstwirtschaft, aber auch von NABU-Gruppen Kampagnen zur Ausmerzung der Spätblühenden oder Amerikanischen Traubenkirsche betrieben, oft unter hohem Aufwand: Ein Waldbesitzer nennt den (allerdings verdächtig runden) Betrag von 10.000 Euro pro Hektar.[4]

Der Baum wurde bereits im 17. Jahrhundert aus Amerika seiner dekorativen weißen Blüten wegen eingeführt, als schmückendes Element in Parks von Herrenhäusern und Schlössern, und Ende des 19. Jahrhunderts dann von der Forstwirtschaft systematisch angebaut als Holzlieferant in spe.

Aber das Bäumchen, das in Amerika zum Baum mit kirschbaumartig gemasertem Holz heranwächst, bleibt in unserem Klima (bisher jedenfalls) nur ein Bäumchen. Ein genügsames Gewächs, das weder auf bestimmte Böden noch Lichtverhältnisse angewiesen ist und auch – wegen seiner tief fassenden Wurzeln – den stärksten Frost übersteht. Die Blüten werden von Bienen und Schwebfliegen besucht. Die Beerenfrüchte werden von Vögeln, Füchsen, Wildschweinen gefressen. Vielen Menschen erscheint das Bäumchen als attraktiv.

Wenn es mitten im spätherbstlich dunklen Fichtenforst von einem Lichtstrahl getroffen wird, leuchtet sein Laub auf wie eine geistige Erscheinung in der Nacht.

Man hat die Traubenkirsche noch in den Nachkriegsjahren systematisch angebaut, und auch in der Gegenwart wird sie von Straßenbauämtern zur Befestigung von Böschungen immer noch eingesetzt.

Aber der Ruf des Bäumchens ist ruiniert, seit die Niederländer es Waldpest *(bospest)* genannt haben. Seit etwa 1960 wird es aktiv verfolgt. Das Wurzelwerk sitzt außerordentlich fest im Boden und bildet nahezu unausrottbare Netzwerke. Es verdrängt andere Sträucher, die schon lange vorher da waren und möglicherweise auf der Roten Liste gefährdeter Pflanzen geführt werden (weil »einheimisch«). Forstbehördliche Verlautbarungen beschwören die Szenerie eines undurchdringlichen Traubenkirschen-Verhaus, in dem keine andere Pflanze mehr durchkommt. Einzelne Fachleute sollen allerdings auch vertreten haben, dass sich die dichten Bestände der Traubenkirsche, wo es sie gibt, wieder lichten werden, wenn man das Gelände der naturbestimmten Sukzession überlässt.

Auf der Beobita-Homepage finde ich die folgende weise Aussage, die sich *cum grano salis* – der jeweiligen Situation angemessen – auf alle Pflanzen und Bäume übertragen lässt, die in dieses sich dauernd verändernde Land einwandern, die hergeholt oder eingeschleppt werden, zum Segen oder Unheil des Ganzen:

»Prunus serotina (die Spätblühende Traubenkirsche) ist heute in vielen Gegenden Deutschlands so verbreitet und häufig, dass eine landesweite Zurückdrängung der Art aussichtslos wäre. Die Erfahrungen in Niedersachsen und auch die jahrzehntelange Bekämpfung in den Niederlanden haben gezeigt, dass die erfolglosen Versuche zur Bekämpfung in eine gigantische Verschwendung von Ressourcen münden können. Dass Vorbeugung in der Nähe potenziell gefährdeter Biotope sinnvoll ist, zeigt die Geschichte. Ob Bekämpfung angebracht ist, hängt in erster Linie vom Standort ab: In Forsten ist sie meistens aus Naturschutzrecht nicht notwendig und aus wirtschaftlichen Gründen nicht angemessen. Betroffene Offenlandbiotope sind jedoch oft so wertvoll und so stark von Veränderung bedroht, dass hier Maßnahmen nötig sind.«[5]

Der große amerikanische Naturschriftsteller Barry Lopez hat 2019 in seinem Werk *Horizon* die Maßstäbe genannt, nach denen wir den Wert neuer Pflanzen zu beurteilen pflegen, und dabei die Nähe zur Beurteilung von menschlichen Einwanderern angesprochen. Er erinnert daran, dass es bei diesen Entscheidungen in der Summe um mehr geht als um das Thema Heimat versus Fremde: Es geht um die Bewohnbarkeit der Erde.

»Manchen scheint es, dass die Ordnung des Lebens zu früheren Zeiten intrinsisch wertvoller war als das, was an ihre Stelle trat. Die abwertende Einstellung gegenüber exotischen Tieren und Pflanzen, welche einheimische Tiere und Pflanzen überrennen, unterscheidet sich natürlich kaum von der Haltung einer einheimischen Menschenkultur gegenüber einer invasiven Kultur, oder einer in sich geschlossenen Menschenkultur gegenüber dem Einfluss von Vertretern einer ›exotischen‹ Kultur.«[6]

Lopez bringt zu Bewusstsein, dass Evolution vor allem endlose Veränderung bedeutet und dass sämtliche Landschaften unterwegs sind, sich zu verwandeln, anfangs allmählich und schließlich erschreckend schnell, und er hält die Analogie zur Verwandlung der Gesellschaft aufrecht: Wir sind unterwegs hin zu einer Art Mestizenkultur, in der die Frage nach ursprünglichen Zugehörigkeiten sekundär oder uninteressant geworden sein wird.

»An einem kritischen Punkt dieser Entwicklung werden Anpassung und Kooperation an die Stelle von Gewalt und Ausbeutung treten, oder das Schicksal der Menschheit wird Barbaren in die Hände fallen.«

Postscript: Die Sumpfzypresse im Kellinghusenpark sei nach meiner Auffassung, so schrieb ich am Anfang, emblematisch für die Stadt Hamburg. »Emblem« bedeutet – neben Sinnbild und Wappen – auch eine Kunstform: ein literarisches Rätsel, das während der Renaissancezeit in Deutschland und den Niederlanden populär war. Es besteht aus einem Bild und einer Aufschrift dazu, die auf den ersten Blick nichts mit dem Bilde zu tun hat; die Lösung wird in einem Text gegeben, der den Lesenden – das dritte Element des Emblems – die Verbindung von Bild und Aufschrift erklärt. In diesem Fall ist das Bild ein Foto der Sumpfzypresse aus dem Kellinghusenpark, die Aufschrift dazu wird auf dem Foto mitgeliefert: die rätselhaften Graffiti-Zeichen, die ein Künstler dem Doppelstamm des Baumes aufgesprüht hat. Ich hoffe, dass es mir mit dem Text gelungen ist, die Aussage dieser Aufschrift so zu deuten, dass eine Reihe brauchbarer Assoziationen erzeugt werden, und vor allem, dass der Zusammenhang zwischen dieser Aufschrift und dem Baum als Beispiel jener Exoten und Neophyten, die das Erscheinungsbild des Baumlands verändern, plausibel geworden ist; ebenso plausibel wie die besondere Verbindung zur Stadt Hamburg, die ein arabischer Freund, der viele deutsche Städte kannte, einmal als die Stadt beurteilte, in der man bei Fahrten in der S-Bahn nicht merkt, dass man »Ausländer« ist. (s. Bildteil S.56)

Der EICHENSOLITÄR

Von Helmut Schreier

Caspar David Friedrichs *Einsamer Baum* hing an der Wand des Klassenraums. Ich lernte das Bild auswendig. Nach hundertfachem Anblick schmolz es zu einer Art Schriftzeichen zusammen. Es fiel mir leicht, mich aus der Monotonie des Unterrichts herauszustehlen und in das Bild hineinzuträumen und zu dem Hirtenjungen zu werden, der in der Beuge des mächtigen Stammes lehnt, die ihn umschmiegt. Mit seinen Augen sah ich in das Land hinein, vom Tümpel über das weite Grasland hin, in dem sich die Schafherde verliert, bis zu den Bäumen in der Ferne und dem sanft ansteigenden Vorland der blauen Berge am Horizont. Weit und breit keine Behausung, aber der Baum gewährt Zuflucht; er ist sehr alt, sein Stamm umfängt wohl sechs Meter und reckt sich wie der muskulöse Leib einer Schlange auf geschätzte

Caspar David Friedrich: Einsamer Baum

24 Meter empor, an fünf Stockwerken stehen Äste seitwärts ab, eine dünne Krone aus toten Zweigen ragt mit dramatischer Geste in den Himmel hinein. Im Nahbereich des unteren Astwerks ist das Laubwerk dicht und voll, es könnte einen Jungen vor Unwetter sicher schützen.

Natürlich ist Friedrichs einsamer Baum eine Eiche. In der Ikonographie dieses romantischen Malers treten Eichen bei der Darstellung von Alter und Tod und Erhabenheit auf, nie ohne Pathos. Beim *Hünengrab am Meer* strecken sich drei knorrige Eichengestalten aus einer mit Menhiren übersäten Düne in den Himmel über der sturmgepeitschten See, als ob es Verkörperungen der Geister von sagenhaften Vorzeithelden wären; in der *Winterlandschaft mit Ruine des Klosters Eldena* sind es tote und schneebedeckte Eichenstämme, die das Klagelied der Mauern und Gewölbe der Klosteranlage aufnehmen und der gebeugten Gestalt des mönchisch erscheinenden Fußgängers zuspielen, die an einem Stock durch den Schnee stapft. Der »einsame Baum« ist mitten in eine zusammengesetzte Fantasielandschaft hineingestellt – in die Mitte der Welt, als Essenz aller Dinge.

Der Maler Friedrich war nicht der Einzige, der die pathetische Dimension des solitären Eichenbaumes hervorhob. Er verstand sich allerdings wie kein Zweiter darauf, die Gestalt dieses Baumes – als Solitär oder als Trupp von Solitären – mit einer Art patriotischer Propaganda zu verbinden. Er stellte Eichensolitäre als uralte Bewohner des Landes so dar, dass sie an das Vermächtnis heidnischer Zeiten erinnern und die Betrachter zur Zeit der Napoleonischen Kriege gewissermaßen vorbildhaft an die alten Tugenden von Kraft und Ausdauer mahnen. Vielleicht ist es ein Echo von Friedrichs Kunst, wenn dieser Baum im kollektiven Bewusstsein vieler als ein irgendwie deutscher Gegenstand wahrgenommen wird. Manche sind überrascht, wenn sie erfahren, dass die Eiche auch in England als nationaler Symbolbaum gilt. Tatsächlich ist dieser Baum vielerorts in Europa zum Identifikationsobjekt geworden. Ein Blick bei Wikimedia Commons auf den Eintrag *Oak trees in heraldry* zeigt Dutzende von Orts- und Familienwappen mit Eichbäumen, Eichenzweigen, Eichenstubben (stets mit neuen Austrieben), Eichenblattmustern und Eicheln aus vielen europäischen Ländern, wenige offenbar ziemlich jungen Datums, wie das Wappen des Bezirks Langenhorn bei Hamburg, und viele aus Zeiten lange vor der des Malers Friedrich.

Man könnte ein ganzes Buch mit der wappenkundlichen Erforschung der Eichensymbolik zusammenstellen. Eichen sind für diese Rolle schon wegen der vielen Solitäre wie geschaffen, die in den Landschaften Europas ins Auge fallen und Gelegenheit zur bewundernden Betrachtung ihrer Kraft und Stärke und ihrer offensichtlichen Überlebensfähigkeit geben.

Unsere norddeutschen Landschaften bieten besonders viele einzelgängerische Eichbaumveteranen. Zeige mir in der norddeutschen Landschaft einen uralten Baumsolitär: In vier von fünf Fällen wird es sich um eine Eiche handeln – und nicht um eine Eibe oder Linde.

Dies ist kein Zufall, sondern ein Ergebnis der Weidewirtschaft, die von den Menschen in Norddeutschland seit mehr als 1000 Jahren betrieben wird. Hute- oder Hudeeichen sind es, die wir in fast sämtlichen Gegenden der norddeutschen Tiefebene finden. Das Vieh, das zum Weiden hinausgetrieben wurde – Rinder, Schweine, Schafe, Ziegen, Pferde, Esel –, blieb den längsten Teil des Jahres draußen und fraß alles ab, was sich an neuen grünen Trieben und jungen Pflänzchen zeigte, sodass weite Landstriche in eine Art Kurzgrassteppe verwandelt wurden. Nur einzelne Bäume – dafür sorgten im Schösslingsstadium Dornenhecken, in deren Schutz das Bäumchen heranwuchs, und später auch die Hirten – blieben bestehen. Aufgeschüttete Dornverhaue schützten die jungen Stämme so lange, bis sie den Mäulern der gefräßigen Tiere entwachsen waren. Diese einzelnen Bäume entfalteten sich in dem grenzenlos verfügbaren Licht, das sie mit keinem Konkurrenten zu teilen hatten, aufs Prächtigste. Typisch für Hudeeichen ist das im Vergleich zu Waldbäumen niedrig ansetzende Stockwerk der unteren Äste: Weil sie nicht durch die nahe Lichtkonkurrenz der Nachbarn gezwungen waren, rasch emporzustreben, konnten sie schon auf Schulterhöhe ihr Blattwerk entfalten. Friedrichs einsamer Baum ist eine typische Hudeeiche mit tief angesetzten Ästen. Dass Hirten Eichen als Hudebäume bevorzugten, lag daran, dass sie auch das Gras unter den Ästen vom Licht beleuchtet sehen wollten. Im Vergleich zur Buche mit ihren alles Licht auffangenden Schirmen ist das Astwerk der Eiche eher lichtdurchlässig. Im dichten Buchenschatten vermag kaum ein Kräutchen zu gedeihen, aber Eichen werfen durchbrochene Schatten, das Gras wächst unter ihnen ähnlich üppig wie im offenen Gelände. Ein entscheidender Vorteil für die Schweinehaltung: Die über eine Weidefläche verteilten einzeln stehenden Eichen produzieren alljährlich zentnerweise und in den Mastjahren, etwa alle vier Jahre, tonnenweise Eicheln – in der althergebrachten Schweinehaltung das wichtigste und den Eckern der Buchen überlegene Mastfutter. So wurde die Eiche unter wirtschaftlichen Gesichtspunkten schon während der vorger-

Eiche im Jersbeker Garten

manischen Besiedlung Norddeutschlands favorisiert; in der Neuzeit wurden die alten Hudeflächen hier und da von Schlossherren zu Parklandschaften so umgestaltet, dass die Eichensolitäre frei auf den Lichtungen besonders eindrucksvoll wirken und weiter wachsen konnten.

Buschwerk und einzelne Bäume in der Elbtalaue

Ob es schon vor dem Beginn der Hudewirtschaft Eichensolitäre gegeben hat? Eine Antwort würde der Blick auf die Landschaft geben, die damals bestand, bevor Ackerbauer und Viehzüchter das Land zu gestalten anfingen. Wäre das Land mit Wald bedeckt gewesen, wie manche vermuten, hätten sich die Bäume schmal und schlank aneinandergedrängt. Eine andere Vermutung sieht eher abwechslungsreiche Landschaften, deren Grasflächen von Wildpferden und Wildrindern offen gehalten wurden. Aufkeimende Bäume wurden von Hirschen und Rehen abgefressen, nur im Schutz von Dornenhecken wuchsen einzelne Bäume heran, von deren Eicheltracht sich wilde Schweine mästeten. Ein solches Bild zeichnet Isabella Tree in ihrem Bericht über die Wiederverwilderung ihres ausgedehnten Farmgeländes in Südengland.[1] Bei meinen Ausflügen im Auenland der Mittelelbe finde ich mich immer wieder inmitten von Szenarien, die, so scheint mir, diese Urlandschaft mit ihrer offenen Vegetation vor Augen führen. Ich stelle mir vor, dass die Hirtenvölker den Nutzen der Hudeeichen von den Solitären abgeschaut und übernommen haben.

Der Maler Friedrich stammte aus Greifswald, und das Land Mecklenburg-Vorpommern scheint mit den alten Eichensolitären, deren Typus er in dem *Einsamen Baum* festgehalten hat, besonders reich bestückt zu sein. Unter den
40 184 Eichen, die in dem Büchlein *Wege zu alten Bäumen* für Mecklenburg-Vorpommern aufgezählt sind, fallen die beiden Bäume im Schlosspark von Putbus auf Rügen ins Auge, weil sie direkt nebeneinanderstehen. Ich fahre im Abendlicht über Garz nach Putbus, durch Weißbuchenalleen, in denen die Kronen wie grüne Segel leuchten und die in Eichenalleen übergehen; die Äste der Baumreihen kreuzen einander hoch über der Straße, sodass eine lang gezogene Kathedralendecke entsteht; sie werden von einer Lindenallee mit besonders dichtem Laub abgelöst, das kastenförmig zu einem Tunnel ausgeschnitten ist, dessen Wände von lindgrünen und sonnengoldenen Flecken bedeckt werden. Putbus erscheint nach einem dunklen Waldstück, zuerst das

Wildgehege, Damwild äst auf der weiten Grasfläche, dann plötzlich das Rechteck des Marktplatzes, die vollkommen weißen Häuser im klaren klassizistischen Stil sauber und adrett aufgereiht. Er ist fast menschenleer, ich gehe an der melancholisch wirkenden Kulisse entlang. Gegenüber der Straße beginnt der Park, und schon nach 30 Meter Weg stehe ich bei den beiden Bäumen, die als Eichenveteranen beschrieben werden.

Alter: 400 Jahre, Höhe: 25 Meter, Umfang: 670 Zentimeter und 680 Zentimeter, Krone: 21 Meter.[2]

Der Park ist vor 300 Jahren angelegt und vor 200 Jahren nach englischem Muster ausgebaut worden, da waren die Bäume schon längst stark und groß. Für jeden einzelnen träfe das Wort Solitär zu, und bei genauer Untersuchung unterscheiden sie sich voneinander. Der erste ist hohl und die Lücke in der Rinde mit einer Zementplombe ausgefüllt worden, die man mit einem Borkenmuster dekoriert hatte; nun ist sie zerbröckelt, nur noch zwei Bruchstücke stecken am Rand der Höhlung, und auch ihre Passung lässt nach, sie wackeln, der Baum lebt. Im Innern steckt ein verrosteter Fahrradrahmen. Der zweite Baum wirkt mächtiger, grüner, ist unversehrt, steht besser im Saft, aber beide gehören zusammen, zwischen den Stämmen liegen nur acht Meter. Man hat eine einfache Granitbank in die Mitte des Ensembles gestellt. Die Eichen wachsen nebeneinander auf einem leicht abschüssigen Hang, von unten her betrachtet scheinen sie sich einander zuzuneigen wie Philemon und Baucis, das alte Paar, das von den Göttern Zeus und Hermes in ein Baumpaar verwandelt wurde. Ovid berichtet in seinen *Metamorphosen*, es habe sich dabei um eine Linde und eine Eiche gehandelt.

»Philemon und Baucis« im Schlosspark Putbus

Der Park ist weitläufig – 75 Hektar groß – und enthält die wunderbarsten Bäume. Nur 25 Meter enternt von dem Eichenpaar steht eine dritte Stieleiche für sich, die unmittelbar an Friedrichs *Einsamen Baum* erinnert, nicht zuletzt wegen der typischen Geweihbildung: Eichen lassen die äußeren Äste am oberen Stamm häufig absterben, um Kraft und Wachstum auf die starken Äste darunter zu konzentrieren. Manchem Betrachter mag es vorkommen, als ob der Baum angeschlagen wäre, ein Opfer von Umweltschäden, während das Holz doch im Kern gesund ist und dank der Strategie des konzentrierten Wachstums leicht noch 100 oder 200 Jahre weiterleben kann.

Unten am See gibt es riesige alte Platanen und schöne Kastanien, ein Mammutbaum steht an der Uferböschung wie ein wachsamer Riese, und neben der Schlossterrasse, die in den See hineinragt, eine uralte Robinie mit selten mächtigem und zerklüftetem Stamm. Oberhalb der Schlossterrasse erhebt sich ein kahler und flacher Hügel, der nicht recht in das harmonische Gelände dieses umsichtig angelegten Parks hineinpasst. Baumreihen umstehen die Anhöhe wie Zuschauer ein dörfliches Fußballspiel. Seltsam verloren tritt das Denkmal von Fürst Wilhelm Malte I. in dieser Reihe hervor, der Putbus Anfang des 19. Jahrhunderts als klassizistischen Ort konstruierte. Er residierte in dem Renaissanceschloss, auf dessen Terrasse wir stehen. Das Schloss aber ist verschwunden, abgerissen und unter diesem Hügel begraben. Es war ein riesiges Schloss mit einer tief gestaffelten Fassade aus Fenstern und Balustraden. Auf einer Tafel am Geländer der Terrasse ist ein Foto, daneben die Erklärung: *»Nach vergeblichem Versuch, die Fassade von 1827 zu restaurieren, Abriss des Schlosses 1958–63.«* Als ob der vergebliche Versuch der Restaurierung den Abriss zwangsläufig nach sich ziehen müsste. Auf einer Freizeitkarte von Rügen finden wir folgende Kurzdarstellung: *»Nach 1945 verfiel das Schloss, wurde dann noch als Düngemittellager benutzt und 1962 völlig verwahrlost abgerissen.«*

Die Erinnerung an die Feudalherrschaft ist auf Rügen nicht überall von Wohlwollen geprägt. Die Insel war Jahrhunderte lang ein besonders armes Gebiet, die Bauern wurden nicht nur unterdrückt und ausgebeutet wie anderswo, sondern auch mitsamt ihren Ortschaften im politischen Spiel der Mächtigen verhökert unter den dänischen und schwedischen und deutschen Grundbesitzern und Fürsten.

Die Fassade der Schlossterrasse ist von Glyzinien überwuchert, deren blau blühende Dolden bei Sonnenuntergang einen betäubenden Duft verströmen. Unten auf der Terrasse über dem Wasser sitzen zwei junge Männer mit Bongotrommeln, die sie mit den Händen schlagen, und drei Mädchen schauen ihnen dabei zu. Das Getrommel begleitet mich auf dem Weg zurück, Philemon und Baucis scheinen es ebenfalls zu vernehmen. Der Wind trägt es ihnen zu. Aus ihrer Perspektive gehören Bau und Abriss eines Schlosses zu den Dingen, die im Lauf von 400 Jahren passieren können. Im Buch Prediger heißt es: *»Ein jegliches hat seine Zeit, und alles Vornehmen unter dem Himmel hat seine Stunde: ... Steine zerstreuen und Steine sammeln, herzen und ferne sein von Herzen ... hat seine Zeit.«*

56 **Die älteste und mächtigste Eiche Deutschlands steht ebenfalls in Mecklenburg,**
sie gehört zu einer Ansammlung alter Hudeeichen im Wald des Dörfchens Ivenack, in der Nähe von Stavenhagen. Die Ivenacker Eichen sind überra-

schenderweise von einem Wald aus Buchenstämmen umgeben. Ein Tröpfchenschleier durchweht diese Buchenhalle, als ich das Gelände an einem Regentag betrete und auf einer Lichtung unversehens der ersten der alten Eichen gegenüberstehe. Ihr mächtiger Stamm mit den wenigen Ästen im Nieselregen scheint aus einer anderen Substanz als die Stämme der anderen Bäume geformt, als ob er im Lauf der Jahrhunderte eine Metamorphose durchlaufen und sich dem Reich der Mineralien angenähert hätte, wie versteinert wirkt er, wie ein lebendes Fossil. Um ihn herum wurde im weiten Kreis eine Balustrade gesetzt mit einem in Hüfthöhe umlaufenden Balken, etwa so weit wie der doppelte Radius des Traufbereichs der Baumkrone. So umschreite ich in dieser Distanz den Baum oder das, was von ihm übriggeblieben ist, entnehme der Aufschrift einer Tafel, dass er wohl 800 Jahre alt ist, und bestaune den Umfang des Stammes von neun Metern.

Ivenacker Eiche

Seltsam, sich derart mächtigen, alten Lebewesen gegenüberzusehen, ihr Anblick hat etwas aus der Zeit Gefallenes. Der Anblick von Bäumen am Wegesrand mit ein oder zwei Meter Umfang hat unsere Erwartung auf ein entsprechendes Normalmaß eingestellt. Wie wäre es, in einer Welt zu leben, in der alle Bäume zehn Meter Umfang hätten – wären wir nach einer Phase der Eingewöhnung dort ebenso zu Hause wie in unseren Forstplantagen? Hier in Ivenack, wo es ein halbes Dutzend Starkeichen auf dem Rundweg im Wald aufzufinden und anzuschauen gibt, meine ich mit der Erwartung auch das Einsetzen einer Gewöhnung an fremdartige Dimensionen zu spüren.

> **Man fragt sich, weshalb diese Baumgiganten keine Namen tragen? Methusalem, Herkules oder Goliath? Wenigstens dem ältesten und umfangreichsten von ihnen hätte man anderswo wahrscheinlich längst einen Namen gegeben, den Namen eines Gebirges, eines Riesen, einer Prinzessin.**

Im Hasbruch bei Delmenhorst stand noch vor 100 Jahren die Amalieneiche, die Charlotteneiche, die Dicke Eiche, die Liedertafeleiche – alle um die 1000 73 Jahre alt und inzwischen umgestürzt oder verbrannt. Einzig die Friederikeneiche, die mit einem Alter von mehr als 1000 Jahren als zweitälteste Eiche Deutschlands gilt, steht noch dort im Hasbruch und begrünt sich in jedem Frühjahr aufs Neue. Vielleicht hatten die namenlosen Bäume von Ivenack zu früheren Zeiten ihre Namen, schließlich sind sie so alt, dass sie bereits zu einer Zeit imponieren konnten, als das Land von Leuten besiedelt wurde, die eine andere Sprache sprachen als das Niederdeutsche.

Die exakte Altersbestimmung an den lebenden Eichen ist schwierig: Sie sind innen stellenweise hohl, sodass die Entnahme von Bohrkernen nur Schätzwerte liefern kann. Aber die Auszählung der Jahresringe an geworfenen Eichen und Vergleichsmessungen an schwächeren Eichen aus dem Bestand am gleichen Ort ergaben eine mittlere Jahresringbreite von 1,4 bis 1,5 Millimeter. Dies bedeutet für die stärkste der Ivenacker Eichen mit ihrem Stammdurchmesser von 3,48 Meter ein Alter von etwa elf- bis zwölfhundert Jahren. Vor 1000 Jahren war diese Gegend von den Wilzen besiedelt, einem slawischen Stamm, der das Land als Weidegrund nutzte. Die Erinnerung an ihre Sprache ist im Ortsnamen aufgehoben: Iva heißt Weide und Ivenack entsprechend Weideort. Die Wilzen trieben ihr Vieh auf das Gelände, das damals eher dem Typ einer englischen Parklandschaft als dem eines deutschen Waldes entsprach, und sie waren es, die zumindest dafür sorgten, dass die älteste der Ivenacker Eichen zu einem gedrungenen und mächtigen Baum mit tief ansetzender Krone heranwuchs. Die germanischen Hirten und Bauern, die um die Jahrtausendwende dort eindrangen und das Land übernahmen, betrieben die gleiche Wirtschaftsweise wie ihre wendischen Vorgänger. Das Gebiet wurde christianisiert und erhielt den Namen Circipanien. Im Jahr 1252 stiftete ein pommerscher Ritter ein Nonnenkloster, das Zisterziensernonnen-Konvent zu Ivenack, und die Gunst der Herzöge ließ den Grundbesitz an klösterlichen Liegenschaften im Lauf der Zeit wachsen; die Viehzucht auf dem Weideland fand eine kontinuierliche Fortsetzung. Mit der Reformation kam die Auflösung des Klosters, auf dessen Grundmauern die neuen Herren 1590 ein Schloss errichteten, dessen Fassade in späteren Jahrhunderten mehrfach verändert wurde, wie es üblich war.

Die Herren von Ivenack gaben die Weidewirtschaft auf und ersetzten sie Ende des 17. Jahrhunderts durch ein Wildgatter,
in dem zu Jagdzwecken bis zu 800 Stück Damwild gehalten wurde. Das Wild hielt die jungen Bäume ähnlich wie das Vieh kurz, sodass die Parklandschaft erhalten blieb, in der die Damhirsche bei Parforcejagden vom Pferd aus in großer Zahl zur Strecke gebracht werden konnten und in der die alten Hudeeichen weiterlebten, blühten und gediehen. Als die Wildgatter Ende der 1920er Jahre wirtschaftlich nicht mehr gehalten werden konnten, verschwanden die Hirsche, und der seit mehr als 1000 Jahren lang vom Vieh und Wild im Keim abgefressene Wald kehrte rasch zurück. Im Lauf von wenigen Jahrzehnten starb die Hälfte der mächtigen Eichen ab:

1935 standen noch elf der alten Bäume, heute sind nur noch fünf von ihnen übrig.

Umzingelt von dicht schattenden Buchen, fehlt diesen Bäumen das Licht, das sie zu gigantischen Solitären hat heranwachsen lassen, und sie, die leicht 1000 Jahre überdauert hatten, verkümmern innerhalb weniger Jahre. Umgekehrt liegt in diesem unfreiwilligen Experiment auch der Beweis dafür, dass über die langen Zeiträume vorher ununterbrochen die Weidewirtschaft oder das Wildgatter betrieben worden ist:

Die Lebensdauer der Bäume ist durch menschliche Wirtschaftsformen bedingt, ebenso wie ihr Erscheinungsbild. Sie in ihrer robusten, scheinbar unverwüstlichen Kraft zu erhalten heißt also, ihnen den Platz freizuhalten.

»Bei der Pflege und Erhaltung der Eichen durch das Forstamt Stavenhagen kommen grundsätzlich keine künstlichen Maßnahmen wie Baumchirurgie oder Ausmauern in Frage«,

heißt es auf einer der Texttafeln am Wegesrand.

»Es werden vielmehr die natürlichen Bedingungen des Hudewaldes, unter denen die Eichen so alt geworden sind, weitgehend gewahrt.«

Aber die Bedingungen des Hudewaldes galten fünf Jahrzehnte lang nicht – von den 30er Jahren an bis mindestens zur Wiedervereinigung 1990. Diese vergleichsweise kurze Zeit reichte den Buchen, um so weit emporzuwachsen, dass ihr Schatten den meisten der alten Eichen den Garaus machte. Wollte man der Natur tatsächlich freien Lauf lassen, so wäre es um sämtliche der alten Giganten bald geschehen. Auch schon der Hudewald war ja keine natürliche Bedingung, sondern ein menschlicher Eingriff in die Natur. Das Damwild, das derzeit im Tiergarten eingezäunt lebt, beweidet die Wiesen und wird regelmäßig gefüttert, es könnte gegen die mächtig gewordenen Buchen ohnehin nichts ausrichten, ebenso wenig wie die Turopolje-Schweine, die den Waldboden durchwühlen, was von dem hölzernen Pfad schön zu beobachten ist, der auf halber Stammhöhe durch den Wald führt (weshalb die Bezeichnung »Baumkronenpfad« nicht ganz zutrifft).

Eine 40 Meter hohe, mitten im Wald gelegene Aussichtsplattform (mit Fahrstuhl) bietet auf Baumkronenhöhe einen Rundumblick auf die Blattschirme der Buchen und das Astwerk der Eichen. Man erkennt die Kronen einzeln stehender ehemaliger Hudebäume, in einem Kreis von Buchenkronen wie die Momentaufnahme eines ablaufenden Verdrängungsprozesses, und sucht, wieder auf dem Waldboden zurück, den dramatischen, aber lang andauernden Vorgang zu lokalisieren. Stellenweise ist das Blätterdach der Buchen derart dicht, dass auf dem Boden weder Gras noch Kraut wächst. Nur ein paar Schritt vom Hauptweg entfernt finde ich eine von Buchen im Ab-

Ivenacker Eiche

stand von wenigen Metern umzingelte Eiche, ihr mächtiger Stamm erscheint rissig wie Leder vom Krokodil zwischen den nackten glatten Häuten der schlankeren Buchenstämme, ihre Krone verliert sich in den Buchenschirmen, ihre unteren Äste tragen keine belaubten Zweige mehr; schwer auszumachen, ob sie überhaupt noch lebt.

Auf dem Weg zurück steht der elfhundertjährige Eichengigant im Gegenlicht, monströs wie ein Saurier. Etwas Befremdliches geht von diesem Baum aus.

Es ist nicht sein unglaublicher Umfang von elf Metern, seine Höhe von 25 Metern, sein Kronendurchmesser von 29 Metern, es ist nicht seine Masse (180 Festmeter Holz) oder die Tatsache, dass er so viel älter ist als alle anderen Bäume in diesem Wald und in diesem Land, vielleicht in ganz Mitteleuropa. Was ihn so befremdlich macht, ist seine Lebenskraft. Denn dieser Baum ist trotz seines Alters nicht alt.

Er ist, ohne jede Schönrednerei, ein Baum in den besten Jahren.

Sein Stamm ist perfekt und geschlossen, er bildet eine Wand mit Schrunden und kleinen Taschen, in denen andere Pflanzen gedeihen, aber er enthält weder Löcher noch Höhlen.

Die unteren seiner Äste stehen so in Saft und Kraft wie der Wipfel; die Geweihbildungen an ein paar Stellen gehören bei einer ausgewachsenen Eiche zum Gesundheitsbild hinzu; an diesem Giganten findet sich keine nennenswerte Spur irgendeiner Schädigung. Im Vergleich zu all den anderen alten Bäumen dieses Parks erscheint er in seinem Zustand als jüngster und bei Weitem mächtigster Baum. In dieser Lebens-Unerschöpflichkeit liegt etwas, das uns unverfügbar erscheint und fremd bleibt. Vom menschlichen Standpunkt betrachtet ist er ein Greis, der sozusagen viel gesehen hat, jetzt aber gemäß der in uns allen tickenden biologischen Uhr an die Grenze seiner Vitalität gelangt sein sollte – ein Wesen von Lebenserfahrung gesättigt und durchdrungen am Ende seines Weges nach elf- bis zwölfhundert Jahren. Er aber scheint das Spiel des Lebens in einer anderen Liga zu spielen. Vielleicht sind ihm noch einmal 1000 Jahre gegeben. Wir sind nur Passanten, er schaut durch uns ephemere Gestalten hindurch, ganz in sich ruhend, ein Berg oder ein Buddha.

Eines frühsommerlichen Nachmittags finde ich unter dem Blätterdach des Giganten ein Zweiglein mit fünf kleinen Blättern. Die sind jetzt am Anfang des Monats Juni zart und dünn wie Seidenpapier, nur viel zäher, aber eines ist angefressen. Ich lege alle fünf zwischen die Seiten eines Buches, damit sie nicht zerknittern. Was mir den Zweig kostbar macht, ist die Vorstellung, dass der Baum, von dem er stammt, elf- oder zwölfhundert Male Blätter wie diese hervorgetrieben und sie ebenso oft im Winter wieder abgeworfen hat: ein Beleg für die Beharrlichkeit und Ausdauer der Lebewesen, die sich auf ein Leben unter den kalten und nebligen Himmeln des Nordens eingelassen haben.

Eichen sind zähe Gewächse, die in fast jedem Klima und auf fast allen Böden ihre faserigen Stränge bilden, ihre Zweige gleichen, so lange sie dünn sind, einem aus Jute gedrehten Seil, aber sie verbinden sich beim Zusammenwachsen zu einer harten Masse, deren Schnittfläche bläulich-metallisch schimmert und unter Wasser Jahrtausende lang hält. Ich habe diese Bäume in verschiedenen Gestalten auf vielen Reisen im Lauf meines eigenen Lebens gesehen. Ich kann bezeugen, dass *Quercus* versteht, auf den Kontinenten dieses Planeten allenthalben Fuß zu fassen und auszuharren: An den Kanten der abgekippten Sandsteinsedimentschollen in Colorado klettert in der trockenen Hitze das Eichenstrauchwerk empor, kniehoch und zäh. Eichen überziehen aber auch das Bergland um Ajloun in Jordanien mit einem Wald, wie auf den Kalkboden hingestreut, immergrün, ihre daumennagelgroßen dunklen Blätter zäh wie die vom Stechginster. Die Blattformen nicht nur gebuchtet wie bei der Stieleiche oder der westeuropäischen Traubeneiche und nicht nur gezipfelt wie bei der Roteiche, sondern kastanienartig gezackt (Kastanieneiche) oder lanzettförmig wie bei der Myrteneiche oder lorbeerblättrig wie bei der Lorbeereiche oder weidenblättrig wie bei der Weideneiche oder dreieckig wie bei der Blackjack-Eiche Amerikas mit ihrem unglaublich starken Holz. Neben den laubabwerfenden stehen immergrüne Formen, manchmal nebeneinander im gleichen Land.

Die mächtige Gestalt der in unseren Breiten heimischen Eiche bringt Eicheln an langen Stielen hervor, heißt darum Stieleiche und besiedelt den Osten Mitteleuropas, die Traubeneiche mit ihren büschelartigen Eicheln den Westen des Kontinents. *Quercus robur* heißt die Stieleiche in der international verständlichen Sprache der Botaniker: die robuste Eiche.

Ausdauer, Anpassungsfähigkeit, Zähigkeit sind Facetten ihres Wesens. Die Majestät ihrer Erscheinung ist das Ergebnis einer Eigenschaft, die man – vermenschlicht – als Willen zum Überleben unter allen Umständen bezeichnen könnte.

Am nächsten Tag überziehe ich den Zweig vorsichtig mithilfe der Walze mit einer Schicht Druckfarbe und drücke ihn auf einen Bogen Ingrespapier, das eine besonders raue Oberfläche hat. Die Blätter sind inzwischen fadenscheinig geworden und an den Rändern bereits ein wenig ausgetrocknet – sie haben noch nichts von der lederartigen Beschaffenheit der Eichenblätter des Spätsommers. Trotzdem entsteht ein gut erkennbares Bild. Keiner würde diesem kleinen Zweig das Alter des Baumes ansehen, von dem er stammt.

Ein Zweiglein der ältesten Ivenacker Eiche

Die GURLITT-EICHE am Großen Binnensee

Von Hans-Helmut Poppendieck

In der Ferne über dem blauen Meer verschwimmt die gegenüberliegende Küste, flach und sandig bei Heiligenhafen und als Steilufer bei Putlos. Bei klarem Wetter könnte man die dänische Insel Langeland sehen. Von der Hohwachter Bucht durch eine flache Nehrung abgetrennt liegt vor mir der Große Binnensee. Im Osten streckt sich eine sanft einschwingende Landzunge, genannt die Alte Burg, darauf wächst dichter Buchenwald, rechts davon eine stattliche freistehende Eiche. Einzig dieser Eiche wegen habe ich den kleinen Ort Stöfs in der Nähe des Gutes Waterneverstorf aufgesucht.

Es gibt viele berühmte Blicke auf die ostholsteinische Landschaft und davon ist der von Stöfs über den Großen Binnensee wohl der berühmteste. Bevor ich mich daher der Eiche zuwende, muss ich mich erst mit dieser grandiosen Aussicht, mit dieser großen Holstein-Landschaft beschäftigen. Immer wieder ist sie seit 1860 in Skizzen, Gemälden und Fotografien festgehalten worden, immer wieder hat man sie mit unterschiedlichen Mitteln detailgetreu dokumentiert, mit ihrem Zusammenspiel der Landschaftselemente Wasser, Wolken, Feld, Wald und Baum, das sich bei allen Wandlungen im Einzelnen nahezu unverändert über 150 Jahre erhalten hat. So etwas ist selten.

Die Vorliebe für eine Landschaft lässt sich an vielen Erscheinungen deutlich machen und lässt sich statistisch erfassen: anhand von Reisebeschreibungen, Landschaftsgemälden, Künstlerkolonien, der Errichtung von Landhäusern, von Ausflugsfahrten, Bus- und Bahnlinien, Gaststätten, Ansichtskarten, Feriensiedlungen und Campingplätzen. In Schleswig-Holstein wurde keine Landschaft so früh für den Tourismus entdeckt wie das »Östliche Hügelland« auf der Jungmoräne Ostholsteins, nämlich schon im ausgehenden 18. Jahrhundert. Und keine ist seitdem so häufig beschrieben worden.

Zu verdanken hat sie dies Christian Cay Lorenz Hirschfeld.[1] Hirschfeld stammte aus Ostholstein. Er wurde 1742 in Kirchnüchel bei Eutin geboren und wirkte als Professor der Philosophie und der Schönen Künste an der Kieler Universität. Heute würden wir dieses Fach als Kunstgeschichte bezeichnen. Durch seine fünfbändige *Theorie der Gartenkunst* wurde er in Deutschland zum einflussreichsten Gartenschriftsteller seiner Zeit.

Hirschfeld propagierte den englischen Landschaftsgarten, der den formalen französischen Garten ablöste.

Ein solcher Landschaftsgarten sollte nicht nur den Eindruck äußerster Natürlichkeit hervorrufen und die Harmonie zwischen Mensch und Natur symbolisieren, nicht nur den Traum vom seligen Leben auf dem Lande verwirklichen und auch nicht allein der Ort sein, an dem man sich seinen sentimentalen Gefühlen hingeben konnte.

Er sollte auch erzieherische Wirkung entfalten, die *»moralische Bildung des Herzens«* bei den Landadligen und den reichen Kaufleuten fördern,

die sich ihr Besitztum in dieser Weise gestalteten, und ebenso sittlich veredelnd wirken auf all die von ihnen abhängigen Bauern und Tagelöhner, die mit ihnen auf dem Gut lebten und für sie arbeiteten. Ein ästhetischer Entwurf und eine gesellschaftliche Utopie zugleich.

X

Dieses Landschaftsideal war nun nach Hirschfelds Auffassung in seiner Heimat beispielhaft im Großen verwirklicht, in der ostholsteinischen Gutslandschaft[2] im Umkreis der kleinen Residenzstädte Plön und Eutin. Er wurde nicht müde, diese Gegend beredt zu preisen. Eine Reise dorthin, zum *»Genuss der schönen Natur«*, würde einem *»seelischen Gesundbrunnen«* gleichkommen. Durch Hirschfelds Publikationen wurde diese Landschaft populär, wurde von zahlreichen Künstlern aufgesucht und abgebildet.[3]

Louis Gurlitt war einer der berühmtesten und produktivsten Landschaftsmaler des 19. Jahrhunderts. Das Altonaer Museum in Hamburg und das Museum in Flensburg haben in den 1990er Jahren eine große Ausstellung zum 100. Todestag von Louis Gurlitt veranstaltet.[4] Damals stand ich mit Bärbel Hedinger, der Mit-Kuratorin der Ausstellung, vor dem großformatigen Gemälde *Blick von Stöfs über den Großen Binnensee auf die Hohwachter Bucht*. Es stammt aus dem Jahre 1861 und zählt zu den Kostbarkeiten des Altonaer Museums. Bärbel Hedinger hatte mich gebeten, ihr bei der Identifizierung der abgebildeten Pflanzen zu helfen, und nun versuchen wir schon seit gut einer Stunde, uns mit unseren botanischen und kunstgeschichtlichen Kenntnissen dem berühmten Landschaftsbild zu nähern.

Sie erzählte mir, worum es Gurlitt bei seiner Holstein-Reise im Spätsommer und Herbst des Jahres 1861 gegangen war. Sie berichtete von seinem strengen Exkursionsprogramm und davon, wie er seine Mappe mit Skizzen füllte, die er dann in seinem Atelier zu Landschaftsgemälden ausarbeitete, wie sie der damalige Markt verlangte. Von den Kontakten, die er zu Adligen und Gutsbesitzern knüpfen wollte, um sich eine neue Käuferschicht zu erschließen. Und von dem Konzept, mit seinen Gemälden gleichsam ein Panorama der Nationallandschaften Europas schaffen zu wollen. Sie zeigte mir seine unglaublich detaillierten Bleistiftskizzen des Ortes. Und wieder zog mich die große Eiche mit den markanten kahlen Ästen unwiderstehlich an und öffnete mir die Augen dafür, wie zügig und überlegt er gearbeitet hatte, wie er mit großer künstlerischer Meisterschaft, aber auch durchaus mit kaufmännischem Kalkül, aus einem Vorentwurf ein imposantes Landschaftsgemälde hatte entstehen lassen, das er noch im selben Jahr für die stattliche Summe von 365 Talern an den Altonaer Kaufmann Johannes Bauer verkaufen konnte. Das entspricht umgerechnet auf die Lebenshaltungskosten nach heutiger Kaufkraft etwa 18.000 Euro.

Diese Verwandlung der Skizze in ein Kunstwerk, sagte mir Bärbel Hedinger, ist zunächst einmal eine Frage der Komposition, die konsequent auf Harmonie bedacht ist und ein perfektes Gleichmaß von Landmassen und Himmel erzielt. Die Eiche, der Blickfang des Bildes, bildet ein fast ebenso perfektes Quadrat in der rechten Bildhälfte. Der Knick, der in leichter Schräglage über das Bild zieht, durchbricht diese Rechtwinkligkeit und verleiht dem Bild Perspektive und Tiefe, was durch das Spiel von Licht und Schatten noch verstärkt wird. Lebendig wird das Gemälde durch den Kontrast zwischen der spiegelglatten Wasserfläche und dem filigranen Laubwerk. Und durch die Aufmerksamkeitspunkte, die Gurlitt raffiniert an verschiedenen Stellen platziert hat: weißes und buntes Vieh, Melkmädchen mit roter Kappe, ein Vogelschwarm, zwei einsame Vögel im kahlen Geäst der Eiche.

Louis Gurlitt, Landschaft bei Stöfs, 1861

Die Kuratorin zeigte mir eine Fotografie aus dem Jahre 1972, aufgenommen einen Kilometer weiter nördlich bei dem Mausoleum der gräflichen Familie Waldersee. Der Ort ist in den Karten als Aussichtspunkt markiert, ein großer Parkplatz bietet ausreichend Platz für die Autos der Touristen und für Reisebusse. Auch von dieser Stelle aus wird der Blick von einer großen alten Eiche dominiert. Eine grandiose Aussicht, sicher, aber sie bleibt doch ein wenig hinter Gurlitts Gemälde zurück. Bärbel Hedinger macht mir klar, wie sorgfältig Gurlitt bei der Auswahl seines Standpunktes vorgegangen ist. Und in welchem Maße sein Werk auf die Inszenierung der Landschaft setzt. Es gelingt ihm, die Perspektive eines Herrschers oder Feldherren über ein beanspruchtes Territorium zu vermitteln. Oder die des Gutsbesitzers, der wohlgefällig seine Besitztümer überblickt und sieht, dass alles gut ist. Hedinger hat dafür im Katalog einen schönen Ausdruck gefunden:

Gurlitt habe mit diesem Idealbild *»die bäuerliche Landschaft nobilitiert«.*

Wie sehr Gurlitt mit diesem Bild die Empfindungen des adligen Gutsherrn getroffen hatte, zeigt die Tatsache, dass er in den Jahren zwischen 1875 und 1883 insgesamt vier weitere kleinformatige Versionen des Blicks über den Großen Binnensee anfertigte. Er hatte sein großes Gemälde zunächst ohne Auftrag auf eigenes Risiko geschaffen. Sicher aber hatte er gehofft, dass der auf dem Gut Waterneverstorf ansässige Graf Conrad von Holstein, zu dem die Ortschaft Stöfs gehört, es kaufen würde. Dieser hatte jedoch nicht zugegriffen. Aber er bestellte bei Gurlitt einige Jahre später genau dieses Motiv als Mitgift für seine Töchter, zur Erinnerung an ihre ostholsteinische Heimat.

Meine Beiträge zu unserem damaligen Arbeitsgespräch waren prosaischer. Ich identifiziere Eichen, Eschen, Weiden, vielleicht auch Hainbuchen, den Buchenwald im Hintergrund, dem in der Verlandungszone des Binnensees ein Gürtel aus Röhricht und Seerosen vorgelagert zu sein scheint. Ich bemerke, dass die Vegetation auf der Koppel alles andere als idealisiert dargestellt ist, sondern vielmehr peinlich genau unterschiedliche Weideunkräuter erkennen lässt: Disteln, Ampfer, Geilstellen mit groben Gräsern. Eine Nachmahd wäre empfehlenswert. Ich verweise auf die Knicks, die offenbar in unterschiedlichem Turnus geschlagen worden waren und teils jungen und teils älteren Aufwuchs zeigen.

Die Anlage solcher Knicks hat in Schleswig-Holstein eine lange Tradition und wurde im 18. Jahrhundert durch landesherrliche Anordnungen gezielt gefördert, im Rahmen der Verkoppelung und auch, um die Holzknappheit des Landes wirksam zu bekämpfen. Erst später habe ich erfahren, dass die Verkoppelung auf Waterneverstorf erst um 1820 erfolgt ist, die Knicks also zu Gurlitts Zeit wahrscheinlich kaum älter als 40 Jahre waren.

Die abgestorbenen Äste, darin sind Bärbel Hedinger und ich uns einig, verleihen dem Bild Dramatik. Das Motiv der knorrigen alten Eiche hat bekanntlich seine eigene Geschichte in der abendländischen Malerei, bei den holländischen und englischen Landschaftsmalern, bei Caspar David Friedrich und den Romantikern steht sie für Vergänglichkeit und Tod. Auf unserem Bild, vor dieser so sinnlichen Kulisse von Wiese, Hügeln, Wald und Wasser, scheint mir das tote Geäst jedoch eher wie ein Zitat zu wirken, das Gurlitt bewusst und im spielerischen Umgang mit dieser malerischen Tradition zu setzen versucht hat. Er hat viele Skizzen der Landschaft um Stöfs angefertigt, und sie vermitteln vor allem den Eindruck von Harmonie und Wohlgefälligkeit. Aber schon die Vorstudie für das große Gemälde sticht unter all den Skizzen hervor, macht deutlich, dass es für Gurlitt nur dieser eigentümliche Baum und dieser Ausschnitt sein konnte, wenn es darum gehen sollte, eine dramatische Landschaft zu inszenieren.

Und nun lässt mich die Eiche nicht mehr los. Sie ist das Idealbild eines Baums, mit mächtig geradem Schaft und einer ebenso mächtig sich wölbende Krone, perfektes Gleichmaß auch hier.

Der Stammfuß liegt frei. Der Baum wurzelt auf dem Knick. Zu Gurlitts Zeiten mag er gut 150 Jahre gezählt haben, vielleicht aber auch viel mehr. Im oberen Teil ist der Stamm umgeben von einer Art Schleier aus Laubwerk und Zweigen, sogenannten Wasserreisern. Es sind Austriebe aus den schlafenden Augen unter der Rinde, wie sie sich stets bei freistehenden Eichen zu bilden pflegen. Wer später einmal für den Stamm gutes Geld erhalten möchte, wird diese Austriebe allerdings immer wieder zurückschneiden.

Aber wie hat die Eiche sich seit den 1850er Jahren verändert! Zunächst einmal: Ohne die Hilfe des heutigen Grafen Waldersee hätte ich sie gar nicht gefunden. Die alte Eiche beim Parkplatz, die ich mit Bärbel Hedinger auf der Fotografie von 1972 gesehen hatte, hat tatsächlich eine oberflächliche Ähnlichkeit mit Gurlitts Eiche, auf den ersten Blick möchte man sie für denselben Baum halten. Aber die Perspektive ist eine andere. Im März des Jahres 2005 bin ich dann das erste Mal nach Waterneverstorf gefahren, um der Sache nachzugehen. Ich stapfe über fetten Lehm, winde mich unter einem Weidezaun hindurch und stehe auf einer abschüssigen Koppel. Ein prüfender Blick auf den Binnensee, auf Wald und Nehrung: Das ist die Stelle – der Baum im Vordergrund ist die Gurlitt-Eiche. Dahinter aber steht, für mich zunächst verwirrend, eine zweite Eiche, sehr viel jünger und offenbar ein Überrest des jetzt verschwundenen Knicks.

Bei der großen Eiche sind die toten Äste, die von Gurlitts Gemälde in Erinnerung sind, verschwunden. Der Baum sieht gesünder und vitaler aus als früher, aber das Ebenmaß der früher so harmonisch ausgebildeten Krone ist dahin, auch wenn das Volumen sich kaum geändert zu haben scheint. Rechts im stumpfen Winkel ragt ein mächtiger Seitenast mit voluminösem Gezweig, reich belaubt. An der Spitze wölbt sich die Krone auf mit mehreren Ästen, die alle an derselben Stelle zu entspringen scheinen.

Der Baum hat neuen Luftraum erobert, muss früher allerdings auch schon einmal höher aufgewölbt gewesen sein, lange Zeit bevor Gurlitt seine Skizze anfertigte und peinlich genau auf das Gemälde übertrug. Davon geben die kahlen abgestorbenen Gipfeläste im Jahre 1861 ein klares Zeugnis. Und so ist vom Vergleich des 150 Jahre alten Gemäldes mit dem Baum von heute eine außerordentlich wichtige Erkenntnis mitzunehmen:

Gurlitt-Eiche, 2005 und 2019

Baumkronen sind keine statischen Gebilde, sondern Teil einer lebendigen Pflanze, und mit ihr verändern sie sich.

Im Prinzip folgt die Entwicklung einer jeden Baumkrone einem festgelegten genetischen Programm.[5] Es gibt unterschiedliche Strategien, den Luftraum zu erobern. Man spricht von Architekturmodellen. Diese Modelle lassen sich am Computer simulieren, und man kann sich die virtuelle Gestalt von idealen Bäumen auf den Bildschirm rufen. Aber sie beschreiben lediglich Grundprinzipien und reichen nicht aus, um die Gestalt einer real existierenden Baumkrone zu erklären, denn diese entwickelt sich nicht unter idealen Bedingungen, sondern reagiert flexibel auf eine sich ständig ändernde Umwelt: auf die Versorgung mit Wasser und Nährstoffen, auf Frost und Hitze, auf Licht und Schatten, auf andere Bäume, die sie bedrängen, auf Blitzschlag, Verletzungen, Verbiss und Schädlingsbefall sowie nicht zuletzt auf Schadstoffe, die ihr aus der Luft zugetragen werden. Ein Baum hat vor allem zwei Möglichkeiten, auf all das zu reagieren, und zwar durch Bildung von Neutrieben und durch Abwurf von Zweigen. Beides zusammen ist das, was das Bild des Baumes auf eine unvorhersehbare Weise prägt und ihm seine Individualität gibt.

Kein anderer Baum in Mitteleuropa ist im Alter so vielgestaltig wie die Eiche, und bei keinem anderen Baum ist die Entwicklung der Krone so schwierig zu verstehen und so interessant zugleich.

Charakteristisch für die Eiche ist zunächst einmal das schubweise Wachstum beim jährlichen Austrieb. Eichen sind neben Eschen unsere am spätesten austreibenden Bäume. Sie treiben aus, wenn keine Spätfrostgefahr mehr droht, sind dafür aber auch mit ihren Blättern und Zweigen in allerkürzester Zeit fertig. Werden ihre Blätter dennoch im Frühjahr geschädigt, etwa durch eine Maikäferplage oder durch das massenhafte Auftreten von anderen Schadinsekten, dann können sie um die Sommermitte diesen Verlust wieder gutmachen: durch die Bildung von neuen Zweigen, sogenannten Johannistrieben. Ebenso charakteristisch für Eichen, vor allem für die Stieleiche, ist darüber hinaus der knickige Wuchs. Er kommt dadurch zustande, dass die Endknospe der Zweige ihr Wachstum einstellt. Seitenknospen übernehmen ihre Aufgabe, bilden neue Triebe und übergipfeln sie. Es kommt auch dadurch zustande, dass oft ganze Gruppen von jüngeren Zweigen aktiv abgeworfen werden, was man als »Zweigabsprünge« oder »Astabwürfe« bezeichnet.

Will man sich näher mit diesem Phänomen beschäftigen, sollte man Ende Mai bis Mitte Juni in einen Park gehen, in dem viele alte Eichen stehen. Dann ist der Parkrasen häufig von abgeworfenen Zweigen übersät. Die Basis der Zweige ist verbreitert und sieht wie ein knubbeliges ausgerenktes Gelenk aus. Dies ist die vorprogrammierte Trennungszone. Sie ist weniger verholzt als der Rest des Zweiges und wurde dadurch abgestoßen, dass am Mutterzweig unterhalb dieser Zone durch eine Folge von raschen Zellteilungen weiches Gewebe gebildet wurde, das der Ablösung des Zweiges keinen Widerstand entgegensetzt. Ein Windstoß, und der Zweig ist ab. Ähnliches passiert übrigens beim Laubabwurf im Herbst.

Solche Zweigabgliederungen geben zweifellos den zuvor mühsam eroberten Luftraum preis. Warum reagiert der Baum auf diese Weise? Die Antwort: Er umgeht so den Zwang, den ihm das starre und dauerhafte Holzgerüst auferlegt. Ein Baum lebt nur, solange er wächst. Und das heißt, er muss mit der begrenzten Menge Material, das ihm aus der Photosynthese der Blätter geliefert wird, Jahr für Jahr einen neuen Jahresring Holz für die gesamte, unerbittlich gewachsene und weiter wachsende Hülle eines riesigen Stammes und all seiner Äste, Zweige und Wurzeln produzieren. Im Normalfall ist das unproblematisch. Aber es gibt Krisenjahre. Besonders trockene Sommer oder Jahre mit Schädlingskalamitäten, mit Frostschäden oder außergewöhnlichem Pilzbefall. Dann kann er nicht genug Kohlenhydrate bilden, muss seine Reserven angreifen, und das setzt ihn unter Stress. Wenn der Baum in dieser Situation Zweige oder gar ganze Äste abwerfen kann, reduziert er dadurch die zu versorgende Fläche, trennt sich von unproduktivem Geäst und kann die notwendige Balance zwischen Blattmasse und Holzgerüst erhalten. Was an Blattwerk verlorengeht, kann durch Neuaustriebe leicht ersetzt werden.

Bei der Eiche vor dem Großen Binnensee bei Stöfs ist allerdings ein weit tiefgreifenderes Phänomen zu beobachten, eines, das sich in einer anderen Größenordnung abspielt, nämlich das Absterben und Abwerfen ganzer Astsysteme. Im englischen Sprachraum gibt es dafür den Ausdruck *stag-head* oder *stag-headed tree,* was so viel wie »Hirschgeweih-Baum« bedeutet.[6]

Eine sehr treffende Bezeichnung, denn die toten Äste erinnern nicht nur in ihrer Gestalt an das Geweih eines Hirsches, das hinter dem Blattwerk hervorlugt, sie werden auch wie ein Geweih abgeworfen – wenn auch oft erst nach vielen Jahren.

Tatsächlich hat man in unterschiedlichen Gegenden und zu verschiedenen Zeiten immer wieder ein epidemieartiges Auftreten solcher scheintoten Eichen beobachtet. Beispielsweise um 1920 in England. Als man die geschädigten Bäume untersuchte, stellte man starken Schädlingsbefall fest, durch den Eichenwickler, den Eichenmehltau, der erst 20 Jahre zuvor aus Amerika nach Europa eingeschleppt worden war, und durch den Hallimasch. In Frankreich trat das Phänomen in den späten 70er Jahren auf. Man vermutete dort, dass die trockenen Sommer 1975 und 1976 die Eichen geschwächt hatten. Auch hier wurde starker Schädlingsbefall diagnostiziert. In Deutschland machte man die kalten Winter 1985 bis 1987 für ein partielles Eichensterben in den folgenden Jahren verantwortlich. Und in England führte man die Eichengeweihe der 90er Jahre unter anderem auf die trockenen Sommer 1989 und 1990 zurück, auch wenn man hier wieder starken Schädlingsbefall beobachten konnte, nämlich durch einen Prachtkäfer namens *Agrilus pannonicus.* Offenbar handelt es sich um ein außerordentlich komplexes Phänomen, um das Zusammenspiel ganz unterschiedlicher Stressfaktoren, die dem Baum zusetzen: Trockenheit, Frost, Raupenplagen und Pilze können eine Rolle spielen und gemeinsam oder für sich allein zum Absterben des Astwerkes beitragen.

Die oberen Äste sterben also ab, und die Reste bleiben als eine Art Skelett stehen. Der Baum sieht ernstlich krank aus. Aber wie der englische Ökologe Oliver Rackham immer wieder betont hat, ist eine solche Eiche keineswegs rettungslos verloren, selbst wenn viele dies glauben. Man hat nämlich beobachtet, dass sich die Bäume nach einigen Jahren wieder erholen, wenn sie nicht allzu stark geschädigt waren. Das gilt für alle genannten Epidemien in England, Deutschland und Frankreich. In einem Knick bei Oxford steht der *Matthew Arnold Tree*, eine ganz normale Eiche, die in den vergangenen 100 Jahren häufig fotografiert wurde, sodass man ähnlich wie bei der Eiche in Stöfs ihre Geschichte genau kennt. Eine erstaunliche Parallele. Rackham berichtet, wie bei der Eiche in Oxford die ursprüngliche Krone abstarb und zerfiel und nach einem Zwischenzustand als Eichengeweih ersetzt wurde durch eine Sekundärkrone, ein neues Astsystem, das dem Baum eine völlig andere Gestalt gab. *Stagheads*, so Rackhams Schlussfolgerung, sind für viele ältere Bäume und vor allem für die Eiche nichts Ungewöhnliches und gehören keineswegs zu den »neuartigen Waldschäden«. Das Phänomen existierte lange bevor Pflanzenschutzmittel erfunden waren und auch lange bevor die Industriestädte schädliche Abgase in die Luft bliesen. Totes Holz auf lebendigen Bäumen war und ist mehr oder weniger ein Normalfall. Die Eiche von Stöfs, die vor 165 Jahren ein klassisches Eichengeweih trug und heute eine gesunde neue Krone gebildet hat, ist ein gutes Beispiel dafür.

Astbruch an einer Eiche

Durch die Gurlitt-Eiche ist mein Blick auf die Wahrnehmung von Eichengeweihen und von Totholz in alten Bäumen geeicht, als ich im März durch die teilweise noch verschneite Landschaft um Waterneverstorf wandere.

Mir fällt auf, wie häufig das Phänomen in dieser Knicklandschaft, diesem Paradies der Eichensolitäre ist.

Ein abgebrochener Starkast windet sich schlangengleich vor einer Eichengruppe, ein anderer hat sich in einer Krone verfangen und rottet hier langsam vor sich hin. Aus jungen Bruchstellen ragen zersplitterte Aststutzen hervor, an älteren werden sie nach und nach umwallt, die Wunden mehr oder weniger vollständig verschlossen. In der Stadt habe ich selten Gelegenheit, so etwas zu sehen. Es gibt hier zwar alte Eichen, aber die stehen in Parks und an Verkehrswegen oder Parkplätzen. An Verkehrswegen kann Totholz auf Bäumen nicht geduldet werden, wegen der damit verbundenen Gefahren für Mensch und Fahrzeug. Die abgestorbenen Äste werden von Baumpflegern in städtischem oder privatem Auftrag zügig abgesägt, die Wunden fachgerecht verschlossen. Zwar könnte man in Parks und auf privatem Grund toleranter sein, könnte sich beispielsweise durch Warnschilder absichern, aber Gartenämter und Privatleute machen davon keinen Gebrauch. Und dies nicht nur aus Angst vor einem möglichen Rechtsstreit, sondern auch weil Totholz von den meisten Menschen als hässlich angesehen wird, als Ausweis von Unordnung und Vernachlässigung. Abgestorbene Wipfel und herumliegende Äste stören das idyllische Bild, das man sich in der Stadt von der Natur zu machen pflegt. An wenig befahrenen Feldwegen auf dem Lande kann man sich dagegen einen gelasseneren Umgang mit morschem Astwerk leisten.

Über 300 verschiedene Insektenarten, spezialisierte Blatt- und Holzfresser, sollen in Schleswig-Holstein auf Eichen vorkommen, nach einigen Autoren sogar bis zu 500. Auf der Kiefer sind es »nur« 160.[7]

Die Zahlen sind ein wenig umstritten, geben aber sicher die Größenordnungen halbwegs korrekt wieder. Viele davon sind auf das Totholz spezialisiert, vor allem Pracht-, Hirsch- und Bockkäfer, die allesamt heute auf den Roten Listen stehen und in hohem Maße in ihrem Bestand gefährdet sind. Es gibt heute nämlich viel weniger abgestorbene Bäume oder zumindest abgestorbene Astpartien in den Wäldern, als dies früher der Fall war, bevor die rationelle neuzeitliche Forstwirtschaft einsetzte. Es ist eingehend untersucht und ebenso eindrucksvoll geschildert worden, in welchem Maße die Larven von Hirsch- und Bockkäfern auf totes Holz angewiesen sind und welche Artenvielfalt erhalten und gefördert werden kann, wenn man es nicht abräumt, sondern seiner natürlichen Zersetzung überlässt. Die Larven des Blütenbockkäfers bewohnen liegende vermodernde Stämme. Der Mulmbock verbringt seine Jugend in verwesenden Stubben. Der Große Eichenbock ist auf Höhlen und Gänge in noch lebenden alten Eichen angewiesen. Und es gibt sogar Käfer, die sich auf

Totholz an der Gurlitt-Eiche

die abgestorbenen Eichengeweihe spezialisiert haben wie beispielsweise der Große Widderbock. Wenn nun die Eiche der heimische Baum ist, auf dem und von dem die meisten Insektenarten leben, und wenn ein großer Anteil davon Altholzbewohner sind, dann fällt vieles von der ökologischen Bedeutung alter Eichen weg, wenn man alle abgestorbenen Strukturen entfernt und nur noch junge und wüchsige Partien überleben lässt.

Ein Viertel aller bei uns heimischen Käferarten lebt im Totholz.[8] »Totholz lebt« ist daher ein Slogan der schweizerischen Forstverwaltung, *»Deadwood – Living Forests«*, so der klug gewählte Name einer Kampagne des World Wildlife Fund, die sich für den Erhalt von Totholz als Lebensraum einsetzt. »Europas Wälder sollen in Würde alt werden dürfen«, sagte Daniel Vallauri, Forstspezialist des WWF, schon vor 15 Jahren.

> *»Wenn wir aus einem Wald alle alten Bäume und alles in Zersetzung begriffene Holz entfernen, so berauben wir durch solche kosmetischen Maßnahmen unsinnigerweise ein natürliches Ökosystem seiner biologischen Vielfalt. Altbäume und Totholz sind keineswegs Anzeichen für einen kranken Wald, wie viele glauben. Das Gegenteil ist richtig: In der Regel bedeutet Totholz einen gesunden Wald, mit einem langen Lebenszyklus und einer sehr hohen Vielfalt an Lebensräumen für unterschiedliche Arten.«*

Die meisten Forstverwaltungen haben denn auch ihren Umgang mit Totholz grundlegend geändert. Alte und abgestorbene Bäume werden stehen gelassen, nicht nur für Käfer und Pilze, sondern auch als Spechtbäume oder als Schlafplatz für Fledermäuse. In vielen Revieren werden Altholzreservate eingerichtet. Im Wohldorfer Wald, einem Wald-Naturschutzgebiet an der nördlichen Hamburger Landesgrenze, hatte sich der frühere Revierförster viel Mühe gegeben, um alte Bäume entlang der Wege in diesem Sinne herzurichten und damit nicht nur Lebensräume für Wirbellose und für eine spezialisierte Pilzflora zu schaffen, sondern dies auch den Besuchern des Waldes zu vermitteln.

Schon vor 15 Jahren habe ich mit Graf Waldersee die Stelle aufgesucht, an der Gurlitt seinerzeit die Vorskizze angefertigt hatte, und gemeinsam blickten wir auf den Großen Binnensee. Die Eiszeiten haben auch diese Landschaft geformt. Wo wir jetzt stehen, war im Mittelalter noch Wald. Nach und nach war er eingewandert, erst kamen die Birken, Weiden und Pappeln, dann vor 9000 Jahren die Eichen und die Arten des Eichenmischwaldes, schließlich setzte sich vor zwei- bis dreitausend Jahren die Buche durch. Frühe Ansiedlungen beschränkten sich auf die Küste, wo man Fischfang treiben konnte. Mit der Ostkolonisation des hohen Mittelalters drangen Deutsche in das bis dahin slawische Gebiet ein. Altholsteinische Familien und solche aus Flandern, Westfalen und Niedersachsen, die fortan den Uradel des Landes bilden sollten.

Sie haben in den nachfolgenden Jahrhunderten diese Landschaft mitgestaltet und geprägt. Als um das Jahr 1500 Lebensmittel und Rohstoffe knapp und teuer wurden, war dies der Schlüssel für den wirtschaftlichen und politischen Aufstieg des Adels, denn er kontrollierte nun die landwirtschaftliche Produktion in Zeiten der Knappheit und der steigenden Preise. Zu diesem Zweck wurde Wald in Acker und Grünland umgewandelt, Fischteiche sowie Korn-, Öl-, Säge- und Papiermühlen entlang der aufgestauten Bäche angelegt, Gutshöfe mit großen Scheunen versehen. Die bislang freien Bauern wurden unterworfen, wozu sich der Adel aufgrund der ihm verliehenen Privilegien das Recht nahm, in Leibeigenschaft geführt und zu Frondiensten herangezogen. Der Gutsbetrieb war arbeitsintensiv und benötigte viele Leute. Und deshalb wurde schließlich etwa ab 1750 die Landschaft erneut tiefgreifend umgestaltet, um sie rationeller bewirtschaften zu können. Im Zuge der Verkoppelung wurde die Waldweide eingestellt und die früher gemeinschaftlich bewirtschafteten Felder einzelnen Eigentümern zugeteilt, systematisch mit Knicks eingefasst, drainiert und gemergelt. Die Bilder von Gurlitt und seinen Zeitgenossen zeigen einen Übergangszustand.

Die alten Eichensolitäre sind Relikte einer »alten« Weidelandschaft und mögen als Hudeeichen oder als Weid- oder Schattbäume aufgewachsen sein. Die frisch gepflanzten Knicks stehen für die »neue« Landschaft.

Aber es war noch etwas hinzugekommen, nämlich die Idee des Landschaftsgartens, der sich nicht auf die unmittelbare Umgebung des Herrenhauses beschränkte, sondern das gesamte Areal des Gutes zugleich mit der neuen ökonomischen Konzeption der Koppelwirtschaft auch einer neuen ästhetischen Konzeption unterwarf.

Das Leitbild war in England formuliert worden, es hieß *ornamented farm*.

Das Gartenreich um Wörlitz oder der Jenischpark in Hamburg sind in diesem Sinne gestaltet und ebenso die ostholsteinische Gutslandschaft, in deren Zentrum wir uns hier befinden. Landmarken in der Umgebung spielen jetzt eine wichtige Rolle. Graf Waldersee hat deshalb bei meinem Besuch alte Karten mitgebracht. Die markanten Punkte des Gutes sind auf erstaunliche Weise über ihre Blickbeziehungen zu einem streng regelmäßigen geometrischen Netz verknüpft. So bildet die Grabstätte der Familie auf erhöhtem Aussichtspunkt die Spitze eines exakt gleichschenkligen Dreiecks, an dessen Enden zur Linken das Herrenhaus und zur Rechten der vorgeschichtliche Siedlungsort der sogenannten Alten Burg liegt, und auf diese wird auch der Blick vom Herrenhaus über die Verlängerung der Lindenallee aus gelenkt.

Auf den ersten Blick scheint sich seit Gurlitts Zeiten wenig verändert zu haben. Allerdings steht heute ein paar Hundert Meter hinter dem mit Linden bestandenen früheren Mühlenberg anstelle der Windmühle ein riesiger Silo.

Dieser Silo ist allerdings bislang der einzige Fremdkörper geblieben, noch haben das Gut Waterneverstorf und das Gutsdorf Stöfs ihren Charakter und ihre Geschlossenheit in erstaunlichem Maße bewahren können. Dem Grafen Waldersee war dies stets sehr wichtig, versteht er sich doch als Kurator dieser Landschaft, als Kurator eines berühmten Blickes und eines real existierenden Landschaftsbildes.

Er erzählt mir von dem Besuch des preußischen Königs und späteren deutschen Kaisers Wilhelm I. im Jahre 1868 bei seinem Vorfahren. Dieser glaubte, der hohe Besuch sollte dem schönen Blick über Land und Meer gelten, doch wie sich 100 Jahre später herausstellte, ging es dem Monarchen vielmehr um die Planung eines Reichskriegshafens am Großen Binnensee, der dann allerdings in Kiel entstand. Die Nationalsozialisten wollten an genau dieser Stelle einen großen Windpark installieren und hatten die Enteignung der Familie bereits vorbereitet, als der Zweite Weltkrieg diese Planung zum Erliegen brachte.[9] In der jüngeren Vergangenheit lag eine Konfliktlinie zwischen dem Naturschutz, der auf die Wiederherstellung der Naturlandschaft zielte, und dem Denkmalschutz, dem es um die Erhaltung der historischen Kulturlandschaft ging. Dieser Kampf ging letztlich unentschieden aus. Eine Landschaftsschutzverordnung[10] von 1999 zielte auf einen Kompromiss und räumte den »ökologisch bedeutsamen Biotopstrukturen« ebensolche Bedeutung ein wie der landschaftsprägenden Gutsanlage mit ihren Blickbeziehungen zur umgebenden Landschaft.[11]

Ökologisch bedeutsame Biotopstrukturen: Das führt uns zurück zur Eiche auf Gurlitts Gemälde, zu all den anderen Eichensolitären in der Feldmark und zu den Geweiheichen mit ihren abgestorbenen Ästen, dem Lebensraum für Tiere aller Arten. Die Bäume sind Teil der Landschaftskulisse, vor allem aber sind sie Lebewesen, die nach ihren eigenen Gesetzen mit uns in der Kulturlandschaft existieren. Langlebiger als wir, sodass wir uns ihr Aufwachsen, Werden und Vergehen nur erschließen können, es aber nie vollständig übersehen werden.

Feurigrot im Frühjahr, schwarzbraun im Herbst: die BLUTBUCHE

Von Hans-Helmut Poppendieck

Die Blutbuche im Garten meiner Nachbarn überragt das Rhododendrongebüsch, sie überragt Bergahorne, Blaufichten und Lärchen an ihrer Seite, und sie überragt auch das Zweifamilienhaus. Genau gesagt ist sie mit ihren 25 Metern fast dreimal so hoch. Es ist ein heller Sommermorgen, der Himmel ist leicht bewölkt. Das vom Seitenlicht getroffene, braunrote Laubwerk des voluminösen Baumes glänzt jetzt schwarz und lässt nur an den durchbrochenen Stellen Fetzen des weißblauen Himmels erkennen. Mittags werden die Blätter blutschwarz erscheinen, und abends wird die untergehende Sonne den Baum von hinten beleuchten und ihn zum Glühen bringen. Jetzt aber schieben sich Wolken vor die Sonne, und schlagartig ändert sich das Bild. Die Kontraste schwinden, übrig bleibt ein flächiger, wenn auch marmorierter Schattenriss, groß, düster und eindimensional. Ein theatralischer Effekt, als ließe ein Schauspieler auf der Bühne im gekonnt gesetzten Licht der Scheinwerfer die Stimmung von Heiterkeit in Verzweiflung umschlagen.

An Wandlungsfähigkeit kommt kein anderer Baum der Blutbuche gleich. Sie ist mein Lieblingsbaum.

Im Jahreslauf bilden Laubentfaltung und Laubfall die unbestrittenen Höhepunkte. Wenn die meisten Sträucher schon junges Laub haben, so gegen Ende April, steht die riesenhafte Buche mit ihrem filigranen Gezweig noch völlig kahl. Doch von einem Tag zum anderen hat sich etwas verändert, was intensiv zu spüren und fast mit Händen zu greifen ist. Der Baum sieht plötzlich anders aus, scheint sein Volumen vergrößert zu haben, wirkt wie aufgeplustert. Die Knospen sind angeschwollen, und tatsächlich brechen sie am nächsten oder übernächsten Tag auf und überziehen die Äste mit einem feinen rötlichen Flaum.

Die jungen Blätter, noch sind sie zart und scheinen blassrosa durch, entfalten sich und zieren das feine Astwerk, bis sie es verhüllen und der Normalzustand für die nächsten fünf Monate erreicht ist. Dann endet die Vegetationsperiode, und zwar genauso spektakulär, wie sie begonnen hat. Wieder gibt es einen Farbwechsel, als entmischten sich die Blattfarben und blieben nur noch die roten, gelben und orangefarbenen Anteile erhalten. Zum letzten Höhepunkt des Jahres erstrahlt die Buche im Licht der tiefstehenden Sonne für wenige Tage in einem hellen Kupferrot.

Aus der Nähe betrachtet sieht das Blatt der Blutbuche übrigens keineswegs braun oder rot aus, sondern schwarzgrün.

Das zeigt sehr deutlich, wie sehr Auflicht und Durchlicht die Wahrnehmung der Blattfarbe beeinflussen.

Blutbuche in Groß-Borstel

Blutbuche

Die Blutbuche ist ein außergewöhnlicher Baum, aber sie ist kein Einzelfall. Solche Blutformen kommen bei vielen Gehölzen vor, am bekanntesten sind Bluthasel, Blutpflaume und Blutberberitze. Sie alle verdanken ihre Farbe dem Zusammenspiel unterschiedlicher Blattfarbstoffe, nämlich dem Blattgrün Chlorophyll im Grundgewebe des Blattes und den Anthocyanen im Hautgewebe. Das Blattgrün dient bekanntlich der Photosynthese und ist, da für das Leben der Pflanze unentbehrlich, in jedem grünen Blatt vorhanden. Es ist eine stickstoffhaltige Verbindung, die für die Pflanze aufwendig herzustellen ist und mit der sie daher haushälterisch umgehen muss. Die Anthocyane dienen unter anderem als eine Art Lichtfilter und sind in der Regel in allen Blättern zu finden, wenn auch in unterschiedlichem Maße. Sie enthalten keinen Stickstoff und können ohne großen Aufwand in Massen gebildet werden. Meist liegen sie in so geringer Konzentration vor, dass ihre Farbe vom Blattgrün völlig überdeckt wird. Bei der Blutbuche, der Bluthasel und all den anderen Blutformen der Gehölze werden sie allerdings im Übermaß gebildet und bewirken durch Überlagerung des Chlorophylls die bekannte schwarzrote Blattfärbung. Ihre rote Farbe dominiert jedoch im Frühjahr, wenn sich in den jungen Blättern noch nicht ausreichend Chlorophyll gebildet hat, und im Herbst, wenn es in der Vorbereitung auf den Laubabwurf abgebaut und zur weiteren Verwendung im Astwerk zwischengelagert wird.

Wer als Botaniker und zumal als einer, der sich im Naturschutz engagiert, die Blutbuche als seinen Lieblingsbaum nennt, muss sich in der Regel rechtfertigen.

Offenbar erwarten Berufskollegen und Naturschützer ein eindeutiges Bekenntnis zu einheimischen Wildgehölzen, und die Blutbuche gilt nun einmal als Zuchtform, als nicht natürlich entstanden, als vom Menschen künstlich hervorgebracht, und fällt damit in die gleiche Kategorie wie Trauerweide, Korkenzieherhasel, gelblaubige Robinie und all die Stauden mit gefüllten Blüten. Dies ist eine populäre Vorstellung, die über Jahrhunderte hin immer wieder mit solchem Nachdruck vorgebracht wurde, dass die meisten Menschen geneigt sind, sie auch für wahr zu halten. Nur trifft sie nicht zu.

»Kein Gärtner hat es in der Gewalt, eine gewöhnliche Buche in eine Blutbuche zu verwandeln, weder durch Bodenmischungen bei der Aussaat, noch durch anderweitige Vorkehrungen bei der Kultur; er kann nur eine schon vorhandene rotlaubige Buche vervielfältigen, sei es durch Samen, sei es durch Pfropfreiser, Ableger oder Wurzelsprossen.«

So der schweizerische Botaniker Jacob Jäggi. Man kann diese simple Tatsache nicht oft genug wiederholen. Jäggi verdanken wir eine lebensvolle, 1894 erschienene Schilderung der Blutbuche bei Buch am Irchel im Kanton Zürich, das wohl älteste dokumentierte Vorkommen in Mitteleuropa.[1]

Solche abweichenden Baumformen können auf unterschiedliche Weise entstehen. Beispielsweise kann an einem normalen Baum spontan ein Zweig mit anders beschaffenen Blättern auftreten. Dies bezeichnet man als Knospenmutation. Durch Stecklinge oder durch Veredelungen kann man diese Varietäten vermehren und in den Handel bringen. Oder ein Sämling zeigte einmal die betreffende Abweichung, sei es in einem Garten bei künstlicher Aussaat oder in der freien Natur, und kann weiter vermehrt werden. Für die Blutbuche gilt das Letztere. Doch um 1900 war noch keinem Gärtner oder Förster bei der Aussaat von Samen normaler Buchen ein rotlaubiger Sämling aufgefallen. Es waren damals nur drei Standorte bekannt, an denen Blutbuchen spontan aufgetreten waren: Außer in Zürich gab es noch Bestände in Südtirol nahe Rovereto und in einem Wald bei Sondershausen in Thüringen.

Die Schweizer Blutbuchen spielen in örtlichen Sagen eine große Rolle. So sollen bei Buch am Irchel vier Brüder ermordet worden sein, und durch Gottes Fügung erwuchsen an dieser Stelle fünf »mit Blut besprengte« Buchen als Gedenkzeichen der gräulichen Tat. Wir lächeln heute über derartige naive Legenden. Aber sie zeigen doch, dass wenig die Fantasie der Menschen so sehr beflügelt wie die Wunder der Natur. Wir haben es leicht, solche Erscheinungen mit den uns zur Verfügung stehenden Begriffen der Genetik zu rationalisieren. Unsere Vorfahren vor 300 Jahren müssen sie als unheimlich empfunden haben. Man kann beispielsweise den Schriften Carl von Linnés anmerken, mit welcher tiefgreifenden Unsicherheit er dem Phänomen der Variation von Pflanzen- und Tierarten gegenüberstand. Was von der Norm abwich, galt ihm und ebenso seinem Zeitgenossen Jean-Jacques Rousseau als unnatürlich, ja als naturwidrig. Linné zog sich aus der Affäre, indem er alle Bildungsabweichungen als Monstrositäten abqualifizierte, die nicht Schöpfungen Gottes seien, sondern ihre Existenz der mit Geschäftssinn gepaarten Kunstfertigkeit der Gärtner verdankten.

Die Vorstellung, dass es sich bei der Blutbuche um eine Zuchtform handelt, entspricht also dem Stand der Naturwissenschaft von 1750, nicht dem von heute.

Als Jäggi das 200 Jahre alte Vorkommen bei Buch am Irchel aufsuchte, hoffte er, Bäume von riesigen Dimensionen anzutreffen. Er wurde enttäuscht. Nur ein Baum hatte überlebt, und dieser war ungefähr 20 Meter hoch und hatte einen Durchmesser von etwa 80 Zentimeter. Seine Rinde war in Brusthöhe über und über mit alten, zum Teil bis zur Unkenntlichkeit vernarbten und ausgewitterten Namenszügen, Buchstaben und Jahreszahlen bedeckt. Zudem war der umgebende Niederwald so dicht gegen den Baum vorgedrungen, dass die oberen rotlaubigen Partien nur durch kleine Lücken im Laubwerk wahrzunehmen waren. Jemand, der von der Blutbuche nichts wusste, konnte leicht daran vorbeigehen, ohne sie zu bemerken.

Blutbuche in Groß-Borstel

Man nimmt heute an, dass die allermeisten Blutbuchen unserer Parks und Gärten von der einen Mutterblutbuche bei Sondershausen abstammen. Die

Zürcher legen allerdings großen Wert darauf, festzuhalten, dass ihre Urblutbuche von Buch am Irchel älter ist als die in Deutschland aufgefundenen Blutbuchen und unabhängig von ihnen entstanden ist. Nach allem, was wir wissen, dürfte die Schweizer Buche um 1650 aufgewachsen sein. Trotz aller Bedrängnis hatte sie mehr als 350 Jahre überlebt, bis ein Sturm im Jahre 2007 etwa zehn Meter über dem Boden einen großen Teil der Krone spiralförmig abbrach und nur noch den sichtbar kranken Stamm und ein paar Seitenäste übrig ließ. Heute ist sie völlig abgestorben, biologisch tot. Wie bei anderen berühmten alten Bäumen hatten auch hier die Verantwortlichen Vorsorge getroffen. Sie hatten schon 70 Jahre zuvor in der Nähe junge Blutbuchen gepflanzt, die sie aus Stecklingen des alten Baumes gewonnen hatten. Und sie hatten 1992 die Krone des alten und durch Pilzbefall geschwächten Baumes durch Stahlseile gesichert. Vielleicht hat aber gerade diese Hilfsmaßnahme dem Baum seine Bewegungsfreiheit genommen und ihm das Rückgrat gebrochen.[2]

24

Blutbuchenkeimling

Der Vossberg ist ein Waldgebiet nördlich von Mölln, das ich regelmäßig mit Studenten auf Exkursionen aufsuche. Es handelt sich um einen besonders schönen und vielgestaltigen Wald. In den von Erlen gesäumten Senken blüht zu Pfingsten die Wasserfeder, und im Eschenwald gibt es Einbeere, Schlüsselblumen und, wenn auch selten, Leberblümchen. Seine Prägung erhält der Vossberg durch Buchenbestände von sehr unterschiedlichem Alter. Hier fanden wir im Jahre 1987 in einer vom Forstamt durchgeführten Verjüngung eine junge Blutbuche, nicht höher als 1,20 Meter. Ein Zufallsfund wie dieser ist für eine Lehrveranstaltung ein Glücksfall und führte umgehend zu einer Diskussion über die Entstehung solcher Formen. Erster Vorschlag: Jemand hat sie angepflanzt. Das wurde rasch verworfen. Zweiter Vorschlag: Es steht irgendwo in der Nähe eine Blutbuche, eine Mutterpflanze, deren Pollen den Sämling mit dem Gen für Rotfärbung versehen hat. Es ist etwa ein Kilometer zum Forsthaus Gretenberge, wo Blutbuchen stehen, und anderthalb Kilometer bis zum nächsten Wohngebiet. Ganz ausgeschlossen ist diese Möglichkeit also nicht, und mit einigem Aufwand könnte man sie sogar mit molekularbiologischen Methoden verifizieren. Interessant war für mich, dass eine dritte Möglichkeit gar nicht erwogen wurde: nämlich dass es sich hierbei um eine spontane Bildung handeln könnte, dass es zwar sehr selten, aber keineswegs unnatürlich ist, wenn unter Tausenden von Sämlingen einmal einer mit rotem Laub auftaucht. Zu sehr dominiert die Vorstellung, dass es sich bei der Blutbuche um eine Kulturpflanze und um nichts anderes handelt.

»Der Baum ist ein Organismus, der am bedeutendsten wirkt, wenn man ihn ganz überblickt«, hat Alfred Lichtwark, der erste Direktor der Hamburger Kunsthalle, in einem Aufsatz geschrieben. So gesehen sind die rund 40 Meter Abstand, aus denen ich die Blutbuche im Nachbargarten überblicke, ideal: Der Baum kann seine Wirkung eindrucksvoll entfalten. Leider versperren Gebüsche den Blick darauf, wie der starke Stamm aus der Erde steigt, wodurch dem Betrachter Entscheidendes entgeht.

> *»Alle technischen Leistungen der Menschheit langen nicht hinauf zu dem Werk statischer Kunst, das hier der lebende Organismus vollbringt mit dem Stamm, der die Masse der Krone so sicher trägt, obwohl sie dem Wind eine ungeheure Angriffsfläche bietet. Wird der Fuß des Baumstammes verdeckt, so bleibt der organisch wichtigste Punkt unsichtbar, die Stelle, wo der Stamm in die Wurzel übergeht.«*

So weit Alfred Lichtwark, der nicht nur Kunsthistoriker, sondern auch ein sehr inspirierender Natur- und Gartenschriftsteller war.[3]

Blutbuche in Groß-Borstel im Winter

»Meine« Buche steht in einem gut 3000 Quadratmeter großen Gelände, das zu einer Villa aus dem späten 19. Jahrhundert gehört. Wie es damals Mode war, wurde der Garten als Arboretum gestaltet, als parkartig angelegte Gehölzsammlung. Und hier ist man mit Überlegung vorgegangen, was bei derartigen Anlagen nicht selbstverständlich ist. Man kann bei der Auswahl, bei der Platzierung und bei der Pflege der Gehölze viele Fehler machen, die sich erst spät zu erkennen geben. Ein Arboretum erfordert einen langen Atem. Der größte Fehler besteht darin, die Bäume zu eng zu pflanzen, man möchte ja rasch den Garten füllen. Wenn man dann nicht den Mut findet, rechtzeitig mit Säge und Axt einzugreifen und die Gehölze frei zu stellen, die einmal das Bild des Parks bestimmen sollen, wird sich das Ganze zu einer Stangenholzdichtung entwickeln. Die Eigenart der einzelnen Bäume kommt darin nicht mehr zur Geltung.

Nicht so in meinem Nachbargarten. Die Nordmanntanne hat eine wunderbare schirmförmige Krone entwickelt, die Äste darunter stehen waagerecht ab. Frei und unbedrängt erhebt sie sich über ihre Umgebung und wird an

Höhe nur von der Buche übertroffen. Rechts davon im Vordergrund steht eine besonders schlanke Form der gewöhnlichen Fichte. Solche Formen entwickeln sich innerhalb dieser weitverbreiteten Art vor allem in nordischen und alpinen Gebieten mit schneereichen Wintern, denn breit ausladende Äste würden rasch unter der Schneelast zusammenbrechen. Vielleicht stammt sie aus Skandinavien oder Nordrussland. Man möchte fast eine didaktische Intention dahinter vermuten, diese Form genau neben die Nordmanntanne zu platzieren, die in ihrer Heimat im Kaukasus nicht mit großen Schneelasten fertigwerden muss, so als ob man die unterschiedlichen Kronenformen der Nadelgehölze und ihre Beziehung zur Umwelt demonstrieren wollte. Vielleicht war aber auch nur einfach die Freude an der Zusammenstellung bizarrer und einprägsamer Baumgestalten ausschlaggebend. Japanische Lärche, Hemlock, Himalaya-Zeder und Blaufichte kommen hinzu. Die Nadelgehölze dieses kleinen Arboretums galten um 1900 noch als rar und kostbar. Heute jedoch, nachdem die Rasen-Rosen-Koniferenwelle in den 60er Jahren über unsere Hausgärten hinweggegangen war, sind sie in der Hamburger Wohnbebauung mehr oder weniger zur Dutzendware geworden. Ein schön gewachsener Bergahorn vollendet das Bild. Nach dem sonnenreichen Sommer 2003 ist er besonders üppig mit Früchten behangen. Unterpflanzt sind die Baumriesen mit Rhododendrongebüsch.

Aber der beherrschende Baum ist die Blutbuche. Sie steht in der Hauptachse des Hauses, zu dem ihre Entfernung 35 Meter beträgt. So konnten die Eigentümer sie von der Terrasse oder von den oberen Stockwerken tatsächlich ganz überblicken. Sie haben offenbar gewusst, dass große Bäume ein Haus optisch erdrücken können und aus der Nähe sogar einschüchternd wirken. Ganz zu schweigen von anderen Nachteilen, etwa vom Laubfall oder vom tiefen Schatten, in dem kaum etwas wächst und im Sommer nichts blüht.

Solche »Solitäre« sind keine Hausbäume, sondern erfordern einen gebührenden Abstand. Dies wird in privaten und öffentlichen Anlagen oft vergessen.

Ich denke da an den Amsinckpark in Hamburg-Lokstedt oder an den Park Langes Tannen in Uetersen. In beiden Fällen hat man riesige Hängebuchen neben die Herrenhäuser gepflanzt und damit ohne Not viel von der Raumwirkung der Anlagen verspielt.

Ein Arboretum wird definiert als ein Garten oder Gartenteil, welcher der Gehölzsammlung dient. Es gibt öffentliche Arboreten, etwa in Botanischen Gärten oder Staatsbaumschulen, und private. Ursprünglich war die Sammlung von Gehölzen eine Art botanische Großwildjagd, ein exklusiver Sport, zu dessen Ausübung in großem Umfang Geld, Muße, Kennerschaft und Immobilienbesitz erforderlich waren, und daher für lange Zeit ausschließlich Landedelleuten oder privatisierenden Industriemagnaten vorbehalten war. Wenn man von einigen Vorläufern absieht, sind die Arboreten eine typische Erscheinung des 19. Jahrhunderts. Durch die verbesserten Verkehrswege kamen unglaubliche Mengen exotischer Pflanzenarten nach Europa. Überall auf dem Kontinent wurden, dem Beispiel Englands folgend, Gartenbaugesellschaften gegründet, Gartenzeitschriften herausgegeben, Ausstellungen veranstaltet. Vor den Toren der Großstädte legten reiche Adlige und Kaufleute parkartige Besitzungen an, die mehr und mehr die hauptsächliche Aufgabe hatten, die für viel Geld erworbenen botanischen Schätze angemessen zur Geltung zu bringen. Am Ende des Jahrhunderts hatte die Mode der Arboreten den bürgerlichen Hausgarten erreicht, und die typischen »bürgerlichen« Gehölze waren genau solche Exoten wie Blaufichte, Hemlock oder Nordmanntanne.

Buchenblatt

Wenn in Gartenbüchern für diese Pflanzen geworben wurde, fielen oft Ausdrücke wie »sehr effektvoll«, »hervortretend schön« oder »sehr eigentümlicher Charakter«. Die Blutbuche stand dabei unter allen buntlaubigen Gehölzen an erster Stelle, sie galt Ludwig Beissner als *»sparsam angewendet von herrlicher Wirkung«*, und nach den Brüdern Siesmayer, den Schöpfern des Frankfurter Palmengartens, ließ sich diese *»unbeschreiblich großartige Wirkung«* noch steigern, wenn man den Baum mit weißbunten Gehölzen umgebe. Aber sonst erreiche sie, wie jede Pflanze, ihre volle Schönheit und Eigenart erst in der Einzelstellung, als Solitär.[4]

Die Konzentration auf die Einzelpflanze und ihre Ausdruckskraft, die ein gelungenes Arboretum ausmacht, führte allerdings dazu, dass die malerische Gestaltung der Gesamtanlage, ihr künstlerischer Entwurf, den man im 18. Jahrhundert als Hauptaufgabe aller Gartenkultur angesehen hatte, in den Hintergrund trat. Entsprechend groß war der Streit

> *»zwischen zur Mäßigung aufrufenden Gartenkünstlern und solchen, die das Verbotene, Übertriebene dennoch taten«,*

wie es der in Potsdam lebende Gartenhistoriker Clemens A. Wimmer formuliert. Er kommentiert die Entwicklung der Arboreten vom gartenkünstlerischen Standpunkt aus denn auch mit einem gewissen Sarkasmus:

> *»Der Gartenbesitzer war der Notwendigkeit enthoben, Kunstverstand einzusetzen, indem er die Kunst in Gestalt von Gehölzen, die durch Herkunft oder Zucht künstlich wirken, fertig in der Baumschule kaufen konnte. Pflanzen sammeln kann jeder, auch ohne über größere Mittel zu verfügen, und botanische Kenntnisse sind leichter zu erwerben als künstlerische Fähigkeiten. Das Pflanzensammeln auf der*

Grundlage der Naturwissenschaft erfreute daher auch Bürger und Frauen, während die Gartengestaltung auf Grundlage der Kunst vor allem ein Vergnügen des männlichen Adels war. Höhepunkt des Gehölz-Individualismus war der bürgerliche Hausgarten.«

Und er schlägt einen Bogen zu den Friedhöfen und Vorgärten unserer Tage:

»Das Sammeln exotischer Gehölze und Sorten wurde von den unteren Bevölkerungsschichten aus dem bürgerlichen Villengarten der Gründerzeit in die Vorgärten und Grabbepflanzungen übernommen, wo es sich bis heute gegen künstlerische, heimatpflegerische und ökologische Ambitionen behauptet.«

Noch weiter ging Georg Pniower, einer der führenden Gartengestalter der ehemaligen DDR. Er wies auf die naheliegende Identifizierung des Menschen mit seinen Pflanzen hin und behauptete, dass in dem Maße, wie die Gesellschaft den Gemeinsinn aufgab, sie die Zusammenhanglosigkeit der Gehölze liebe.

An diesem Punkt fühle ich mich als Liebhaber der Blutbuche endgültig ertappt.

Und erneut unter dem Zwang, mich dafür rechtfertigen zu müssen. Ich werfe einen Blick auf den würdevoll dastehenden Baum im Nachbargarten und beschließe, nichts dergleichen zu tun.

Eine einzigartige Möglichkeit zur Erfassung der Blutbuchen in Hamburg bietet sich, wenn man an einem schönen Sommertag mit einem Heißluftballon über der Stadt schwebt. Wer sich dieses Vergnügen nicht leisten möchte, kann eine solche Ballonfahrt auch am Computer mit Google Earth simulieren. Die großen Blutbuchen bilden schwarz-rote Tupfer in dem mit dem lebhaften Grün der Laubbäume durchsetzten Häusermeer. Allenfalls kann man sie mit der Blutform des Spitzahorns verwechseln, aber diese ist seltener, und die Bäume werden auch nicht so groß. Letztlich spielt es auch keine große Rolle, denn die anderen buntlaubigen Solitärbäume haben ein ähnliches Verbreitungsmuster wie die Blutbuche.

Unverkennbar ist die Blutbuche an Quartiere gebunden, die in den knapp 50 Jahren zwischen der Gründerzeit nach 1870 und dem Ersten Weltkrieg erschlossen und bebaut wurden,

und das sind vor allem die heute so teuren Wohngebiete in Hamburg an Alster und Elbe: die Elbchaussee und ihr unmittelbares Hinterland von Altona bis zum Falkenstein, ein zwölf Kilometer langer und maximal zwei Kilometer breiter Streifen. Die Stadtteile rechts und links der Außenalster: Rotherbaum, Harvestehude und vor allem Uhlenhorst und Winterhude, wo wir rund um den Feenteich und den Rondeelteich die höchste Blutbuchenkonzentration Hamburgs antreffen. Ferner die nach 1900 entstandenen Villenvororte Lokstedt, Groß-Borstel und Alsterdorf, auch Wellingsbüttel, Marienthal und

Volksdorf, mit kleineren Nestern in Harburg, Bergedorf, Rahlstedt und Ahrensburg. Im Rest des Stadtgebietes fehlen die Blutbuchen weitgehend bis auf einzelne Vorkommen, die sich bei genauerem Hinsehen als versprengte gründerzeitliche Parks entpuppen. Nur ein oder zwei Blutbuchen gibt es in Eimsbüttel, hier ist ein großer Teil des Baumbestandes wohl den Bomben des Zweiten Weltkrieges zum Opfer gefallen.

Aufschlussreich auch das Vorkommen in Parks. Reichlich Blutbuchen haben Elbparks wie der Jenischpark, der Alte Botanische Garten, Hagenbecks Tierpark und das Gelände des Krankenhauses Eilbek. Im Hamburger und im Harburger Stadtpark ist man deutlich sparsamer damit umgegangen, aber diese Parks sind nach 1914 entstanden, und da war die große Zeit der Blutbuche bereits vorbei.

Der Baumbestand der Großstadt bildet ein historisches Mosaik, seine Bäume können aus ganz unterschiedlichen Herkünften stammen.

Die großen alten Eichen sind Überlebende der vorindustriellen Agrarlandschaft und standen früher auf Knicks zwischen Koppeln, die heute bebaut sind. Andere Altbäume markieren überlebte Moden der Nutz- und Ziergärten: bemooste Apfelbäume, Blutbuchen oder beispielsweise auch große, weit ausladende Magnolien. Wieder andere haben sich spontan angesiedelt: Bergahorne, Salweiden, Götterbäume. Der größte Teil aber ist in den vergangenen 50 Jahren gepflanzt worden, im Zuge der Schaffung neuer Wohngebiete. Offenbar gibt es einen Zusammenhang zwischen dem Alter eines Quartiers, seiner Wohnqualität, den Grundstückspreisen und dem Baumbestand. [5]

Hamburg bezeichnet sich bekanntlich in offiziellen Verlautbarungen gern und mit gewissem Stolz als grüne Stadt, und dies nicht zu Unrecht. Vom Heißluftballon aus hat man selbst über den dicht bebauten zentralen Wohngebieten stellenweise den Eindruck, nicht über einer Stadt, sondern über Wald zu schweben, so dicht schließen die Kronen alter und hoher Bäume aneinander. Für dieses Phänomen ist im englischen Sprachraum vor einigen Jahren der Begriff »urban forest« aufgekommen.

Und es spricht tatsächlich viel dafür, den Gehölzbestand einer Großstadt so zu behandeln, wie ein Förster einen Wald behandeln würde.

Von den Vorfahren übernommen, um ihn für unsere Generation optimal zu nutzen, aber auch in der Verpflichtung, ihn so intakt wie möglich den nach uns kommenden Generationen zu übergeben. Das arg strapazierte Schlagwort dafür lautet Nachhaltigkeit, es wird in zahllosen Diskussionszirkeln, Arbeitsgruppen, behördlichen Gremien und dergleichen gegenwärtig fast zu Tode geritten. Bekanntlich stammt der Begriff ursprünglich aus der Forstwirtschaft.

Ein Dauerthema ist der Zustand der Straßenbäume, vor allem in den dicht besiedelten Gebieten der inneren Stadt. Hier werden sie wegen ihrer ausgleichenden Wirkung bei heißen Wetterlagen besonders geschätzt, aber gerade hier sind sie durch die ungünstigen Boden- und Klimaverhältnisse starkem Stress ausgesetzt. Das senkt ihre Lebenserwartung. Nur etwa zwölf Prozent der Straßenbäume sind älter als 80 Jahre. In jedem Jahr müssen mehr Straßenbäume gefällt werden, als nachgepflanzt werden können. Wie eine Studie gezeigt hat, kommen ausgerechnet die Altbäume mit den veränderten Klimaverhältnissen in der Stadt am besten zurecht, also solche, die vor 100 Jahren oder mehr gepflanzt wurden.[6] Ob die neu gepflanzten Bäume jemals ein Alter von 80 Jahren erreichen werden, ist dagegen unwahrscheinlich, auch wenn man sich bei der Auswahl der Gehölze auf die sogenannten Zukunftsbäume oder Klimabäume konzentriert, die als besonders resistent gegenüber den Bedingungen in der Stadt gelten.

> **Der Baumbestand an den Straßen wird sich ändern, und das gilt ebenso für die Bäume in den öffentlichen Parks und in den privaten Gärten.**

Großbäume wie die Blutbuche werden nicht mehr oder nur in geringem Maße nachgepflanzt. Die Privatgrundstücke sind heute zu klein für Giganten wie Silber- und Trauerweiden, Eichen, Buchen und Pyramidenpappeln. Sie werden auf kurz oder lang aus dem Landschaftsbild unserer Wohngebiete verschwinden. Wahrscheinlich wird, wenn man in 100 Jahren mit dem Heißluftballon über Hamburg schwebt, das lebhafte Grün des Laubwaldes vielerorts dem dunkleren Grün eines Nadelwaldes aus Omorika-Fichten oder Scheinzypressen gewichen sein. Und die braunroten Tupfer der Blutbuchen wird es dann auch nicht mehr geben.

Die Tage der Blutbuchen scheinen also gezählt zu sein. Ich gebe bei einer Internetrecherche die Stichworte »Blutbuche« und »Fällen« ein und bekomme erstaunlich viele Treffer angezeigt. In Barmstedt im Kreis Pinneberg schien im Jahre 2009 dem Verkauf einer 600 Quadratmeter großen Baulücke nicht mehr im Wege zu stehen als eine 150 Jahre alte Blutbuche. Die Kirche wollte das Grundstück verkaufen, um ihr Gemeindehaus zu sanieren, und da es in Barmstedt keine Baumschutzsatzung gibt, sind *»schöne und alte Bäume de facto vogelfrei«*, wie die Lokalzeitung sarkastisch anmerkte. Die Oldersumer fällten eine Blutbuche bei der Kirche, obwohl sie das Ortsbild prägte und seit 1948 als Naturdenkmal eingetragen war. Ähnliche Meldungen kommen aus Münster, Mannheim, Nettetal, Viersen, Peine, Königslutter, und das ist nur die Spitze des Eisberges.

Auch die Blutbuche im berühmten Hirschpark in Hamburg-Blankenese hielt den »streng-vernünftigen« Sicherheitskriterien der Behörden nicht stand. Das *Hamburger Abendblatt* vom 21. Mai 2004 schrieb ihr ein Alter von 250 Jahren zu, was sicher übertrieben war, doch in der Tat war die Krone des Baums zuletzt sehr schütter, gesund sah die Buche nicht mehr aus. Nur wenige blutrote Blattbüschel entfalteten sich an den Zweigenden. Dadurch trat der silbergraue Stamm sehr viel deutlicher hervor. Das zuständige Bezirksamt sah unmittelbaren Handlungsbedarf und sicherte den Baum zunächst mit einem mannshohen, 8000 Euro teuren Zaun. Die Fällung war nur noch eine Frage der Zeit, denn man befand, dass morsches Holz und herunterfallende Äste eine Gefahr für die Parkbesucher darstellten. Einen alten Baum und seine Umwelt ihrem Schicksal zu überlassen kam nicht infrage: »Wenn etwas geschieht, sind wir doch verantwortlich«, sagte der Pressesprecher des Bezirkes. Das Stichwort heißt »Verkehrssicherungspflicht«. Die Anwohner reagierten einigermaßen verständnislos, ärgerten sich über die Verschandelung der Wiese durch den hohen Zaun. Ihrer Meinung nach hätten ein paar Schilder auch gereicht, aber offenbar waren hier ökologisches Verständnis und gesunder Menschenverstand mit der Verwaltungsgerichtspraxis nicht in Deckung zu bringen. Ein paar Monate später war alles vorbei, die Blutbuche im Hirschpark wurde gefällt.

Blutbuche im Hamburger Hirschpark 1995, inzwischen gefällt

Nicht besser ergangen ist es den beiden alten Blutbuchen im Jenischpark im ebenfalls im Westen Hamburgs gelegenen Stadtteil Klein Flottbek, die westlich des Herrenhauses wie ein altes Ehepaar nebeneinanderstanden und als Männer- und Frauenbuche bekannt waren. Nachdem bereits 2011 die Frauenbuche wegen Fäulnis gefällt worden war, musste im Sommer 2018 auch die Männerbuche – die bereits seit ein paar Jahren deutlich geschwächelt hatte – dran glauben.

Spätsommer im Hamburger Stadtpark. Es ist ein gutes Buchenjahr, die 26
Zweige tragen reichlich Fruchtbecher, aber noch sind sie geschlossen und geben ihre Bucheckern nicht frei. Ich beobachte ein merkwürdiges Phänomen: Einige Blätter sind nach außen gedreht, zeigen ihre blassrosa überhauchte Unterseite. *»Das Blatt wendet sich«* ist ein sehr altes Sprachbild, und es ist durchaus möglich, dass es sich ursprünglich darauf bezieht, dass sich zur Sommer-

mitte an vielen Bäumen das Laub wendet. Der römische Naturforscher Plinius hat dieses Phänomen erstmals beschrieben, und der kalifornische Weinproduzent Gallo benutzt es zur Kennzeichnung seiner Marke »Turning Leaf«.

Pinguinbrunnen im Hamburger Stadtpark, umgeben von hohen Blutbuchen

Mein Ziel ist der Pinguinbrunnen. Umgeben ist er von Blutbuchen, die von außen in ihrer Gesamtheit wie ein großer schwarzer Klotz wirken. Ich trete ein und mache noch eine erstaunliche Beobachtung: Die Blätter der im Inneren hängenden Zweige sind keineswegs dunkelrot, weisen nicht den geringsten rötlichen Schimmer auf, sondern sind ganz einfach normal grün. Die äußeren Blätter haben den höchsten Gehalt an Anthocyanen, Blattschicht für Blattschicht nimmt die Konzentration des Pigments von außen nach innen ab, bis am Ende gar nichts mehr davon zu sehen ist. Die im Südwesten stehende Sonne scheint durch das Laubwerk, nur wenige Wochen noch, und das Farbenspiel wird einen letzten Höhepunkt durchlaufen.

Der Pinguinbrunnen ist ein schönes Beispiel für kreative Verwendung der Blutbuche in einem formalen Park des frühen 20. Jahrhunderts. Aber es ist auch ein magischer Ort, denn er verdankt seinen Reiz dem eigentümlichen Licht, das durch das braunrote Laubwerk der Bäume nach innen dringt. Hier gibt es eine Pergola auf Klinkerpfeilern, berankt von Kletterpflanzen, im Ring um ein Beet mit Schattenstauden und kreisförmigem Wasserbecken. Auf der Insel in der Mitte stehen sechs kleine Pinguine. Die Bänke dieses ebenso kühlen wie eleganten Ruheplatzes sind meist alle besetzt. Kein lautes Wort ist zu hören. Ich erinnere mich, wie ich hier einmal einen zauberhaften Sommernachmittag verbracht habe. Ein indisches Brautpaar posierte im gedämpften Licht vor dem Hintergrund des Buchenlaubes für Hochzeitsfotos, während gleichzeitig ein junger Mann Gitarre spielte. Unvergessliche Stunden, in denen tatsächlich ein guter Schutzgeist, ein genius loci, über diesem schattigen Hain aus alten Blutbuchen zu wachen schien.

Bräutigamseiche im Dodauer Forst

 oben: Louis Gurlitt, Blick von Stöfs über den Großen Binnensee, 1875

Gurlitt-Eiche heute

Blutbuche in Hamburg-Uhlenhorst

120 Blutbuche; von unten gesehen erscheint das Laub nicht rot, sondern grün

Wacholder bei Wilsede

Breiter Wacholder im Naturschutzpark bei Wilsede

Heideblüte bei Wilsede

Birkendickicht in Loki Schmidts Urwald

128 Weidenbusch in Loki Schmidts Urwald

Für ihn muss der Himmel offen sein: der WACHOLDER

Von Helmut Schreier

Zum Ende des Sommers hin beginnt die Heide zu blühen. Von Portugal bis Norwegen entfalten Millionen und Millionen von Sträuchern der Besenheide – *Calluna vulgaris* – Milliarden von winzigen Blüten mit violett-rötlichem Ton. Sie verwandeln die graugrünen Bilder der nährstoffärmsten Boden- flächen Europas in leuchtende Teppiche, deren Färbung manche eher als violett, andere eher als purpurfarben wahrnehmen.

Der Höhepunkt der Tourismussaison im Naturschutzgebiet Lüneburger 82
Heide liegt Ende August. Auf dem Parkplatz im Dörfchen Döhle zähle ich an diesem Morgen etwa 50 Autos und vier Reisebusse. Im Naturschutzpark sind Autos verboten; viele Besucher in ihren Kniebundhosen und Westen sind mit Fahrrädern unterwegs, sie radeln auf einem schmalen Sandpfad neben der Straßenspur, die mit holprigen Kopfsteinen aus runden Granitbrocken gepflastert ist; dort verkehren gummibereifte Planwagen, die von Pferdegespannen gezogen werden und jeweils etwa 20 Passagiere fassen. Neben dem Kopfsteinpflaster verläuft der Reitweg aus tiefem Sand. Eine Kavalkade von Mädchen mit samtenen Reitkappen kommt mir auf Ponys entgegen, als ich aus Döhle hinauswandere. Nur wenige sind zu Fuß unterwegs. Auf dem fünf Kilometer langen Weg zwischen Döhle und Wilsede begegne ich genau drei Spaziergängern.

Alle 100 Meter ist ein grün gerahmtes Plastikschild mit Ermahnungen an einem der hüfthohen Pfosten angebracht: *»Wege nicht verlassen, Hunde anleinen, Heide nicht pflücken.«* Aber von Heide ist auf den ersten beiden Kilometern noch nichts zu sehen. Nach dem Durchgang durch ein Wäldchen öffnet sich die Talaue, und eine Brücke führt über das extrem klare Wasser des Baches, die Blätter der Erlen am Ufer sind von Insekten zerfressen, ihr Vorhang aus löchrigen Gespinsten umrahmt den Blick auf eine Pferdekoppel mit zwei braunroten Stuten; weiter, wo sich die Aue schließt, fängt ein ausgedehnter Kiefernwald an, der nach zehn Minuten in einen Fichtenbestand übergeht. Mitten darin ein alter Wacholder, drei armdicke Stämme, aus denen flammenförmig dichte und kahle Besen herausstreben, deren oberster Saum von einer dünnen Wolke aus graugrünen Nadeln verhüllt wird: Dieser Wacholder verkümmert im Schatten der aufstrebenden Fichten.

Das Schicksal der Bäume ist von nichts anderem so weitgehend abhängig wie von ihrem Zugang zum Licht.

Und Wacholder *(Juniperus communis)*, dieser anspruchsloseste von allen, der auf feuchtem und trockenem, auf saurem und alkalischem Gelände zu wachsen versteht, der aus dem nährstoffärmsten Boden noch etwas herauszuholen und an der Südküste Grönlands ebenso wie an der Nordküste Afrikas zu überleben vermag: Dieser Baum, der dem schönen alten Lehrbuch der Botanik *Lebensgeschichte der Blütenpflanzen Mitteleuropas* zufolge das meistverbreitete Nadelholz der Erde ist, hängt vom Zugang zum Licht ab wie kein anderer.[1]

Zeichnungen Bettina Bick

Er akzeptiert jedes Widernis, unter einer Bedingung: Der Himmel über ihm muss offen sein. In der Nacht hat es geregnet, jetzt herrscht strahlender Sonnenschein, der von weißen Wolken gewissermaßen vervielfacht wird. An den Stämmen der alten Birken am Wegesrand ist ein Pelz von grauen Flechten, das Zeichen für nur geringe Schwefeldioxidanteile der Luft. Zwei Fuhrwerke kommen mir entgegen, ich höre schon von weitem Stimmen und Gesang, der in der Waldesstille grotesk laut erschallt: *»Aber der Wagen, der rollt.«* Die Pferde gehen im Trab, und als sie mich passieren, trifft mich eine Wolke ihrer kräftigen Ausdünstung, salpetrig und, für mich, köstlich. Das Aroma hängt in der Luft, solange ich den Gesang noch höre, dann schließt sich wieder die Stille des Waldes. Nach 20 Minuten zeigt sich unvermittelt eine lichte Senke mit grellgrünen Sumpfgräsern, vereinzelten kümmernden Föhren und jungen Birkenstämmen und drei, vier Säulen Wacholder. Allmählich steigt das Land an, Heideflächen erscheinen als Flecken in den Gräsern, und der Wacholder taucht immer häufiger auf, in Trupps und Aufläufen, bis er das Bild nach weiteren fünf Minuten Fußwegs vollkommen beherrscht.

Der Wald tritt zurück, weite Ausblicke öffnen sich, und ich finde mich fast unvermittelt in einer spektakulären Szenerie. Von silbergrünen Wacholdergestalten umzingelt auf einem derart vollkommen violett eingefärbten Teppich, dass es in den Augen brennt. Ein glühendes Signal für unbekannte Lebewesen, die diesen Planeten möglicherweise aus dem All beobachten: Die Erde leuchtet.

Was wäre, wenn all das, was wir sonst als grün wahrnehmen, violett erschiene und umgekehrt all das, was wir violett sehen, als grün? Würde sich mit der Gewohnheit des Anblicks nicht unsere Aufmerksamkeit auf das rare Grün richten, dessen Attraktivität und Leuchtkraft mit der Seltenheit zunähme? Würde das Faszinosum dann vom strahlenden Grün ausgehen und nicht vom Violett, das man in einer violetten Welt für selbstverständlich und normal nehmen würde, so wie jetzt das Grün?

Aber was wäre mit einer solchen Umkehr der Wertschätzung schon bewiesen? Vielleicht kommt es auf die Farbe nicht an, sondern auf unsere Fähigkeit, die Zauber der Welt wahrzunehmen. Im Rausch eines selten gewordenen Grüns wäre derselbe Satz zu sagen, der sich angesichts der violett blühenden Heide aufdrängt: Die Erde leuchtet. Es zeigt sich in dieser Stunde an diesem Ort, dass die Welt ein aufregender, wunderschöner, tragischer und heiterer Platz ist, die Kulisse für ein Drama, in dem sich alles Vorstellbare und Unvorstellbare ereignen kann.

Viele, die über den Wacholder geschrieben haben, betonen die Wandlungsfähigkeit seiner Gestalt; halb Strauch, halb Baum, kann er die verschiedensten Formen annehmen.

Er kann am Boden kriechen wie ein Kraut oder einen besenartigen Strauch bilden wie der Ginster oder ein Gebüsch wie der Holunder, oder eine Säule wie die Zypresse oder einen Baum mit ausgeprägtem Stamm und ausladenden Ästen wie die Eberesche. Aber hier in der Heide gibt es unter 1000 Wacholdern vielleicht drei Dutzend Gebüschformationen, die andern sind alle zylinderförmig.

Manche erinnern eher an eine schlanke Pyramide, einige an einen Obelisken, andere mit leichtem Schwung der Basis und gebogener Spitze an eine Kerzenflamme, wieder andere an das Bündel Flammen, das aus einem Holzstoß herausfährt.

Es ist nicht schwierig, sich die Wacholdersäulen in dieser seltsam aus dem Rahmen des Gewohnten herausfallenden Landschaft um Wilsede als Flammensäulen vorzustellen, die wie Erdölfackeln aus der Erde emporsteigen.

Das Grün des Wacholders flimmert ähnlich wie die Luft in der Ferne über heißem Asphalt. Auf den 1000 Zweigen eines Baums sitzen Zehntausende von Nadeln, die das Licht mehr oder weniger glänzend reflektieren, dazwischen Vertiefungen wie bei einem Schwamm, die das Grün verdunkeln. Betrachtet man eine benadelte Fläche aus einiger Entfernung, so changieren die Grüntöne zwischen Silbern und Lindgrün und Dunkelgraugrün. Tritt man heran, so zeigen sich die Zweige wie Fasern einer Besenfigur, die sich um eine Mitte schmiegt, nur die äußeren Spitzen der Zweige beugen sich oft nach außen wie schlaffe Hände.

Der Wacholder bedeckt die Heide, weil er als einziger Baum mit seinen Nadeln gegen den Verbiss durch Heidschnucken gefeit ist.

Hier und da wächst im Schutz seines Nadelgewands eine Birke, eine Eberesche oder eine Eiche heran, dicht an den Wacholder gedrängt, dem sie allmählich das Licht nimmt, weil sie viel rascher wächst als der extrem langsam in die Höhe strebende Gastgeber. Es gibt tote Wacholderbesen, einer steht als Ruine im Schatten einer fünf Meter hohen Eiche, und ein anderer, zur Hälfte kahl, auf den der Schatten der konkurrierenden Esche fällt und dessen lichtzugewandter Teil noch grün benadelt erscheint. Ich schaue mir die Innenansicht eines Wacholders an – dieser struppigen Besenwand – und finde eine beschriftete Illustration der botanischen Charakteristik des Gewächses. Es investiert seine ganze Kraft in die Bildung immer neuer winziger Zweige, statt wie Birke oder Esche emporzustreben. So bleibt der Wacholder im Wachstum zurück, soll dafür aber bis 2000 Jahre alt werden können, lese ich. Die stärksten Stämme, aus denen die Besen heraustreiben, sind von faseriger Textur wie Muskeln oder besser wie ein dickes Tau; denn sie sind alle in sich gedreht, und alle, die ich betrachte, im Uhrzeigersinn.

Die Rechtsdrehung, die lebenden Dingen innewohnt – auffällig an den Schneckenhäusern und den Lianen – wird als »Chiralität« bezeichnet, als »Händigkeit« einer gewissermaßen zur Rechtshändigkeit neigenden Welt. Als Kinder suchten wir unter den üblichen rechtsherum gedrehten Schneckenhäusern ein linksgedrehtes; wenn wir eines fanden – selten wie ein vierblättriges Kleeblatt –, so nannten wir es den »Schneckenkönig«. Bei der Drehung der Dinge, die den »Schneckenkönig« zur Rarität macht, handelt es sich um ein noch unerklärtes Muster, eine strukturelle Tendenz der Lebewesen, über deren Ursache es interessante Vermutungen gibt. Am Anfang, so die vorherrschende Annahme, haben die chemischen Reaktionen im organischen Bereich stets gleiche Anteile rechter und linker »Spiegelbilder« produziert. Der Anstoß für die »Händigkeit« der Lebewesen sei in Gestalt von Meteoriten aus dem Weltall gekommen, vermutet die Chemikerin Sandra Pizzarello.[2] Die Aminosäuren, die in manchen Meteoriten enthalten sind, weisen ein Übergewicht an linksdrehenden Säuren auf, das sich bei Laborversuchen zur Reaktion mit irdischen Verbindungen in ein Übergewicht rechtsdrehender Substanzen umkehrte. Vielleicht liegt hier die Ursache für den Anblick, den der Stamm des Wacholders bietet: In seiner Drehung tritt eine Reaktion der organischen Chemie zutage, die durch Einflüsse aus dem Weltall angestoßen worden ist.

Die Nadeln sind so spitz, dass sie auch ohne Widerhaken manchmal in der Hornschicht von Hand und Finger stecken.

Botanisch gesehen handelt es sich allerdings um Blätter, die sich als Nadeln geformt haben.

In Quirlformationen aus dreien stehen sie um den Zweig herum, und Quirl um Quirl zeigt jedes von ihnen einen weißen Streifen in der Mitte, der auf jeder Seite von einem grün aufgeworfenen Streifen flankiert ist; hier kann man vielleicht die Reste eines Blattes erahnen, das sich an jeder Seite so sehr zusammengerollt hat, dass es zu einer Art spitzer Lanze – einer brauchbaren Waffe im Überlebenskampf – geworden ist. Unter den Bäumen liegt eine Schicht gefallener Nadeln, die sich im Lauf der Jahre angesammelt haben und eine handtellerbreite Lage bilden, die aus grauen und schwarzen statt weißgrün gestreiften, aber kaum zersetzten Teilchen besteht. Auch die toten Nadeln stechen. Ich muss mit der linken Hand das Nadelkissen an den Fingerkuppen meiner rechten Hand einzeln abzupfen. Nur an den geneigten Spitzen der Zweige, wo sie sich in einer Art Knospe zusammendrängen, sind sie weich und zart wie junge Blätter.

An einigen Bäumen sitzen die Zweige voller Beeren, an anderen findet sich keine einzige.

Der Wacholder ist im Prinzip zweihäusig, es gibt männliche Bäume, die nur winzige Blüten tragen, aber keine Früchte, und weibliche, die voller grüner und blauer Beeren sind.

Doch wie viele Prinzipien ist auch dies nicht absolut gültig, jedenfalls nicht bei diesem Gewächs. Ab und zu findet man weibliche Bäume mit männlichen Blüten und männliche Bäume mit weiblichen Blüten und Früchten. Wie die Nadeln bei botanischer Betrachtung keine Nadeln sind, so sind die Beeren keine Beeren, sondern genau genommen Zapfen, die aus drei miteinander verwachsenen Schuppen bestehen. Graugrüne, gelbgrüne Beerenschuppen, nicht größer als Zuckererbsen, umhüllen einzelne Zweige vollständig. Daneben finden sich blaue und schwarzbraune Kugeln. Zum Heranreifen lassen sie sich bis zu drei Jahre Zeit, sodass an einem Zweig bis zu drei unterschiedliche Stadien von Beerenzapfen zu finden sind. Sie alle sitzen in den Nadelachseln, unmittelbar auf dem Zweig, und zeigen ein Gesicht von drei Linien, denen entlang die Schuppen zusammenwachsen. Die Dreieckszeichnung erinnert an einen Mercedesstern, in dessen drei Feldern kleine Aufzipfelungen stehen, als ob jemand die noch weiche Frucht an dieser Stelle gekniffen und gezupft hätte. Man hat in einigen Teilen dieser Pflanze, zum Beispiel bei den Stellungsverhältnissen der weiblichen Blüten, auch andere Konstellationen als die Dreizahl beobachtet: In der Lebensgeschichte der Blütenpflanzen Mitteleuropas werden Zweier-, Vierer- und Fünferordnungen beschrieben. Aber der dreizählige Quirl ist der Normalfall: drei Fruchtschuppen und drei Hochblätter, drei als Nadeln ausgebildete Blätter auf einer Ebene mit jeweils drei Feldern, drei Jahre Reifezeit.

Das Dreifelder-Muster mit den drei Zipfeln erscheint bei reifen Beeren ein wenig schwächer. Sie sind, ähnlich wie die Früchte der Schlehe, von einem blauen Reif bedeckt, wischt man ihn ab, so kommt die schwarze Haut darunter zum Vorschein. Die körnige Textur ist auf der Zunge zu spüren, sie erinnert daran, dass es ein Zapfen ist und keine Beere, eine Frucht mit intensiv harzigem Aroma. Im Vergleich schmeckt die Heidelbeere vom Strauch nebenan viel weicher, viel süßer, ihr Aroma ist aber auch schwächer und viel rascher vergangen. Man hat ermittelt, dass die Wacholderbeere zu einem Drittel aus Zucker besteht, zehn Prozent Harz enthält und bis zu zwei Prozent ätherische Öle. Im Mittelalter galten die seltsamen Wacholderbeeren als Heilmittel gegen alle möglichen Leiden, mit Wacholderzweigen räucherte man die Räume als Schutz vor der Pest aus – eine Praxis, die von französischen Krankenschwestern sogar noch in Lazaretten des Ersten Weltkrieges ausgeübt worden sein soll, wie es in Berichten aus der Zeit heißt. Die Beeren wirken stark wassertreibend, und Nierenkranke werden davor gewarnt, sie zu essen.

Sie sollen auch ein Abtreibungsmittel sein, allerdings im Vergleich zu denen des Sadebaums *(Juniperus sabina)*, einem nahen Verwandten des Wacholders, von viel geringerer Wirksamkeit.

Die blauen Beeren des Sadebaums galten in der Volksmedizin als das Abtreibungsmittel schlechthin; Hebammen, die den Baum in ihren Gärten gepflanzt hatten, wurden von Ärzten bei der Obrigkeit denunziert; die preußischen Gerichtsakten über Kindsmord aus dem 18. Jahrhundert zeigen, dass die Mütter häufig vor der Tötung des Kindes mit Sadebaum abzutreiben versucht hatten, in diesen aktenkundig gewordenen Fällen vergeblich.[3]

Der Gemeine Wacholder ist zwar keine Giftpflanze wie der Sadebaum, aber Giftigkeit wird den Beeren in der Volksmedizin ebenso nachgesagt wie Heilwirkung. In der Schnapsbrennerei spielt er eine wichtige Rolle, Steinhäger, Gin und Genever werden mit vorgegorenen Wacholderbeeren aufgesetzt. Getrocknet sind sie als Küchengewürz zum Würzen von Sauerkraut und für bestimmte Fleischgerichte verbreitet in Gebrauch. Das Fleisch derjenigen Tiere sei besonders geeignet, so eine Küchenweisheit, die dem Wacholderbaum zu Lebzeiten hätten begegnen können, also Wildschwein, Hirsch, Reh, Hase, Kaninchen, Fasan und Rebhuhn. Der Krammetsvogel – die Wacholderdrossel – bleibt bei einer solchen Aufzählung jagdbarer Tiere seit etwa 100 Jahren ausgeklammert, obwohl es dieser Vogel ist, der sich vor allem von den blauschwarzen Beeren ernährt und deshalb früher an erster Stelle genannt wurde, wenn man Wacholdergerichte aufzählte. Man erkennt ihn unter anderem daran, dass er während seiner Flüge von Strauch zu Strauch zwitschert und singt.

Rechtsdrehender Wacholderstamm

Wilsede ist ein weitläufiges Museum, in dem Erinnerungen an das ländliche Leben vor allem aus dem 19. Jahrhundert in dieser Gegend zu einer Art begehbarem Panorama zusammengestellt wurden, zur Zeitschleuse in eine vergangene Welt.

Große alte Bäume, Buchen und Eichen, machen das Gelände zum Park, in dem reetgedeckte Bauernhäuser und Treppenspeicher verstreut sind, miteinander durch ein Netz von Sandwegen verbunden.

Vom Flugzeug aus würde diese Idylle unter den alles abdeckenden Baumkronen kaum zu sehen sein. Es ist, als ob die Ordnung und Aufgeräumtheit der Ortschaften im Heideland, die schon bei der Durchfahrt mit dem Auto ins Auge fällt, in diesem Museumsdorf ihre ultimative Gestalt fände. Man weiß, dass heile Welten stets eine Illusion sind, aber die Vorstellung der Möglichkeit eines Lebens, in dem alles seinen Platz und seine Ordnung im Gefüge eines harmonischen Ganzen hat, entfaltet beim Wandern in diesem Ort eine wie aus der Zeit gefallene Wirkung.

Als die Soldaten der britischen Armee im Frühjahr 1945 in die Heide-Ortschaften eindrangen, waren sie von den großen, gepflegten Bauernhöfen beeindruckt. Als sie in das Lager von Bergen-Belsen kamen, fanden sie Leichenberge. Sie zwangen die Bevölkerung der umliegenden Ortschaften dazu, das Lager zu besichtigen. Es gibt Fotos: Alte Bauern und Frauen in Sonntagskleidung, mit verängstigten Gesichtern. Es gibt Berichte von den Sprechchören, die sich spontan bildeten: *»Das haben wir nicht gewusst.«* Beim Besuch der Gedenkstätte Bergen-Belsen an einem November-Sonntag war ich von der parkartig angenehmen Gestaltung des Geländes überrascht; beim Rundgang zwischen den Grabhügeln mit den kleinen Plaketten davor, auf denen die ungefähre Zahl der Toten angegeben ist – 800, 1500, 2000 –, erscheinen Birken, Kiefern und Wacholder als landschaftsgestaltende Elemente, die zum pietätvoll-friedlichen Rundgang einladen.

Vor allem die Wacholdersäulen verleihen dem offenen Teil des Parks den Charakter eines gepflegten Friedhofes. Weiter hinten, wo er einen eher waldartigen Charakter annimmt, liegen die Gedenkstätten für Zehntausende russischer Kriegsgefangener, die während des Zweiten Weltkrieges in deutschen Lagern verhungerten.

Mir geht die Frage nach, ob die Idylle dieser Gedenkstätte die Grausamkeit des Geschehens, an das hier erinnert werden soll, nicht abdeckt und beschwichtigt. Wäre es nicht richtiger, die ganze Heideschönheit zu entfernen und die Massengräber mit Glasplatten abzudecken? Besucher würden von Plattformen mit der Wirklichkeit des Geschehens konfrontiert. Heute taucht sogleich der inzwischen verbreitete Gedanke an den *Dark Tourism* auf, also die Geschäftsidee, das Leiden zum Beispiel in Auschwitz, in Hiroshima, in mittelalterlichen und neuzeitlichen Folterkellern touristisch zu vermarkten. Was geschmacklos und unmoralisch erscheint, funktioniert in der Praxis deshalb, weil Leiden, Tod und Zerstörung auf viele von uns faszinierend wirken. Die vielschichtige Bedeutung der Dinge, über die im Wortsinn das Gras gewachsen ist, erfordert besondere Achtsamkeit der Darstellung, Achtsamkeit und einen genauen Blick.

Auch die Schönheit des Museumsdorfs Wilsede spiegelt eine Illusion. Das autarke Leben der armen, aber freien Bauern, geordnet vom Jahreslauf und der Natur, wo alles seinen Platz hat und seine Stunde, bietet – zum Greifen nah in Gerätschaften und Einrichtungsgegenständen – den attraktiven, aber unerreichbaren Gegenentwurf zu meinem auf vielfache Weise abhängigen und entwurzelten, ungeordneten Leben. Das Leiden der endlosen Plackerei, die der Landbau in der Heide über Jahrhunderte für die Menschen mit sich brachte, bleibt verborgen.

Man muss das Heideland zu lesen verstehen, um diese Dimension zu erahnen.

Das Heideland repräsentiert ein Wechselspiel von Natur und Kultur und ist als eine Kulturlandschaft wahrzunehmen:

Durch die Bewirtschaftung des Landes von Menschen zustande gekommen, ist es auf ein andauerndes Eingreifen angewiesen, um erhalten zu bleiben.

Überließe man die Heide dem Lauf der Dinge, sie wäre in wenigen Jahrzehnten verschwunden, untergegangen in dichten Wäldern,

in denen die mit Heidekraut bedeckten Flächen verschwunden wären, weil sich im Boden Nährstoffe ansammeln würden, die es vertreiben, und auch die Wacholdersäulen, die auf reicheren Böden ebenso gut und besser leben könnten, denen aber der Zugang zum Licht von den anderen Bäumen genommen wäre.

»Von Natur aus« – wenn diese sprachliche Wendung in Europa überhaupt einen Sinn hat – ist die norddeutsche Tiefebene ein Waldland. Die Rodung der Wälder hat die Heide erst zustande kommen lassen. Manchmal wird in diesem Zusammenhang die Saline in Lüneburg ins Spiel gebracht. Die Salzgewinnung durch Sieden der aus dem Berg gewaschenen Sole in breiten Pfannen über Feuerschächten verlangte massenhaft Holzkohle, und die Lüneburger Heide, so heißt es, sei als Nebenprodukt dieser Industrie in die Welt gekommen. Aber diese Geschichte stimmt nicht, denn die Heide war schon lange da, bevor mit dem systematischen Salzabbau im Mittelalter begonnen wurde.

Sie ist schon vor 5000 Jahren entstanden.

»*Kulturlandschaft*« sagen wir heute, aber noch vor 200 Jahren sah Alexander von Humboldt in ihr eine wüstenartige naturgegebene Einöde.

Angesichts der Tatsache, dass in Mitteleuropa nirgendwo ursprüngliche Natur zu finden ist, trifft die Bezeichnung *»naturgegeben«* an keiner Stelle mehr zu. Was es gibt, ist eine Art Dialektik zwischen Gesellschaft und Natur, die ökonomisch so eingespielt ist, dass die Landschaft erhalten bleibt und einen Ertrag für die sie bewirtschaftenden Menschen abwirft. Für diese Wechselwirkung, diese Balance liefert die Heide ein schönes Beispiel.

Grundlage der Bewirtschaftung war eine raffinierte Form des Ackerbaus, bei dem Roggen, Rauhafer und Buchweizen in drei aufeinander folgenden Jahren angebaut wurden, um das Land anschließend mehrere Jahre lang ruhen zu lassen. Während der Ruhephase wurde es mit »Plaggen« gedüngt, Heidepflanzen samt der dünnen Humusschicht, die der Heide mühsam mit der Hacke abgeplackt wurden. Die Ausmagerung des Heidebodens durch die Plaggenwirtschaft ist – so erkennt man nach heutiger Einschätzung mit dem durch die Ökologie geschulten Blick – trotz der Beweidung mit Heidschnucken notwendig, um das allmähliche Vordringen des Waldes zu verhindern. Neben dem Ackerbau hielt man Heidschnucken, eine besonders genügsame, aus Sardinien und Korsika stammende Mufflonrasse; sie fressen Heidekraut, aber auch jedes aufkommende Bäumchen, Birke oder Eiche, mit der einzigen Ausnahme des Wacholders. Bienen sammeln Nektar und Pollen von der blühenden Heide und stellen Honig her, der im Mittelalter vor allem zum Süßen des sauren Weines begehrt war und damals, in einer Welt ohne Zucker, vergleichsweise hohe Preise erzielte.

Eine andere verbreitete Methode zur Verjüngung des Heidekrauts war neben dem Abplaggen das Abbrennen der Heide, das auch die Wacholdersträucher zeitweilig zum Verschwinden brachte.

Ein bizarres Schauspiel, wenn der Feuersaum des Flächenbrandes einen Wacholder erfasste und den Baum entflammte, der explosionsartig Feuer fing und als lodernde, knisternde Feuersäule verbrannte. Die Asche vermehrte den Wert der Plaggen als Düngemittel.

Die Plaggenwirtschaft scheint sich auf den armen Sandböden Norddeutschlands bereits in der Anfangsphase des Ackerbaus, während der sogenannten neolithischen Revolution vor etwa 5000 Jahren, etabliert zu haben. Dabei spielte das einfache Zahlenverhältnis von eins zu zehn eine grundlegende Rolle: Um auf diesen armen Böden eine Ackerfläche für den Anbau nutzen zu können, ist etwa das Zehnfache der gleichen Fläche an Heideland nötig. Anders ausgedrückt: Um einen einzigen mageren Acker bestellen zu können, muss der Bauer die zehnfache Fläche regelmäßig mit der Hacke abtragen und als Dünger aufbringen. Eine Plackerei, die einer Verschärfung des Fluches gleichkam, mit dem Gott die ersten Menschen aus dem Paradies trieb. *»Verflucht sei der Acker um deinetwillen, mit Kummer sollst du dich darauf nähren dein Leben lang.«* (1. Mose 3,17)

Unter agrarökonomischem Blickwinkel handelte es sich um zwei unterschiedlich bewirtschaftete Böden: das landwirtschaftliche Außengebiet der violett blühenden Calluna-Sträucher und der Wacholderbäume, wo mithilfe von Heidschnucken und Bienen Fleisch und Honig gewonnen wurde, und das landwirtschaftliche Innengebiet, auf dem Ackerbau zur Produktion von Roggen, Hafer und Buchweizen betrieben wurde. Die Erträge im Innengebiet (»infield«) waren von der Düngung durch den Humus abhängig, der im Außengebiet (»outfield«) von Calluna angehäuft und dann abgeplackt wurde – dies machte höchstens zehn Prozent der Fläche des »outfield« aus. Man muss sehen, dass die eingespielte Doppelbewirtschaftung des Bodens die einzige Möglichkeit zur Düngung bot.

Ohne die dauernde systematische Herstellung armen Bodens und die Nutzung des dabei gewonnenen Humus als Düngemittel wäre in der norddeutschen Tiefebene kein Ackerbau möglich gewesen.

Die Heidelandschaften in Südengland und in Portugal erzählen die gleiche Geschichte wie die Lüneburger Heide: eine Geschichte von Plackerei auf mageren Böden. Nach der Einführung des Kunstdüngers im 19. Jahrhundert änderte sich der Bedingungsrahmen für die Landwirtschaft, und das Ende der Plackerei war gekommen. Damit aber war auch die Heidelandschaft einer rapiden Transformation ausgesetzt.

In den Schriften des Vereins Naturschutzpark werden die Feinheiten der Kreisläufe herausgestellt, die mit der Heidewirtschaft entstanden sind. Zum Beispiel zerreißen die Heidschnucken mit ihren Füßen die zwischen den Heidesträuchern aufgespannten Spinnennetze und machen dadurch den Weg zu den Blüten für die Bienen frei. Aber bei der Wanderschaft kann man immer wieder Anzeichen für die Schwierigkeiten beobachten, die der Erhalt der alten Formen in unserer Zeit mit sich bringt.

So liegen am Wegrand zehn Minuten vor dem Ortseingang nach Wilsede haufenweise frisch geschnittene Birkenreiser, die kleinen Stümpfe der Bäumchen ragen aus dem Heidekraut. Ein Zeichen dafür, dass hier offenbar seit Jahren keine Heidschnucken geweidet haben, und auch dafür, dass Menschen die Rolle der Heidschnucken übernommen haben und sie mithilfe der Heckenschere ausführen.

Auf dem Sandstreifen, auf dem ich entlanggehe, liegen stellenweise Dutzende blau funkelnder Pillendreher, von den selten vorbeikommenden Fahrrädern plattgefahrene Mistkäfer; in den Broschüren heißt es, dass diese Käfer den Heidschnuckendung für ihr Brutgeschäft nutzen. Aber hier am Wege, wo sie massiert auftreten, fallen sie über den Pferdedung her, der auf dem Granitpflaster wegen des Pferdekutschenverkehrs reichlich zu finden ist.

In der Nähe von Wilsede weichen die leuchtend violetten Heideflächen einem falb-gelblichen oder je nach Lichteinfall auch silbern leuchtenden Gras, der Schlängelschmiele, die das Land zur prärieartigen Kulisse macht, auf der die Wacholdersäulen wie ein Indianertrupp erscheinen.

Dieses Gras rückt vor, seit die Plaggenwirtschaft aufgegeben wurde. Im Boden reichern sich dauernd Nährstoffe an – ein Vorgang, der auf den Einfluss des Autoverkehrs zurückgeführt wird. Das Heidekraut, das auf einen nährstoffarmen Boden angewiesen ist, verschwindet, und die Gräser übernehmen das Land, Vorboten der kommenden Bewaldung, falls der Verein Naturschutzpark keine Maßnahmen ergreift, der bereits jetzt für den Erhalt der Heide mithilfe von speziellen Maschinen 750.000 Euro pro Jahr aufwendet.

Hier und da stehen schmale Holzkonstruktionen mit einem Dach mitten im Heidegelände, sogenannte Bienenzäune; ich zähle in einem 30 runde Bienenkörbe, aus Stroh geflochten.

Das erste Fleckchen Land, das in Deutschland als Naturschutzgebiet eingerichtet wurde, schon vor dem Ersten Weltkrieg, ist der Totengrund bei Wilsede; ein Pfarrer namens Bode überredete einen Mäzen, das Gebiet käuflich zu erwerben und die Unveränderlichkeit festzulegen. Erst 1921 – das Gelände war inzwischen ausgedehnt worden – kam es zum gesetzlichen Schutz der Fläche, die heute 23.000 Hektar umfasst. Der Totengrund ist eine überschaubare Talsenke ohne Gewässer – kein See, kein Sumpf, nur Heide im Grund und auf den Hängen, Heide und Wacholder, dessen Säulen vereinzelt stehen wie Zypressen auf einem weitläufigen Friedhof. Die Bäume sind fast alle wenigstens zwei oder drei Meter hoch, aber wie bei einer Skulptur verliert sich das Gigantische mit der Distanz. Die an menschliche Gestalten erinnernde Wirkung scheint mir auch durch die Abstände zustande zu kommen, die sie zueinander einhalten, diese anscheinende Zufälligkeit, mit der sich Muster bilden, die der Platzierung von Menschengruppen auf einer Theaterbühne derart entsprechen, dass man meint, die Skizze einer Szene zu erblicken. Gruppen stehen beieinander, ein Volksauflauf löst sich auf, einzelne Akteure rotten sich zusammen, Flaneure schlendern durch Passagen, ein Trupp marschiert den Hügel hinauf.

Der Totengrund trägt seinen Namen wegen der Unfruchtbarkeit des Bodens. Als die Administration im 17. und 18. Jahrhundert daran ging, die Sümpfe in den Niederungen im großen Stil trockenzulegen, die Erlenbruchwälder abzuholzen und das Wasser in Kanälen und Drainagerohren abzuführen, wurden der Landwirtschaft Böden mit hohen Nährstoffgehalten gewonnen, die sich als enorm fruchtbar erwiesen. Damals wurde das Bild weiter Bereiche Norddeutschlands umgestaltet, sumpfige Auen und Bruchgebiete in Niederungen wurden in fruchtbare Äcker und saftige Wiesen verwandelt. Nur die schon immer trockenen und unfruchtbaren Gründe entzogen sich diesem Transformationsprozess. Sie waren *»tote Gründe«*.

Die Erklärung ist plausibel genug, die Talsenke mag dem kundigen Auge des Agrarsachverständigen als wertlose Sandgrube erscheinen. Aber da ist noch etwas anderes. Der Blick vom Rundweg am oberen Rand, dem man den Namen Hermann-Löns-Weg gegeben hat, fällt hier in ein Amphitheater voller Gestalten.

In der Dämmerung oder im leichten Nebel geht etwas Unheimliches von den Bäumen aus.

Man meint dann manchmal, in den Wacholdergestalten Tote zu erblicken. Vielleicht hängt es damit zusammen, dass der Name Totengrund in seiner Mehrdeutigkeit über all die Jahre erhalten blieb, als ob damit etwas nicht nur in der ursprünglich konkreten Bedeutung von *»unfruchtbar«* gemeint sei, sondern auch im übertragenen Sinn als Tal der Toten. Mir kommt angesichts der seltsamen Versammlung die Traurigkeit des Liedes *Der Traum* von Hermann Löns in den Sinn:

Machangel, lieber Machangelbaum,
in Trauern komm ich her;
ich träumte einen bösen Traum,
das Herze ist mir schwer.
Und wenn er mir die Treue brach,
so will ich schlafen bei dir;
will schlafen bis zum jüngsten Tag,
deinen Schatten über mir.

Machangel oder Machandel ist ein altes Wort für Wacholder. Eine Passage aus dem Buch der Könige verbindet die tiefe Depression des Propheten Elia mit einem Wacholderbaum in einem Bild, das ich als Urbild aller Melancholie vor mir sehe: *»Er aber ging hin in die Wüste eine Tagereise und kam hinein und setzte sich unter einen Wacholder und bat, dass seine Seele stürbe.«* (1. Könige 19,4)

Weshalb aber der Wacholderbaum? Gelegentlich wird er, obgleich im Süden ebenso verbreitet wie im Norden, als *»Zypresse des Nordens«* bezeichnet. Auch nach botanischer Nomenklatur gehört er zu den Zypressengewächsen. Die Römer hatten Zypressen aus Nordafrika geholt, um sie an ihren Grabmalen zu pflanzen. *»Und keiner von den Bäumen, die du gepflegt hast«*, schreibt der römische Dichter Horaz in seinem Lied über den bevorstehenden Tod *Eheu* *fugaces, Postume, »wird dir zu der kleinen Kammer folgen. Keiner außer den verhassten Zypressen.«* Aber der Hinweis auf die Ähnlichkeit zur Zypresse, dem Totenbaum der Römer, verschiebt nur die Frage, die bleibt:

Weshalb ist der Wacholderbaum Begleiter von Melancholie, Depression und Trauer?

Ist es die Anmutung seiner Gestalt, die an einen in Trauer verhüllten Menschen erinnert? Haben sich im Lauf der Zeit so viele traurige Überlieferungen mit dem Wacholder verbunden, dass er zur Metapher geworden ist, zur Wächtergestalt an der Grenze zwischen Leben und Tod?

Bei einer Tagung »Erinnern und Erben in Deutschland« spricht Hans Keilson im Jahr 2004 über die ehemaligen deutschen Gebiete in Polen und Ostpreußen. Bei dem Versuch, sich die Vertreibung vorzustellen, sich das Leben mit dem Verlust auszumalen, verlässt ihn die Umgangssprache, er hat ein Gedicht geschrieben, das er vorträgt. Wir, das Publikum von vielleicht 30 Teilnehmern, sitzen lange still, nachdem er gesprochen hat. Hans Keilson hat Deutschland als Jude in den 30er Jahren verlassen und später als Arzt den Begriff von der seriellen Traumatisierung geprägt, womit er das Phänomen bezeichnet, dass die Leiden der Eltern in verwandelter Form bei ihren Kindern und Kindeskindern wieder auftauchen. Ein neuer Horizont öffnet sich. Und doch reden wir bei Gesprächen in den Pausen über anderes und kommen auf die auffallenden Blüten an den Büschen im Park zu sprechen, um dabei festzustellen, dass es noch vor 20 Jahren fast undenkbar war, bei einer Tagung über den Holocaust ein Pausengespräch über Bäume zu führen. Ich wiederhole in meinem eigenen, folgenden Vortrag über »Erziehung nach Auschwitz« das mir Offensichtliche: dass wir keine befriedigenden Erklärungen geben können, dass die folgenden Generationen möglicherweise Zusammenhänge erkennen werden, die uns verborgen bleiben, dass wir deshalb eine Verpflichtung haben, das weiterzugeben, was geschehen ist. Später, in der Pause, spricht mich eine Dame an, ob ich denn das Märchen von dem Machandelboom kenne, sie habe es damals in der Schule auswendig lernen müssen. In einer Art monotonen Singsangs und minutiöser Genauigkeit beginnt sie, den Text vorzutragen, den die Brüder Grimm nach der Erzählung des Malers Philipp Otto Runge aufgezeichnet haben. Alle sind essen

Wacholder im Totengrund

gegangen, und ich beschließe, mir die lange, grausame Geschichte anzuhören. Von dem ermordeten Brüderchen, das dem Vater zum Essen vorgesetzt wird, und der Zauberei des Wacholderbaums, unter dem die Knochen vergraben sind, und von den Gaben des Baums, dem schönen Tuch für das Schwesterchen und dem Mühlstein um den Hals der Stiefmutter.

»Do fing de Machandelboom an, sik to bewegen, und de Twyge dede sik jümmer so recht von eenanner und denn wedder tohoop, so recht, as wenn sik eener so recht freut un mit de Händ so dait. Mit des güng dar so'n Newel von dem Boom, un recht in dem Newel dar brennd dat as Führ, un uut dem Führ dar flöög so'n schönen Vagel heruut, de süng so herrlich und flöög hoog in de Luft, un as he wech wöör, so wöör de Machandelboom, as he vörhen west wöör, und de Dook mit de Knakens wöör wech.«

Beim Zuhören wird mir klar: Das entsetzliche Familiendrama spiegelt das Thema der Tagung, das Thema der Ermordung unserer jüdischen Angehörigen. Das Märchen vom Wacholder spiegelt die Geschichte. Der Spiegel zeigt nicht dieselben Vorgänge und die gleichen Personen, es ist ein zerbrochener Spiegel, aber in seinen Scherben erscheinen Spielarten des gleichen Verbrechens, die Gegenwart der Dunkelheit, die Bedrohlichkeit ihrer Wiederkehr. Draußen, vor den Panoramafenstern, hat es zu regnen begonnen. Ein leichter Regen, der die Tränen bringt, die man weinen möchte.

Seit meiner ersten Wanderung nach Wilsede sind 15 Jahre vergangen. Während der vergangenen zehn Jahre bin ich alljährlich Ende August, Anfang September denselben Weg von Döhle nach Wilsede und zurück gegangen, anfangs allein, seit fünf Jahren zu zweit. Manchmal schaue ich vorher im Internet nach, ob die Heide gerade blüht (lueneburger-heide.de), manchmal fahren wir aufs Geratewohl nach Döhle. 2017 kam die Blüte nicht zustande, ein Parasit hatte das gesamte Areal braun und dürr werden lassen, aber Elisabeth und ich suchten trotzdem und fanden auch hier und da einen Flecken des wunderbar rötlich blühenden Heidekrauts. Einmal trafen wir auf dem Weg nach Wilsede in der Nähe von Hannibals Grab auf eine kleine graue Kreuzotter, die sich gemächlich davonschlängelte. Natürlich ist der karthagische Feldherr Hannibal nicht unter den Findlingssteinen und Wacholderpyramiden begraben. Vielmehr hatte der Heidemaler Eugen Bracht 1893 in der Türkei dessen Grabstätte aufgesucht und abgemalt, und dieses Arrangement soll dem verblüffend ähnlich sein, was wir hier vor uns finden, wenn auch von Zedern umrahmt anstelle von Wacholdern. Bei einer Ausstellung des Bildes in den 1920er Jahren in Hannover entdeckten Besucher die Ähnlichkeit, und der Name »Hannibals Grab« bürgerte sich rasch für die Wilseder Findlingsgruppe ein.

Die blühende Heide schafft ein festliches Ambiente, man geht auf lilafarbenen Feldern an den dunklen Figuren des Wacholders vorüber wie über die endlose Bühne eines Theaters, in dem alles Mögliche zur Aufführung kommen könnte.

Meistens herrscht keine melancholische Stimmung vor, die Weite der Heidelandschaft scheint das Atmen zu erleichtern und den Horizont zu erweitern. Ich erinnere mich an einen Sonnentag zwischen zwei und drei Uhr nachmittags auf dem Wanderweg, in der klaren blauen Luft des Himmels trieben blendend weiße Wolken, ein Flugzeug bewegte sich als winziger Punkt ohne Kondensstreifen entlang einer schnurgeraden Linie. Ich ließ zu, dass meine Augen dem Punkt weiter folgten, und sah, wie er die zarte Lichtspur eines Kreises durchquerte, dessen linke Wange von einer unendlich weit entfernten Lichtquelle angeleuchtet aufschien.

Ich begriff, dass dies die allerletzte Spur der Sichel des abnehmenden Mondes war und schaute zu, wie sie verschwand. Fast gleichzeitig leuchtete, überraschend und beglückend zugleich, die fadenartig dünne Lichtspur entlang der rechts gegenüber gelegenen Halbseite auf: Der Wechsel vom abnehmenden zum zunehmenden Mond war vor meinen Augen geschehen, in der Zeitspanne eines Handumdrehens! Das Spektakel stimmte mich enthusiastisch, als ob mir da die grandiose Seite des Lebens selbst vor Augen geführt worden wäre. Hätte ein Fernsehteam dem Wandel aufgelauert und hätte einen Film davon aufgenommen und in einer der vielen Natursendungen gezeigt – ich hätte den Film als interessante Belehrung mit Wohlwollen angeschaut und ihn als hübschen Beleg einer wohlbekannten Tatsache wahrgenommen. Hier nun aber, wo sich der Vorgang über den lilafarbenen Heideflächen abgespielt hatte, in der Nähe anderer Wanderer, war ich der Einzige, der den Vorgang

des Umkippens der Beleuchtung des Mondes durch die Sonne, den Wechsel vom abnehmenden zum zunehmenden Mond mit eigenen Augen gesehen hatte. Da erschien mir das Schauspiel als ein persönliches Geschenk, eine Art Initiation. Aufgenommen in den Orden derer, denen diese Offenbarung je zuteilwurde, fand ich mich tief beglückt und dankbar.

Es geht um eine Ansicht des eigentlich global verfügbaren Gegenstands namens Mond, und doch erscheint er über dieser alten, von Menschen hergestellten Naturlandschaft in einem besonderen Licht. Ich möchte die blühende Heide, ähnlich wie Hemingway die Stadt Paris »ein Fest des Lebens« genannt hat, als ein *»Fest des Landes«* bezeichnen. Im Lauf der Jahre sind es immer mehr Menschen geworden, denen wir hier zur Zeit des Umkippens vom Sommer in den Herbst begegnen.

Loki Schmidt
und ihr junger URWALD am Brahmsee

Von Hans-Helmut Poppendieck

10 Niemand würde ohne einen gezielten Hinweis hierher finden – zu diesem kleinen, grasbewachsenen Parkplatz am Ende einer Schotterstraße. Ich stehe vor einem grünen Hinweisschild mit weißer Schrift:

> *»Liebe Nachbarn! Dieses Gelände dient dem wissenschaftlichen Versuch, eine holsteinische Moränenlandschaft allein der natürlichen Entwicklung zu überlassen. Das Betreten ist widerruflich gestattet. Bitte bleiben Sie auf dem Trampelpfad. Hunde bitte nur an der Leine. Bitte keinen Abfall. Ihre Loki Schmidt.«*

Ich gehe durch eine Fahrradsperre und betrete das, was Loki Schmidt ihren Urwald genannt hat: einen fast klassischen Eichen-Birken-Wald, mit ein wenig Vogelbeere, Zitterpappel und Weißdorn eingemischt. Die weißen Stämme der Birken leuchten an diesem schönen Herbsttag vor blauem Himmel, die hängenden Zweige sind fast kahl, nur an den Spitzen flirren wenige goldbraune Blätter. Die Birken sind die höchsten Bäume hier, ich schätze sie auf gute 15 Meter. Der Wald ist geschlossen, aber licht. So und nicht anders muss es in der Taiga aussehen. Bis auf den Trampelpfad und auf einige Wildwechsel von Rehen führen keine Wege durch den Wald, fehlen jegliche Zeugen menschlicher Anwesenheit, zumindest auf den ersten Blick. Dennoch ist dieser Urwald heute nur etwas mehr als 40 Jahre alt – bis 1976 wurde hier Roggen und ein wenig Hafer angebaut.

Eine kleine feuchte Senke mit Flatterbinse und kniehohem Rohrschwingelgras wurde vom Wald noch nicht erobert. Die Gräser glänzen im Licht der tiefstehenden Herbstsonne. An schattigen Stellen erkenne ich hohe Brennnesselgebüsche und im Binsensumpf stehendes Wasser, es wird im Winter noch weiter ansteigen. Mein Blick wandert von der Feuchtwiese zum Gehölz, von dem sie umrahmt wird. Weiter hinten eine Kulisse aus kaum mannshohen Grauweiden – eine Momentaufnahme auch dieses Bild, denn es verdankt sich der wirtschaftenden Hand des Menschen, der regelmäßigen Mahd, die an dieser Stelle viele Jahre lang im Spätsommer erfolgte.

Nun liegt die Feuchtwiese unberührt da, ohne jeglichen menschlichen Eingriff. Noch haben sich keine Gehölze angesiedelt.

Aber auch dieses Gebiet wird sich in einen geschlossenen Wald zurückverwandeln, nur geschieht dies hier unendlich viel langsamer als auf den trockenen Kuppen.

Der Weg steigt an. Eine kleine trockene Lichtung birgt unscheinbare Relikte der einstigen Bewirtschaftung: Acker-Stiefmütterchen und Berg-Sandknöpfchen stehen in wenigen Exemplaren in den Lücken der Grasnarbe, haben aus der Zeit der Ackernutzung hier bis heute überlebt und kommen im milden Herbstwetter zur Nachblüte.

Und noch ein Relikt der Agrarlandschaft: Der Trampelpfad kreuzt einen alten Knick, der vom Birkenwald überwachsen wird und in seinem Schatten in eine Art Dornröschenschlaf verfallen ist. Der Knick wird vor allem aus Buchen gebildet, das ist höchst ungewöhnlich, denn Buchen wurden in Schleswig-Holstein nur in Ausnahmefällen in Knicks gepflanzt. Hier bilden sie aufgrund der früheren Kappungen ausladende mehrstämmige Büsche. Sie werden überleben, dies ist sicher, ebenso wie die danebenstehende Hainbuche, die mit einem halben Dutzend Stämmen aus einem alten unterirdischen Stubben wächst. Beide Baumarten zählen zu den sogenannten Schattholzarten, weil sie im Unterwuchs des aufgekommenen Birkenwaldes jahrzehntelang dem Schatten trotzen können. Aber schließlich werden sie sich durchsetzen, sich über die kurzlebigen und früh alternden Birken erheben, ihr dichtes Laubdach über sie ausbreiten und sie dadurch so radikal verschatten, dass diese binnen weniger Jahre absterben werden. Die Heckenkirsche, deren daumendicker Stamm sich noch um eine der Hainbuchen windet, hat dieses Schicksal schon ereilt. Sie ist aus Lichtmangel abgestorben. Am Boden bilden die herabgefallenen toten Zweige dieser Liane ein dichtes Gewirr.

Urwald am Brahmsee

Die alte Knickeiche konnte sich noch halten. Vierzig Zentimeter über dem Boden verzweigt sie sich mit sieben weit auseinanderstrebenden Stämmen und bildet auf diese Weise eine Art Sessel. Als Kinder hätten wir einen solchen Baum sofort in Beschlag genommen, um darin zu spielen. Tatsächlich spielen auch Kinder aus der Nachbarschaft in diesem Wald. Und dies ist die einzige Nutzung, die Loki Schmidt neben dem Spazierengehen zugelassen hat.

Ich kenne das Gebiet seit 1995. Ich habe es seitdem mehrfach gemeinsam mit Loki Schmidt durchstreift, in Abständen von mehreren Jahren. So habe ich die Dynamik der Veränderung in diesem neu geschaffenen Urwald besonders nachdrücklich erleben können. Sie selbst hat in einem kleinen Aufsatz in der *Naturwissenschaftlichen Rundschau* diesen sechseinhalb Hektar großen Ausschnitt aus der holsteinischen Moränenlandschaft beschrieben, der seit mehr als 40 Jahren ohne jegliche menschliche Eingriffe ganz der natürlichen Entwicklung überlassen wurde.[1]

Dies ist ein außergewöhnliches vegetationskundliches Experiment. Richtig würdigen kann man es aber nur, wenn man sich in Erinnerung ruft, dass es im dicht besiedelten Mitteleuropa keine Landschaft gibt, die nicht in irgendeiner Weise vom Menschen bewirtschaftet, gestaltet, gepflegt oder zumindest beeinflusst wird.

Das einfache Holzhaus, das der damalige Hamburger Bundestagsabgeordnete Helmut Schmidt und seine Frau im Frühjahr 1958 bezogen, war kaum größer als eine Schrebergartenlaube und lag auf sogenanntem Ödland. Als Ödland bezeichnet man Gelände, das wegen seiner ungünstigen Bodenverhältnisse nicht oder nicht mehr land- oder forstwirtschaftlich genutzt wird. Heiden zählen dazu, aufgelassene Schafweiden, magere Triften. Ein Begriff aus der Sphäre der kommerziellen Verwertung also, kein ökologischer Begriff. Aus Sicht der Ökologie sind Ödländereien nämlich alles andere als öde und wertlos, sondern Lebensräume für eine ganz eigenständige Tier- und Pflanzenwelt. Aber es sind Lebensräume im Übergang. Um sie doch irgendwie in Wert zu setzen, sind Ödländereien in großem Umfang in Wohn-, Industrie- oder wie hier in Ferienhausgebiete umgewandelt worden. Wo dies nicht geschah, haben sie sich nach und nach bewaldet. So sind sie in unserer aufgeräumten Kulturlandschaft immer seltener geworden, und viele der an diesen Lebensraum angepassten Arten stehen inzwischen auf den Roten Listen. In einem Gespräch mit mir erinnert sich Loki Schmidt:

»Überall gab es Trockenrasen – spärlich bewachsene, lückige Bestände mit kaum fingerhohen Pflanzen, ausgesprochenen Hungerkünstlern. Die Flächen waren vielfältig und sehr artenreich. In den ersten Jahren grasten hier noch unzählige Kaninchen. Sie haben alle jungen Gehölze und viele der ausdauernden Arten verbissen, nur die Ungenießbaren überlebten. Dadurch wurden die Magerrasen erhalten. Später sind die Kaninchen der Myxomatose zum Opfer gefallen, und als sie ausblieben, wuchs das Gelände langsam zu. Heute geben hohe Birken und Kiefern dem Haus Schutz und Schatten. Aber bis es so weit war, gab es jedes Jahr andere Aspekte. In einem Jahr dominierte die blaue Staudenlupine. Im nächsten Jahr bildete der Wiesenkerbel einen Reinbestand mit brusthohen, zart duftig weißen Doldenschirmen. Freunde aus Südafrika, die uns besuchten, waren so begeistert davon, dass sie sich mit ihren Liegestühlen mitten in die Kerbelwiese setzten. Heute

herrschen Große Sternmiere und Margerite vor. Aus dem Trockenrasen vor dem Haus ist jetzt ein richtiger Rasen geworden, mit geschlossener Grasnarbe. Er wird einmal im Jahr gemäht, wurde aber bisher nie gedüngt. Der Stickstoff, der aus der Luft eingetragen wird, reicht aus, um die genügsamen Gräser dieses Rasens zu ernähren.«

In der Nachbarschaft befindet sich kein ebenes Gelände, sondern kuppige Endmoränenlandschaft, wie sie für die Bordesholmer Geest typisch ist. Ursprünglich gab es hier zwei sanfte Hügel und dazwischen eine kleine feuchte Senke, früher wohl ein kleiner See, der mit dem Brahmsee in Verbindung gestanden haben mag: morastig und von einem Entwässerungsgraben durchzogen. Auf dem einen Hügel wurde Ackerbau betrieben, auf dem anderen weideten Pferde.

»Besonders bunt und reich an interessanten Pflanzen war es auf der Pferdeweide«, erzählt Loki Schmidt weiter.

»Die Heidenelke mit ihren grell rosa Blüten, der zart weiße Knöllchen-Steinbrech und Wilder Thymian kamen hier vor. Die Kinder haben im Sommer 1958 mit den Pferden gespielt und die langen Pferdehaare gesammelt, um damit ihre Blumensträuße zusammenzubinden.«

Dann setzte der Kiesabbau ein, und der Hügel verschwand nach und nach.

»Der Besitzer der Kiesgrube hat einmal den Abbau gestoppt, weil die Uferschwalben – die in den Steilwänden der Grube brüteten – eben geschlüpft waren. Er ist später Pleite gegangen. Wahrscheinlich hatte er für das Geschäftsleben ein zu gutes Herz. Neben unserem Wochenendgrundstück am Brahmsee hatte ein Bauer ehemalige Roggenäcker auf Böden allerletzter Güte brachliegen lassen. 1976 hatte er die Koppeln zuletzt bestellt. Schon in dem Acker hatten besonders viele Kornblumen geblüht. Im ersten Jahr der Brache, also 1977, zählte ich noch etwa zehn Pflanzen pro Quadratmeter. Im nächsten Jahr blühten nur noch vereinzelt einige Pflanzen, und im dritten Jahr konnte ich kaum noch Blüten finden. Dafür hatten sich aber Birken und Eichen angesiedelt, und ich beobachtete fasziniert jedes Jahr die Veränderung. Erst 1986 gelang es uns, das Gelände einschließlich des Seggensumpfes zu kaufen.«

Das Geburtsjahr des Urwaldes war also 1976. Zehn Jahre später im Jahre 1986 wurde daraus Lokis Urwald.

Das Motiv für den Kauf des Geländes, so Loki Schmidt, war rein wissenschaftliche Neugier. Theoretisch war ja alles wohlbekannt. Man weiß, dass bei uns in Mitteleuropa der Wald die vorherrschende Lebensgemeinschaft ist, man weiß, dass sich nahezu alle anderen Lebensgemeinschaften in Wald um- oder zurückverwandeln, wenn der Mensch seine Bewirtschaftung einstellt. Aber wie dies im Einzelnen vor sich geht, welche Um- und Nebenwege die

Waldentwicklung nimmt, welche Überraschungen immer wieder auftreten – ein solches Experiment hatte bis dahin noch niemand im großen Maßstab durchgeführt. Und wie sich zeigte, war auch der große Maßstab ganz wichtig für das Gelingen des Experiments. Sechseinhalb Hektar – das waren ganz unterschiedliche Flächen, und auf jeder lief die Entwicklung anders ab. Der Kontrast war es, der die charakteristischen Eigenheiten der einzelnen Bereiche deutlicher hervorhob. Der bewusste Verzicht auf jeden Eingriff aber war Mitte der 80er Jahre noch etwas sehr Ungewöhnliches.

»Damals gab es noch keine Stilllegungsprämie, im Gegenteil: Wir mussten einen Brief an die Untere Landschaftspflegebehörde schreiben, um die Erlaubnis zu bekommen, die Koppeln, die seit endlosen Zeiten landwirtschaftlich genutzt worden waren, sich selbst zu überlassen. (...)
Wir bekamen die Erlaubnis. Allerdings wurde uns geraten, auf den höheren Partien die Waldentwicklung zu verhindern, damit sich dort die Entwicklung zu einem schönen Trockenrasen fortsetzen könne. Aber ich hatte mir ja vorgenommen, auf dieser großen Fläche in keiner Weise einzugreifen. Es war schon schwierig genug, den Gemeindevertretern nicht nur meinen Plan zu erklären, sondern auch die Zustimmung des dörflichen Grünausschusses zu bekommen.«

In den 1980er Jahren, als Loki Schmidt ihr vegetationskundliches Experiment auf den Weg brachte, hatte man auch im wissenschaftlichen Naturschutz umzudenken begonnen. Loki Schmidt hatte, nachdem ihr Mann zum Bundeskanzler gewählt worden war, ihren Beruf als Lehrerin aufgegeben und war mit ihm nach Bonn gezogen. Hier hatte sie sich dann sehr für die Erhaltung der bedrohten Pflanzenwelt engagiert, eine eigene Stiftung gegründet und die Kampagnen für die »Pflanze des Jahres« ins Leben gerufen. Sie wurde zur bekanntesten Naturschützerin Deutschlands. Entscheidend war, dass sie sich stets aus erster Hand informierte und im Rahmen ihrer Tätigkeiten viele Naturschutzgebiete innerhalb und außerhalb Deutschlands besuchte. Sie sprach mit den Verantwortlichen vor Ort über deren Erfolge und Nöte: über Heiden, die sich bewaldeten, über verbuschende Trockenrasen, verlandende Marschgräben oder zu Hochwäldern auswachsende Niederwälder. Ihre Stiftung kaufte Bergwiesen mit Wildnarzissen oder mageres Grünland zur Erhaltung der Küchenschelle. Sie diskutierte über Mahdtermine oder über die Beweidung mit Gallowayrindern. Und sie erkannte früh, was heute allgemein bekannt ist: dass es sich bei den meisten unserer Naturschutzgebiete um altes Kulturland handelt, dessen schutzwürdiger Zustand nur erhalten werden kann, wenn man die alten Bearbeitungstechniken fortführt oder in geeigneter Weise nachahmt. Man muss wissen, dass diese Erkenntnis auch bei den professionellen Naturschützern erst langsam gewachsen war. Lange Zeit hatte man sich damit begnügt, Verordnungen zu erlassen, Schutzgebiete auszuweisen, ein Schild aufzustellen und dann alles sich selbst zu überlassen in der trügerischen Hoffnung, dass die Natur den erwünschten Zustand selbst erhalten würde und dazu keine Nachhilfe seitens des Menschen – vor dem sie ja geschützt werden sollte – bedürfe. Erst als sich in den 60er- und 70er Jahren die Klagen über vernachlässigte Naturschutzgebiete häuften, setzte sich nach und nach eine andere Sicht durch. Pflegepläne für Naturschutzgebiete wurden jetzt eine Selbstverständlichkeit. Das Wort »entkusseln« kam auf, es bedeutet so viel wie unerwünschten Baumwuchs entfernen. Freiwillige aus Umweltverbänden und Schulklassen wurden bei Entkusselungsaktionen in Mooren und Heiden aktiv. Aber es blieb ein Unbehagen zurück. War diese Sicht der Natur nicht zu statisch?

Loki und Helmut Schmidt in ihrem Urwald

Die staatliche Erfassung der für den Naturschutz bedeutsamen Biotope, die sogenannte Biotopkartierung, hatte erste Ergebnisse erbracht. Sie führte dazu, dass die gesamte Landschaft sozusagen aufgeteilt und dann entweder als wertvoll oder als wertlos klassifiziert wurde – für die Ziele des Naturschutzes wohlgemerkt, der sich jetzt immer mehr darauf konzentrierte, in den wertvollen Bestandteilen durch Mahd oder Entbuschung an ganz bestimmten Zuständen, Lebensräumen oder Artenkombinationen festzuhalten. Nun ist dieses Vorgehen in der Regel völlig berechtigt.

> **Aber man legt damit doch fest, wie die Natur sein soll, nimmt ihr den Spielraum zur eigendynamischen Entwicklung und degradiert sie damit in gewisser Weise zum Freilichtmuseum.**

Das war jedenfalls die Meinung der Kritiker, die sich jetzt immer stärker zu Wort meldeten und neue Konzepte für den Naturschutz forderten, jenseits der bisherigen Praxis, die als konservativ und musealisierend angesehen wurde.

Die Diskussionen dazu hatten in den 1980er Jahren begonnen. Im Jahre

1991 legte der Ökologe Hermann Remmert für Waldökosysteme eine neue dynamische Theorie vor, die unter dem Namen »Mosaik-Zyklus-Theorie« bekannt wurde. Sie gab einen entscheidenden Anstoß für die nun aufkommenden neuen Gedanken, für die der Lübecker Förster Knut Sturm 1993 den Begriff »Prozess-Schutz« prägte.[2] Dessen Ziel ist es, die durch die wirtschaftliche Tätigkeit des Menschen stark eingeschränkte eigendynamische Entwicklung von Ökosystemen zu erhalten oder wiederherzustellen.

Es geht also um Natur in ihrer ungeschönten Eigenart und Dynamik.

Dabei muss man akzeptieren, dass bestimmte Arten verschwinden, selbst wenn sie schützenswert sind. Man wird dafür belohnt, indem man miterleben kann, wie die Natur immer wieder etwas völlig Neues und Überraschendes hervorbringt. Wer sich dieser Faszination hingibt, wird sehr viel über Ursache und Wirkung in der Landschaftsentwicklung lernen können. Allerdings ist und bleibt der Prozess-Schutz umstritten. Nicht alle Menschen sind für diesen Gedanken empfänglich. Man braucht nur einen Blick auf das öffentliche und private Grün unserer Städte zu werfen, um zu erkennen: Die Vorstellung, dass die Natur gezügelt und kontrolliert, »erzogen« werden muss, ist unendlich viel populärer als die Vorstellung, ihr Spielraum für die eigene Entwicklung zu geben, sie »wachsen zu lassen«. Zwei unterschiedliche Arten von Naturverständnis also, die man – wenn auch sehr zugespitzt – einerseits als konservativ, kontrollierend und musealisierend charakterisieren könnte und andererseits als »laissez-faire«, als liberal, gelassen und offen.

Eine wichtige Erkenntnis haben wir gewonnen: Nichteingreifen ist ein bewusster Willensakt.

Und damit kommen wir nach dem Ausflug in die Theorie des Naturschutzes zurück zum sehr konkreten jungen Wald am Brahmsee.

Die Gehölze begannen also das brachgefallene Land zu erobern. Den Anfang machten auf dem Ackerland die Birken. Sie siedelten sich zuerst auf der dem Wind abgewandten Seite des Hanges an, nicht auf der Kuppe. Wahrscheinlich konnten sich hier die leichten Samen der Birken besser ablagern, während sie auf der Kuppe immer wieder verblasen wurden. Wo die Birken zuerst Fuß fassten, sieht es heute wie in der Taiga aus: hohe Birkenstämme in weitem Abstand, dazwischen schütteres Gras. Im Schatten hüfthohe Trichter des Wurmfarns – Waldbilder von großer Schönheit.

Auffallend ordentlich wirkt hier alles und das, obwohl niemand eingreift und den Wald pflegt. Noch in den 1990er Jahren war das dichte Gestrüpp kaum zu durchdringen. Damals bildeten die Birken stellenweise noch regelrechte Dickichte, waren gedrängt aufgewachsen, konkurrierten miteinander ums Licht. Heute ist diese Kampfphase beendet, wenige konkurrenzkräftige

Individuen haben sich durchgesetzt, stehen in weitem Abstand zueinander. Von ihren Mitbewerbern blieben allenfalls Strünke stehen, oder sie zersetzen sich langsam, von Porlingen besiedelt, im Gras. Zu sehen, dass es nicht immer des Eingreifens des Menschen bedarf, um »unordentliche« und unerwünschte Vegetationsstrukturen zu beseitigen, sondern dass ein bewusstes Nichteingreifen und ein gelassenes Abwarten dieselben Resultate hervorbringen kann, dies erscheint mir angesichts der oft hysterischen Diskussionen um die Grünpolitik, angesichts von Politikern, die sich die Bekämpfung von »Wildwuchs« und von »wucherndem Grün« auf die Fahnen geschrieben haben, eine ganz wesentliche Erkenntnis zu sein.

Lichtung im Eichen-Birken-Wald

Auf den Kuppen erfolgte die Erstbesiedlung durch den Besenginster, im holsteinischen Platt »Braam« genannt. Wahrscheinlich steht der Name Brahmsee damit im Zusammenhang, denn der Besenginster ist auf der Geest allgegenwärtig und war früher sicher noch häufiger als heute. Der Besenginster ist vermutlich gar nicht eingewandert, sondern war immer schon da. Seine relativ schweren Samen können im Boden lange lebensfähig bleiben. Die Physiognomie des Strauches wirkt zunächst fremdartig. Seine straffen aufrechten Zweige sind fast blattlos, aber immergrün. Sie dienen anstelle der Blätter der Assimilation. Diese Lebensform nennt man Rutenstrauch, und sie kommt sonst vor allem im Mittelmeergebiet vor. Die Blüten erscheinen Ende Mai und sind groß, gelb und sehr attraktiv. Loki Schmidt hat in der Pionierphase in den 1980er Jahren auch braunrot und fahlgelb blühende Exemplare beobachtet.

Heute ist der lichtliebende Besenginster aus dem Wald nahezu völlig verschwunden. Dafür haben sich jetzt hier erst Birken und dann Eichen angesiedelt.

Die Bedeutung des Eichelhähers für die Verbreitung der Eiche ist unbestritten. Dass er Eicheln im Boden vergräbt, um sich Nahrung für den Winter zu sichern, ist allgemein bekannt. Er ist ein hübscher Vogel: Die zartblauen und schwarzen Flügel bilden zu dem rötlichbraunen Gefieder des Körpers einen aparten Kontrast. Sonderlich beliebt ist er allerdings nicht, vielleicht wegen der wenig melodiösen und laut rätschenden Rufe, vielleicht, weil ihm die Angewohnheit zugeschrieben wird, Nester anderer Vögel zu plündern. Früher hat man angenommen, dass er die meisten der versteckten Eicheln einfach vergisst und dadurch zur Verbreitung der Eiche beiträgt. Aber der Eichelhäher ist weniger vergesslich und viel raffinierter, als man glaubt.[3] Er wählt reife, besonders große und vitale Eicheln noch am Baum aus, transportiert sie – jeweils sechs bis acht auf einmal – in seinem Kehlsack und seinem Schnabel und versteckt sie dann einzeln zwei Zentimeter tief im Erdboden in einem Abstand von rund siebzig Zentimetern. 5000 Eicheln werden so im Herbst von einem Vogel weit verstreut fortgetragen, und nur er selbst erinnert sich an das Versteck. Von sieben bis acht Eicheln pro Tag kann ein Häher überleben, das sind rund 2500 im Jahr. Der Vorrat reicht also für zwei Jahre. Aber der Häher betreibt diesen Aufwand nicht allein für sich selbst, sondern vor allem für seinen Nachwuchs. Denn die jungen Häher leiden kurz nach dem Flüggewerden unter Nahrungsmangel und durchleben eine kritische Situation. Da kommen die spät auskeimenden Eicheln genau recht: Ihre hellgrünen, eigenartig geformten und unverwechselbaren Blätter signalisieren den Jungvögeln, wo sich knapp unter der Erde leicht verfügbare Nahrung befindet. Wenn der Eichelhäher also die Eicheln in einem weiten Umkreis versteckt, dient dies nicht zuletzt der Aufzucht seiner Jungen. Aber natürlich finden auch die nicht jeden Eichensämling – das ist die Chance für die Verjüngung der Eiche. Nach den Birken kamen also die Eichen. Und dennoch ist es kein klassischer Eichen-Birken-Wald wie aus dem Lehrbuch. Schuld daran ist die Spätblühende Traubenkirsche, die fast gleichzeitig mit der Eiche einwanderte.

Die Spätblühende Traubenkirsche ist ein besonders attraktiver Baum. Dies ist auch der Grund, warum sie schon sehr früh aus ihrer nordamerikanischen Heimat nach Europa eingeführt wurde. In Deutschland wird sie seit 1685 kultiviert, vor allem in Parks. Die zarten Trauben mit ihren duftigen, weißen Blüten sind sehr schön, ebenso die kleinen schwarzen Früchte, aus denen man Marmelade machen kann. Das glänzende Laub verfärbt sich im Herbst tiefrot, wie bei vielen anderen amerikanischen Gehölzen. Meist bleibt sie strauchartig. Sie kann sich aber zu einem stattlichen Baum von 35 Meter Höhe auswachsen, wenn man sie lässt. In den 1950er Jahren begannen die Förster, die Spätblühende Traubenkirsche großflächig anzubauen, auf Ödland wohlgemerkt, zur Bodenverbesserung, als Windschutz, als Bienenweide, für viele andere Zwecke. Und damit begann ihre explosionsartige Ausbreitung.

Heute, bald 70 Jahre nach ihrer massenhaften Pflanzung, wird ihr aggressives Eindringen in den Wirtschaftswald wortreich beklagt.

Die Spätblühende Traubenkirsche ist den Forstleuten außer Kontrolle geraten und gilt in Wäldern auf armen Sandstandorten als die Problempflanze schlechthin.[4]

Für ihre Bekämpfung werden Jahr für Jahr erhebliche Mittel aufgewendet. Das ist nicht nur teuer, sondern wie sich herausgestellt hat, leider auch noch weitgehend ineffektiv. Ein hausgemachtes Problem des Forstbetriebs, gewiss. Andererseits hatten sich innerhalb von zwei Generationen die Vorstellungen über den Wirtschaftswald ebenso grundlegend verändert wie im Naturschutz. Nach dem Zweiten Weltkrieg hatte man der Wiederaufforstung erste Priorität eingeräumt und dabei vielfach Monokulturen geschaffen, meist von Nadelhölzern. Man hatte dabei auch keine Bedenken gegen die Anpflanzung nicht heimischer Arten. Aber es gab einen Lernprozess, angeregt durch die Ökologiebewegung und die Diskussionen um das Waldsterben in den 80er Jahren.

Beginnender Zerfall – eine Spätblühende Traubenkirsche

Heute gilt der »naturnahe Mischwald« als Leitbild. Und in diesem naturnahen Mischwald ist nach gängiger Auffassung für die Späte Traubenkirsche kein Platz, denn sie gehört als Neophyt nicht zur ursprünglichen Vegetation und damit nicht zur heimischen Natur.[5]

Es mehren sich allerdings Stimmen, die dieses Leitbild kritisch sehen. Die Zielvorstellung vom naturnahen Mischwald ist unbestritten.

Doch was heißt naturnah? Wäre es nicht realistischer zu akzeptieren, dass sich die Natur in Mitteleuropa durch das Wirken des Menschen irreversibel verändert hat?

Muss man nicht den Neubürgern, die sich in naturnaher Vegetation behaupten können, sozusagen Heimatrecht einräumen und sie als Teil der heimischen Flora ansehen? Würden wir die Späte Traubenkirsche nicht ganz anders behandeln, wenn wir nicht wüssten, dass sie ein Neophyt ist?

Wer ohne botanische Vorkenntnisse und ohne Vorurteile durch Loki Schmidts Urwald am Brahmsee streift, wird keinen Unterschied machen zwischen der Späten Traubenkirsche und der Sandbirke, sondern beide als Mitspieler in dem hier ablaufenden Prozess der Waldentwicklung ansehen.

Auch die Späte Traubenkirsche, so Loki Schmidts Beobachtung, hat zuerst die dem Wind abgewandte Seite der Kuppe besiedelt. Ihre Früchte werden in Mitteleuropa von 60 Vogelarten gefressen und ausgebreitet. Die kleinen schwarzen Kirschen hängen an roten Stielen und fallen dadurch besonders auf. Die Vögel speichern sie in ihrem Kropf, lassen sich zur besseren Verdauung in aller Ruhe auf einem Baumwipfel nieder, von wo aus sie einen guten Rundblick haben, und geben dort die Steinkerne wieder von sich. Es ist leicht einsichtig, dass diese Vögel Wipfel in windstiller Lage bevorzugen. So ist auch dieses Verbreitungsmuster unschwer zu erklären.

Spätblühende Traubenkirsche mit reifen Früchten

In den ersten Jahren der Waldentwicklung blieben die Jungpflanzen der Traubenkirsche im Unterwuchs des Birkenwaldes als eine Art Bodendecker. Nach und nach wuchsen sie auf, formten ein bis zwei Meter hohe Gebüsche, erstarkten und schossen in die Höhe. Einige haben heute das Obergeschoss des Waldes erreicht. Andere alte Exemplare sind bereits wieder dem Lichtmangel zum Opfer gefallen und abgestorben. Ich stehe vor einem fast 20 Zentimeter dicken, morschen Stamm, der in drei Meter Höhe abgebrochen ist. Er hatte bereits eine dicke, längsrissige Borke gebildet, sehr zum Unterschied zu jungen Stämmen, die glatt sind, dunkelbraun glänzen und wie viele Kirschenarten charakteristische Querstreifen haben. Auch dieser Stamm ist mit Porlingen besetzt. Es wird oft behauptet, dass aggressive Neophyten die einheimische Pflanzenwelt verdrängen würden, aber der Augenschein steht dazu im Widerspruch. Viel eher könnte man sagen, dass sich die Späte Traubenkirsche hier sehr unauffällig in die Entwicklung des Waldes einfügt.

> **Es ist eine alte Botaniker-Erfahrung, dass man auf dem Rückweg einer Exkursion ganz andere Dinge wahrnimmt als auf dem Hinweg, selbst wenn man Schritt für Schritt die gleiche Strecke zurückgelegt hat.**

Jetzt fasziniert mich eine große, reich verzweigte Eiche im verschatteten Birkenwald. Die meisten der Seitenäste sind tot, morsch und abgebrochen. Sie muss aber im Freistand aufgewachsen sein, denn nur im vollen Sonnenlicht konnte sie all die Verzweigungen ausbilden, die jetzt im Schatten des Waldes aus Lichtmangel absterben. Der Baum reinigt sich nach und nach von allem Totholz, wächst nur noch an der Spitze weiter und kämpft mit den anderen Bäumen um den Lichtgenuss. Die Geschichte dieses Waldes lässt sich an der Gestalt dieser Eiche, an der Entfaltung und dem Absterben ihres Astwerkes, nahezu vollständig ablesen.

Fast alle Besucher staunen darüber, in welch kurzer Zeit all dies abgelaufen ist, und Loki Schmidt berichtet mit großer Genugtuung davon. »Aber diese große Eiche war doch sicher vorher schon da?«, sollen selbst Jäger sie gefragt haben. Nein, auch sie war damals nicht älter als 30 Jahre. Bei einem ihrer Spaziergänge hat Loki Schmidt einen Bauern des Dorfes mit seinem 15-jährigen Neffen getroffen. »Wissen Sie noch«, sagt der Alte, »wir waren zuerst ja alle dagegen. So dicht bei einem Dorf ein Urwald! Und jetzt kann man sich gar nicht mehr vorstellen, dass es hier früher anders aussah.« Und der Neffe daneben, ganz erstaunt: »Wie denn, war hier früher kein Wald?«

Am Ende des Trampelpfades liegt ein Campingplatz. Ein Kulturschock, diese plötzliche Begegnung mit einer ganz anderen Welt, mit der Realität unserer Haus- und Kleingärten. Hier ist alles sehr sauber gepusselt und gepflegt, hell und freundlich, kleinteilig und ordentlich, mit Wohnmobilen, geschorenen Rasenflächen, geschnittenen Thujahecken, Fernsehantennen und Topfgeranien. Ich liebe Kleingärten und habe selbst einmal einen besessen, aber heute ist mir der Kontrast zu stark. Ich eile zurück in die Ruhe des jungen Urwaldes.

Ich hatte im Jahre 2005 mit Loki Schmidt lange über die Probleme des Eingreifens gesprochen, die sie auf eine einfache Formel gebracht hatte:

> *»Jeder Eingriff bringt neue Unordnung. Die muss dann wieder gerichtet werden, in der Regel durch einen neuen Eingriff. Ohne solche Eingriffe lebt der Wald vor sich hin, mit kleinen unbemerkten Kämpfen. Die Bäume beschatten sich gegenseitig, sterben leise ab oder entfalten sich. Dann greift der Mensch ein und schafft ein Tohuwabohu.«*

Wie sehr dieses Gefühl der Ruhe für mich verbunden war und ist mit der Philosophie des Nicht-Eingreifens, mit der Abwesenheit von Aktionen und den von ihnen hinterlassenen Spuren, wurde mir wenige Wochen nach unserem damaligen Gespräch schlagartig deutlich. Da stand ich nämlich vor einer Informationstafel am Rande des Eppendorfer Moores, eines kleinen Naturschutzgebietes inmitten der Großstadt Hamburg. Die Naturschutzabteilung des Bezirkes Hamburg-Nord warb um die Akzeptanz für das Fällen von Bäumen im Gebiet. Ausführlich wird begründet, warum hier das Eingreifen des Menschen nötig sei. Das Wachstum der Bäume sei ein harter Kampf um den begrenzten Wuchsraum, der ohne Einflussnahme des Menschen dazu führt, dass Bäume absterben und Baumarten verdrängt würden. Um dem entgegenzuwirken, müssten Bäume gefällt werden. Dann könnten die verbleibenden Eichen kräftige Kronen entwickeln, sodass die Vitalität des Bestands durch den Pflegeeingriff erhöht wird. Im Bereich der Wege würde darüber hinaus von abgestorbenen Bäumen eine erhebliche Gefahr ausgehen. Daher müssten sie aus Gründen der Verkehrssicherheit entfernt werden. Fremdländische

Baumarten wie die Spätblühende Traubenkirsche würden im Eppendorfer Moor zunehmend heimische Arten verdrängen. Wenn man sie entferne, könnten einheimische Baumarten gezielt gefördert werden. Die geplanten Baumfällungen würden somit zu einer größeren Naturnähe beitragen.

Vitalität, Verkehrssicherheit und Naturnähe sind ehrenwerte Ziele. Wer wollte etwas dagegen sagen? So hatte denn auch die Bezirksversammlung die Baumfällerei nach eingehender Beratung in den Ausschüssen gutgeheißen und die dafür nötigen Mittel freigiebig bewilligt. Die Anwohner akzeptierten die Maßnahmen mit erstaunlichem Gleichmut. Warum auch nicht, schließlich entspricht das, was hier getan wird, der gängigen Praxis von Förstern und Landschaftspflegern in Stadt und Land.

Hinter all diesen Aktionen steht unausgesprochen und nicht hinterfragt das merkwürdige Leitbild von einer Natur, die gezähmt sein will: Natur ist gefährlich und muss kontrolliert werden, denn von abgestorbenen Bäumen geht Gefahr aus. Natur ist zugleich auch gefährdet, denn heimische Baumarten werden verdrängt, wenn der Mensch nicht eingreift und dadurch eine größere Naturnähe schafft. Eine in diesem Sinne verstandene Natur erzeugt ständigen Handlungsbedarf.

Offenbar ist es der Zunft der Stadtgärtner gelungen, ihr auf Aktionen und Eingriffe gerichtetes Naturverständnis als alleingültig durchzusetzen und sich selbst dadurch unentbehrlich zu machen.

Zu diesem Naturverständnis und zu dieser Praxis gibt es keinen radikaleren Gegenentwurf als den Urwald am Brahmsee.

Loki Schmidt starb am 21. Oktober 2010. Ihre Tochter Susanne Schmidt hat das Grundstück geerbt und es 2016 der Loki-Schmidt-Stiftung geschenkt – der Stiftung, die Loki Schmidt selbst Ende 1977 ins Leben gerufen hatte und heute zu einer bedeutenden Institution herangewachsen ist, die von Hamburg aus Naturschutzprojekte in ganz Deutschland betreut. Ich hätte mir keine schönere Lösung vorstellen können, denn der Urwald und die Stiftung waren beide »Lieblingskinder« von Loki Schmidt. Das Experiment geht also weiter, und das in gesicherten Bahnen und in der gewohnt stetigen und unaufgeregten Weise.

Ich habe mich bisher um den vieldeutigen Begriff Wildnis herumgedrückt. Ich fürchte, ich werde daran aber nicht vorbeikommen, wenn ich heute das Besondere des Urwaldes am Brahmsee vermitteln möchte. Loki Schmidts kleines vegetationskundliches Experiment hat nämlich an Aktualität gewonnen.

Das Thema Wildnis hat heute Konjunktur.

Wie man den Internetseiten des Bundesamtes für Naturschutz entnehmen kann, ist es inzwischen zu einem ausdrücklichen Ziel des politischen Handelns geworden, Wildnisgebiete zu schaffen und sie wie am Brahmsee einer vom Menschen unbeeinflussten ungelenkten Entwicklung zu überlassen. Zur gleichen Zeit hat sich eine lebhafte Diskussion zum Thema Wildnis und Naturschutz entwickelt, die auf einem hohen theoretischen Niveau geführt wird.[6]

Wir können Lokis Urwald auf unterschiedliche Weise sehen. Wenn wir den Standpunkt des Naturwissenschaftlers einnehmen, würden wir ihn als dynamisches Ökosystem beschreiben, das man mit standardisierten Methoden nachprüfbar untersuchen, erklären und wenn nötig kontrollieren kann. In einer Diplomarbeit aus dem Jahre 1993 wurde der Wald erstmals auf diese Weise wissenschaftlich untersucht. Man sollte sie wiederholen lassen, um die Veränderungen der vergangenen 26 Jahre zu dokumentieren, selbst wenn sie vorhersehbar sind: dass die 1993 offenen Stellen mit den Resten der Trockenrasen inzwischen völlig vom Wald erobert wurden; dass die Bodenflora artenarm ist und überwiegend aus Allerweltspflanzen besteht; dass es bei den Gehölzen eine langsame, sehr langsame Verschiebung der Arten durch gegenseitige Konkurrenz gibt; und dass das Feuchtgrünland bisher der Kolonisierung durch die Waldbäume widerstanden hat, weil diese in der verfilzten Grasnarbe kein Licht zum Keimen finden. All das sind Bausteine für das Verständnis dynamischer Prozesse in Waldökosystemen.

Ganz anders nähern wir uns diesem Wald, wenn wir ihn als Wildnis beschreiben.

> **Zu einer Wildnis wird eine Gegend immer dann, wenn wir sie bewusst oder unbewusst als Gegenwelt zur üblichen Ordnung sehen und ihre Unbeherrschtheit betonen.**

Genau das habe ich getan, als ich Lokis Urwald mit den staatlichen Forsten oder dem öffentlichen Grün verglichen habe. Aber auch wenn ich ihn als sinnliches Ereignis und als ästhetische Bereicherung ansehe, bewege ich mich außerhalb des rein naturwissenschaftlichen Ansatzes. Ich schätze ihn dann wegen seiner Eigenart und Schönheit. Das sind zwei sonderbare Begriffe. Obgleich sie im Paragraph 1 des Bundesnaturschutzgesetzes an zentraler Stelle genannt werden, kann die heutige Naturschutzpraxis nicht so recht etwas mit ihnen anfangen. Vermutlich liegt es daran, dass sie sich mit naturwissenschaftlichen Methoden nicht operationalisieren lassen.

Der Wald wirkt auf den ersten Blick ereignisarm, aber gerade deswegen strahlt er für mich Ruhe aus. Diese Wahrnehmung ist nicht naiv, sondern das Ergebnis eines intellektuellen Prozesses. Sie ist möglich, weil ich weiß:

> **Alles, was du hier siehst, ist von selbst entstanden, ist von niemandem gemacht.**

Nichts ist absichtsvoll gestaltet. Anderswo habe ich dieses Gefühl auch zuweilen, vor allem in Wäldern, aber es ist selten so eindeutig wie hier. Ich weiß nicht, ob es uns gelingt, mit Fotos dieses Gefühl auch anderen Menschen zu vermitteln. Was immer ich fotografiere, es bleibt ein kleiner Prozentsatz des Möglichen, eine Auswahl schöner und spektakulärer Ansichten. Ich muss dringend mit unserem Fotografen Christian Kaiser darüber sprechen, der den Wald noch einmal aufsuchen will.

Wie fotografiere ich eine absichts- und ereignislose Landschaft, wenn ich klarmachen möchte, dass diese Absichts- und Ereignislosigkeit gerade die besondere Eigenart dieses Waldes ausmacht?

Bei einem Ort, der immer wieder Fragen zum Werden und Entstehen, zur zeitlichen Dimension des Naturgeschehens aufwirft, stellt sich unwillkürlich auch die Frage nach der Zukunft. Ich wollte damals von Loki Schmidt wissen, ob sie und ihr Mann dafür irgendwelche Vorkehrungen getroffen hätten, und war erstaunt darüber, dass dies nicht der Fall war. Ich merkte, dass es Loki Schmidt widerstrebt, aus ihrem Urwald eine dauerhafte Institution zu machen, ein Naturdenkmal oder eine Naturwaldparzelle, mit all den damit verbundenen komplizierten rechtlichen, administrativen und finanziellen Regelungen. Viel lieber wäre es ihr gewesen, wenn ein solches Experiment auch an anderer Stelle durchgeführt worden wäre, zu Genuss und Belehrung der Anwohner. Warum nicht anstelle steriler Grünanlagen in einem Neubaugebiet mit vielen jungen Familien? Es ging ihr, der prominentesten Naturschützerin Deutschlands, an ihrem Lieblingsort gerade nicht um den Schutz der Natur, um den Schutz bestimmter Pflanzen und Tiere etwa, den Schutz eines Landschaftsbildes oder den Schutz natürlich ablaufender Prozesse. Der Gedanke des Schutzes setzt gewissermaßen eine distanzierte und überlegene Perspektive zum Naturgeschehen voraus und unterwirft das Vorgefundene, auch das Überraschende und Neue, einer festgefügten Idealvorstellung. Sich davon frei zu machen und die Natur als offene und ungerichtete Kraft zu erleben, die unsere Vorstellungswelt immer wieder durch unerwartete Beobachtungen und Erfahrungen bereichert – dies ist es, was Loki Schmidts kleiner Urwald uns mitgeben kann. Er ist ein Ort des wissenschaftlichen Experimentes. Aber zugleich ein Ort zum Träumen.

Über TRAUERBÄUME oder: Auch in der Trauer ist Vergnügen

Von Hans-Helmut Poppendieck

Was sind Trauerbäume? Für den Gärtner vom Fach ist die Antwort trivial. Für ihn sind Trauerbäume schlichtweg alle Gehölze mit hängenden Zweigen. Und davon kennt er eine ganze Menge, von der Trauerbuche über die Traueresche und die Trauerulme bis hin zur Trauerweide.

Für den philosophischen Geist ist die Frage nicht so einfach zu beantworten. Um eine dem Baum innewohnende Eigenschaft kann es sich nicht handeln, denn Bäume sind von Natur aus weder traurig noch fröhlich. Es geht also um Zuschreibungen durch den Menschen, um Anmutungen oder Gefühle, die einige ausgewählte Bäume hervorrufen, sei es aufgrund ihrer unmittelbaren Wirkung oder aufgrund der Assoziation mit traurigen Orten oder Geschehnissen.

Unter den vielen Baumgestalten haben sich im Laufe der Kulturgeschichte zwei Typen als besonders suggestiv herausgestellt, die Zypressenform und die Hängeform.

Beide scheinen archetypische Qualitäten zu besitzen und dadurch die komplexen und vielfach widersprüchlichen Empfindungen der Trauer bildhaft zu verkörpern. Vielleicht liegt das Geheimnis ihres Erfolgs gerade darin, dass sie so verschieden sind.

Der französische Botaniker Jean Louis Marie Poiret hat um 1812 diese beiden Baum-Archetypen und ihre Wirkung verglichen und beschrieben.[1] Die Zypresse mit ihrem schweren Laub von dunkelstem Grün stelle den Tod von seiner schrecklichsten Seite dar und erwecke depressive Gedanken; und dennoch kann der Umriss der Zypresse in einem fantasievollen Gemüt die Idee einer aufsteigenden Flamme hervorrufen und so als Emblem der Hoffnung auf Unsterblichkeit gelten. Bei der Trauerweide würden solche Assoziationen nicht entstehen, meinte Poiret. Vielmehr wecke sie eher das Gefühl der Trauer über den Verlust eines Verstorbenen.

»Ihr helles und elegantes Laub fließt wie das zerzauste Haar und der graziöse Faltenwurf einer Trauerskulptur über einer Graburne und stärkt jene beruhi-

genden, wenngleich sanft melancholischen Gedanken, die einen unserer Dichter ausrufen ließ: Auch in der Trauer ist Vergnügen.«

So schrieb Poiret vor 200 Jahren, und es war offenbar eine Zeit, in der Botaniker sich noch nicht genierten, ihre Gedanken in lyrisch-bildhafter Prosa von sich zu geben.

Der mythische Trauerbaum ist seit der Antike die Säulenzypresse. Unzählige Sagen ranken sich um diese Pflanze. Etwa die des arabischen Kalifen Motawakkil, der aus religiösem Fanatismus eine riesige, über 1000 Jahre alte und ursprünglich dem Zoroaster heilige Zypresse abhauen ließ, worauf ihn seine eigenen Leute aus Entsetzen über diese frevelhafte Tat in Stücke schlugen. Erzählt wird auch, Napoleon habe die berühmte Zypresse in Somma in der Lombardei geschont, die es bereits zu Cäsars Zeiten gegeben haben soll, und deswegen die Simplonstraße um sie herumleiten lassen. Schon diese beiden Geschichten machen uns eine biologische Eigenschaft der Zypresse deutlich, nämlich ihr märchenhaft hohes Lebensalter. Was sich zurückführen lässt auf die Struktur ihres Holzes. Es ist erstaunlich gesund, von keinem Schädling angreifbar und beinahe unverwesbar.[2] Die Zypresse kann wegen dieser Langlebigkeit also mit gleichem Recht als Lebensbaum und als Totenbaum angesehen werden, und so war sie im klassischen Altertum sowohl Asklepios heilig, dem Gott der Heilkunst, als auch Hades, dem Gott der Unterwelt.[3]

»Und wirklich, der Zypressenhain erweckt auch Gedanken an Tod und Trauer. Tiefer Schatten herrscht unter den steifen, versteinerten, fast dunklen Wipfeln, die so starr und unbeweglich sind, dass sie selbst im Winde nicht rauschen. Kein Säuseln, kein Flüstern der Blätter belebt einen solchen Wald; kommt der Wind machtvoll daher, dann schütteln sich höchstens die Äste wie klappernde Knochen. Und auch am Fuß der unheimlichen Totenbäume ist alles tot. Ihre starren, harten Blätter verwesen überaus langsam und bilden kaum eine fruchtbare Humusdecke. Es siedelt sich daher kein Gebüsch, kein Rasen unter ihnen an; ihr tiefer Schatten erstickt jede Blume. So wird die Seele von selbst auf die Gedanken des Ernstes, der Trauer, auf Melancholie und Vergänglichkeit, gelenkt.«

Diese schöne Schilderung des Biologen Raoul Francé liest sich wie eine Beschreibung von Arnold Böcklins Gemälde *Die Toteninsel*, das Ende des 19. Jahrhunderts so populär war, dass der Künstler innerhalb von sechs Jahren gleich fünf Versionen davon schuf.[4] Die dann als preiswerte Öldrucke auch noch viele bürgerliche Wohnzimmerwände schmückten.

Da dies ein Buch über Bäume in Norddeutschland ist, wollen wir uns mit der Zypresse am Mittelmeer nicht allzu lange aufhalten. Vielmehr soll uns interessieren, wie hierzulande, wo die echte Mittelmeerzypresse nicht gedeiht, andere Bäume die Rolle der Zypresse übernommen haben, um Assoziation zu

Tod und Trauer, aber auch zur Mittelmeerlandschaft und zur klassischen Antike wachzurufen.

Ein paar Fakten aus der Biologie müssen wir dennoch zusammentragen. Die wilde Zypresse *Cupressus sempervirens* stammt aus dem östlichen Mittelmeerraum und ist in ihrer Heimat ein breitkroniger, weit ausladender Baum. Die Insel Kreta war früher berühmt für ihre Zypressenwälder, und noch immer gibt es hier abgelegene Täler, in denen man die wilde Zypresse in ihrer natürlichen Schönheit bewundern kann. Die Säulenzypresse dagegen ist eine Kulturpflanze, die wahrscheinlich aus dem vorderen Orient stammt und von dort schon in klassischer Zeit nach Griechenland und Italien eingeführt wurde, wo sie sich so heimisch machte, dass sie beispielsweise als Charakterbaum der Toskana gilt. Wie viele Bäume, die massenhaft gepflanzt werden, ist heute auch die ursprünglich so gesunde Säulenzypresse nicht von Schädlingen verschont geblieben. Besonders gefährlich kann ihr der Zypressenkrebs werden. Das ist ein Pilz, der unabsichtlich aus Amerika eingeführt wurde, der sich im Holz und in den Ästen einnistet und der in den Mittelmeerländern schon viele Zypressen zum Absterben gebracht hat. Und schließlich ist die Zypresse empfindlich gegen längere Fröste unter minus fünf Grad Celsius und lässt sich in Mitteleuropa bestenfalls in Weinbaugegenden im Freien kultivieren.

Mittelmeerzypresse. Arnold Böcklin, Die Totentinsel

Bis ins 18. Jahrhundert war die Zypresse in Deutschland nur den wenigen Menschen bekannt, die eine klassische Bildung genossen hatten.

Sie kannten sie aus den Schriften der griechischen und römischen Autoren. Als Friedrich Gottlieb Klopstock in einem Gedicht seinen 1796 verstorbenen Freund beklagt, den Botaniker Paul Dietrich Giseke, tut er dies, indem er die Erinnerung an die toten Dichterkollegen Homer und Milton mit dem Bild der an ihrer Gruft gepflanzten Zypressen zusammenbringt.[5]

»So liegen Miltons Gebein von Homers Gebeine gesondert, / Und der Zypresse verweht / Ihre Klag' an dem Grabe des Einen, und kommt nicht hinüber / Nach des anderen Gruft.«

Botanisch korrekt daran ist hier, dass die Trauerzypresse sich in dem vergleichsweise milderen Klima Londons durchaus auf kleinen Friedhöfen halten kann. Für Mitteleuropa galt das aber nicht, hier konnte man sie bestenfalls in Töpfen ziehen und musste sie im Winter in die Orangerie bringen. Dass sie dennoch beliebt war und in den Gärten kultiviert wurde, zeigt das Bild eines Hamburger Gartens aus dem Jahre 1716, wo getopfte Zypressen die Mittelpunkte eines aus vier kleinen Quadraten gebildeten Gartens darstellen.[6]

Es bestand offensichtlich um diese Zeit eindeutig eine Nachfrage nach markanten, zypressenartig straff aufrecht wachsenden Bäumen. Und das nicht zuletzt deswegen, weil um diese Zeit eine Reform des Bestattungswesens einsetzte,

bei der aus hygienischen Gründen die Friedhöfe hinaus aus der engen Umgebung der Kirchen bis weit vor die Tore der Städte verlagert wurden. Dort gab es genügend Platz, um Bäume bei den Gräbern zu pflanzen. Vorher – auf den Kirchhöfen – hatte es diesen Platz nicht gegeben.

Gedeckt wurde dieser Bedarf durch die Italienische Säulenpappel, die zum winterharten Stellvertreter der Mittelmeerzypresse wurde. Nach heutigen Regeln gültig beschrieben hat sie 1770 der Landedelmann Otto von Münchhausen, ein entfernter Verwandter des Lügenbarons, in seinem Buch *Der Hausvater*. Und er beschreibt sie sehr anschaulich:

»Populus nigra italica. Diese Art, wovon seit einigen Jahren so viel Wesens gemacht worden, und welchen man als den allernutzbarsten, und den schnellstens Wachstum habenden Baum ausgeben wollen, ist eine bloße, von der schwarzen Pappel kaum zu unterscheidende Varietät, welche aus der Lombardei nach Frankreich gebracht, und darauf weiter ausgebreitet worden. Sie macht sich im Wachstum kenntlich, indem sie alle Äste aus dem Stamm gerade über sich treibt, sodass sie gleich einem Besen über sich und nahe zusammenstehen, dahingegen sie sich an der gemeinen Pappel speerhaft auseinanderbreiten.[7]

Die Säulenpappel, auf die man zuerst vor allem als Holzproduzenten große Hoffnungen gesetzt hatte, sollte sich in kurzer Zeit zu einem ausgesprochenen Modebaum entwickeln. Bereits 1745 wird sie erstmals in Frankreich zum Bepflanzen von Alleen verwendet. Gleichzeitig beginnt sie im Hintergrund von französischen Rokokogemälden aufzutauchen, und auch in die jetzt neu entstehenden Landschaftsparks wird sie gepflanzt. Als Ausrufezeichen in der landschaftlichen Szenerie bildet sie einen idealen Ersatz für die Säulenzypressen, die man als Originale ja nur im Süden bewundern konnte.

Populär wurde die Säulenpappel als Alleebaum, vor allem, weil sie schnell wächst und schnell Schatten spendet.

Die erste deutsche Säulenpappel-Allee entstand 1770 in Durlach bei Karlsruhe. Ein besonderer Freund und Förderer der Säulenpappel war Friedrich Wilhelm II. von Preußen, der Nachfolger Friedrich des Großen. Er ließ sie zuerst 1789 an der sogenannten Musterchaussee in Potsdam pflanzen und dann entlang der neu entstandenen Staatschausseen von Berlin nach Brandenburg und nach Frankfurt an der Oder. Um 1840 war Berlin bei Reisenden für seine Pappelalleen berühmt.[8] Man sieht, dass Napoleon Bonaparte weder der Erste noch der Einzige war, der Pappeln an Alleen pflanzen ließ, obwohl ihm das oft zugeschrieben wird.

Raketen-Wacholder im Alten Botanischen Garten Hamburg

Als Trauerbaum hat die Säulenpappel ihre ganz eigene Geschichte, die eng mit dem französischen Philosophen Jean-Jacques Rousseau verbunden ist und mit dem Grab, das man für ihn auf der »Insel der Pappeln« im Park von Ermenonville errichtete. Hier, gut 40 Kilometer entfernt von Paris, hatte Rousseau seine letzten Lebensjahre verbracht, und hier war er 1778 gestorben. Zeitgenössische Bilder zeigen eine kleine Insel mit einem durch eine Urne gekrönten Sarkophag, umgeben von einem Kranz aus Säulenpappeln.

> *»Die hohen Pappeln, die von einem Boden emporsteigen, der mit Rasen bedeckt und einigen Rosen geschmückt ist, bilden einen ehrwürdigen Schatten, der sich durch seinen Widerschein in dem ruhigen Wasser verlängert. Und der Gedanke: Hier ruhet Rousseau! Enthält alles, was die rührende Feierlichkeit dieses Auftritts vollenden kann«,*

schreibt der Kieler Professor Christian Cay Lorenz Hirschfeld. In dem 1780 erschienenen zweiten Band seiner *Theorie der Gartenkunst* zeigt er ein Bild der Pappelinsel, auf dem die Bäume zwei Jahre nach Rousseaus Tod schon eine beachtliche Höhe erreicht hatten. Dieses pathetische und zugleich anmutige Bild, das so recht dem Charakter des populären Philosophen der Empfindsamkeit zu entsprechen schien, hat sich als ausgesprochen wirkmächtig erwiesen, denn wenige Jahre danach wurden 1782 im Wörlitzer Park, 1792 im Berliner Tiergarten und später auch in anderen Landschaftsparks sogenannte Rousseau-Inseln geschaffen, und nach dem Vorbild von Ermenonville allesamt mit einem Pappelkranz und einer Urne auf einem Schein-Sarkophag versehen.

Wie suggestiv dieses Bild gewesen sein muss, zeigt auch der Pappelkranz 28
um das Denkmal, das man im Jahre 1801 in Hamburg zu Ehren des Schriftstellers und Pädagogen Johann Georg Büsch errichtet hatte. Der war ein Jahr vorher gestorben, Leiter einer Handelsakademie gewesen, an der unter anderem Alexander von Humboldt studiert hatte, und in der Hansestadt hatte er höchstes Ansehen genossen. Sein Denkmal gilt als das älteste Personendenk-

mal in Hamburg und als eines der ersten deutschen Denkmäler überhaupt, das für einen Menschen aus dem Bürgertum errichtet wurde. Ursprünglich stand es dort, wo sich heute die Hamburger Kunsthalle befindet, aber es musste in zwei Jahrhunderten viermal umziehen, bevor es 1984 beim Hauptgebäude der Universität an der Ecke von Rothenbaumchaussee und Edmund-Siemers-Allee seinen vorläufig endgültigen Platz gefunden hat. Auch an seinem neuen Standort ist es erwartungsgemäß von einem Pappelkranz umgeben, aber halt: Das sind keine original italienischen Säulenpappeln, denn die hätten rhombische Blätter, und die Blätter dieser Bäume sind rund und erinnern an die heimische Zitterpappel. Tatsächlich handelt es sich hier um Säulen-Zitterpappeln, die vor rund 100 Jahren in Schweden entdeckt wurden und seitdem gern anstelle der Säulenpappel verwendet werden, die sich aus vielen Gründen als problematisch erwiesen hatte. Die Italienische Säulenpappel war ja selbst schon Ersatz gewesen, nämlich für die Zypresse.

Säulenform der Zitterpappel, Büsch-Denkmal, Hamburg

Ich muss gestehen, dass die Säulenpappel nicht zu meinen Lieblingsbäumen zählt.

Vielleicht liegt es daran, dass meine erste frühkindliche Begegnung mit ihr eine Fällung war. Sie stand in Nachbars Garten und war etwa dreimal so hoch wie das Einfamilienhaus daneben, also vielleicht 20 Meter. Einen solchen Riesen zu fällen war in den 50er Jahren mit viel Kletterei auf langen Leitern und einer Menge Handarbeit verbunden und viel aufwendiger als heute. Wir Kinder schauten jedenfalls lange Zeit aus sicherer Entfernung zu, wie Stück für Stück Stammabschnitte und Starkäste mit lautem Krachen zu Boden gingen. Die Einzelheiten habe ich vergessen, aber ich weiß noch genau, wie sich unser Nachbar freute, als das alte Scheusal endlich weg war. Auch ich habe ihr keine Träne nachgeweint, denn ein Baum, auf den man nicht klettern konnte, war für ein Kind in meinem Alter ohne jeden Reiz.

Die Säulenpappel wächst zwar sehr schnell und wird schnell sehr hoch, aber sie wird auch schnell alt und dann unansehnlich.

Ihre Äste werden kahl und brüchig, und außerdem ist sie anfällig für Raupen und Pilzinfektionen. Kein Wunder, dass ihre Zeit als Modebaum vorbei war, als die erste Generation diese Alterserscheinungen zeigte, also etwa um 1830.

Man begann damals, nach anderen markanten Bäumen zu suchen, die die Rolle der mediterranen Zypresse und der Säulenpappel als Ausrufezeichen in der Landschaft und im Garten übernehmen konnten.

Große Hoffnungen hatte man auf die Säuleneiche gesetzt. Auch über die Säuleneiche gibt es einen ganzen Sack voller Geschichten, teilweise sehr spannend, wie beispielsweise die von der 500 Jahre alten Schönen Eiche, die heute noch in Harreshausen in Hessen bewundert werden kann und von der all unsere heutigen Säuleneichen abstammen sollen. Säuleneichen werden deutlich älter als Säulenpappeln, bis zu 150 Jahre, und bleiben auch stabiler: Deswegen werden sie heute an vielen Stellen gepflanzt, wo man früher Pappeln genommen hatte. Aber auch sie neigen im Alter ein wenig zum Auseinanderfallen und Verkahlen.

Als erster immergrüner Zypressenersatz wurde bei uns ab 1870 der Abendländische Lebensbaum *Thuja occidentalis* in seiner Säulenform *Fastigiata* populär. Viele lieben ihn, weil er so schnell wächst und vor allem als Heckenpflanze schnell »dicht macht«, und auch, weil er sich mit der Heckenschere so gut in Form halten lässt. Andere stören sich an seinem Geruch und an seiner friedhofsartigen Anmutung. In rascher Folge kamen dann immer weitere immergrüne Säulenbäume in unsere Gärten, etwa die Säuleneibe und der Säulenwacholder, die von heimischen Nadelgehölzen abstammen, oder die von der Westküste der USA stammende Scheinzypresse mit ihren vielen Sorten.

Säulenpappel, Alstervorland in Hamburg

Ich finde es außerordentlich reizvoll, zu beobachten, wie exotische Nadelgehölze, Schauspielern gleich, unterschiedliche Rollen in unseren Gärten spielen können,

29

wie also beispielsweise eine robuste und schnellwüchsige Scheinzypresse aus Oregon in einem Heidegarten die Rolle des heimischen Säulenwacholders übernimmt. Perfekt gelingt diese Art des darstellenden Spiels in den Mittelmeerterrassen des Alten Botanischen Gartens in Hamburg. Das mediterrane Flair verdankt dieser Gartenteil den völlig authentisch wirkenden Zypressen – Zypressen, deren Rolle jedoch hier und heute von dem ursprünglich aus Alaska stammenden Raketen-Wacholder *Juniperus scopulorum* »Skyrocket« gespielt wird (siehe das Kapitel über die Sumpfzypressen). Die Suche nach dem idealen Säulenbaum geht jedenfalls weiter.

Die Trauerweide kam etwa zur gleichen Zeit nach Europa wie die Säulenpappel, und ebenso wie die Säulenpappel wurde sie im Zeitalter der Empfindsamkeit zu einem Modebaum. Sie wurde sogar noch sehr viel populärer, vor allem im englischen Sprachraum, wo die *weeping willow* in mehr Liedern, Gedichten und Geschichten eine Rolle spielt als bei uns in Deutschland. Die Trauerweide stammt ursprünglich aus China; sie wurde schon früh in Vorderasien als Zierbaum kultiviert und dann wahrscheinlich vom französischen Botaniker Tournefort um 1680 nach Europa gebracht. Carl von Linné dürfte diesen Baum zwischen 1735 und 1738 kennengelernt haben, als er sich in Holland und England aufhielt. Es muss für ihn eine Sensation gewesen sein, denn Bäume mit hängenden Zweige hatte man in Europa bis dahin nicht gekannt. Linné war unter anderem auch Amateurtheologe und ein bibelfester Mann. Der Anblick dieser Weide muss bei ihm eine Kette von Assoziationen ausgelöst haben: Ein stattlicher Baum, der sich oder zumindest seine Zweige so traurig hängen lässt und der aus Palästina oder Persien oder möglicherweise aus dem Zweistromland stammt, also genau der Gegend, wohin der babylonische König Nebukadnezar die Juden für 60 Jahre verschleppt hatte – das kann nur der Baum sein, von dem im Psalm 137 die Rede ist. [9] Da heißt es:

> *»An den Strömen von Babel, da saßen wir und wir weinten, wenn wir Zions gedachten. An die Weiden in seiner Mitte hängten wir unsere Leiern. Denn dort verlangten, die uns gefangen hielten, Lieder von uns, unsere Peiniger forderten Jubel: Singt für uns eines der Lieder Zions! Wie hätten wir singen können die Lieder des HERRN, fern, auf fremder Erde?«*

Dieses Bibelzitat dürfte der Grund sein, warum Linné der Trauerweide den wissenschaftlichen Namen *Salix babylonica* gab.

Versetzen wir uns in die Jahre um 1750. Wir befinden uns im Zeitalter der Aufklärung und zugleich im Rokoko, in der Epoche der Empfindsamkeit und der sentimentalen Zuwendung zur Natur, wie die jetzt in Mode kommenden sentimentalen Gedichte, Landschaftsbilder und Gärten bezeugen. Aber auch in einer Zeit, in der man große Freude an der Exotik hatte, vor allem am fernen Wunderland China; man baute chinesische Pagoden nach und importierte chinesisches Porzellan. Und siehe da, auf diesem Porzellan tauchte, oft neben den Pagoden, immer wieder ein Baum mit hängenden Zweigen auf. Die Sammelei von exotischen Gehölzen und ihre Verwendung in landschaftlichen Parks wurde ein populäres Hobby reicher Männer von Adel oder aus der bürgerlichen Oberschicht. Biblische Bezüge waren den meisten Menschen vertraut. Und so kam all das zusammen, um der Trauerweide zu einem kometenhaften Aufstieg zu verhelfen.

Die Geschichte der Trauerweide und ihrer Verwendung in den Gärten

Europas schildert der Gartenhistoriker Clemens A. Wimmer anschaulich und detailliert zugleich in einem ganz wunderbaren Aufsatz, dessen Lektüre ich hier empfehle, zumal er im Internet leicht zugänglich ist.[10] Unter anderem berichtet Wimmer von der Napoleonsweide auf Sankt Helena, die im frühen 19. Jahrhundert eine große Faszination ausgeübt haben muss. Das Motiv der sich über seinem Grabstein wölbenden Trauerweide wurde auf vielen Zeichnungen verewigt, teils realistisch und teils symbolisch verfremdet: Zwischen den Stämmen zweier Weiden schien die Silhouette des Verstorbenen als Negativ Gestalt anzunehmen. Später starb die berühmte Napoleonsweide ab, und die Gebeine des Toten wurden nach Paris gebracht und im Invalidendom beigesetzt. Aber in den Jahren um 1830 wurde viel Aufhebens um die Napoleonsweide von Sankt Helena gemacht.[11]

Die Insel lag auf der Route der Segelschiffe, die um das Kap der Guten Hoffnung weiter nach Ostasien, Australien und Neuseeland segelten. Seeleute, vor allem französische, kletterten mühsam den Hang bergauf zur Grabstätte des verstorbenen Kaisers, um Zweige der Trauerweide als Souvenir mitzunehmen oder gar um die Stecklinge in ihren Kojen mit viel Hingabe zum Bewurzeln zu bringen, damit sie sie zu Hause einpflanzen konnten. Die Andenkenjägerei nahm solche Ausmaße an, dass der Gouverneur der Insel sogar einen Wächter am Grab stationierte, um die Plünderung des Baums durch Touristen einigermaßen in Zaum zu halten.

Und so kamen Exemplare der Trauerweide als Napoleonsweide, oft unter dem unrichtigen Namen *Salix napoleona*, in weit entfernte Gegenden. Zum Beispiel nach Neuseeland, wo sie sogar Gegenstand eines populären Romans wurde. Auch nach England, wo es einen regelrechten Kult um die Weide von Sankt Helena gab, kamen die Weiden zurück. Ein Steckling der Napoleonsweide soll in Nordamerika auf dem Grab von George Washington auf dem Mount Vernon gepflanzt worden sein, von dort wurde ein weiterer Steckling mit nach Seattle genommen.[12] Der aus ihm gewachsene Baum hat heute das stolze Alter von 135 Jahren erreicht.

Eines hat die echte Trauerweide *Salix babylonica* allerdings mit der echten Zypresse *Cupressus sempervirens* gemein: Sie ist in Deutschland nicht frosthart und kann bei uns nicht dauerhaft im Freien kultiviert werden. Und wie bei der Zypresse haben Züchter und Baumschüler für Ersatz gesorgt, und zwar reichlich, denn es gibt heute bei uns mehrere unterschiedliche Typen von Trauerweiden. Alle stammen sie von der Echten Trauerweide ab, aber sie wurden mit mittel- und nordeuropäischen Weiden gekreuzt, denen die neuen Züchtungen ihre Widerstandsfähigkeit gegen Fröste verdankten.

Ich stehe in Hamburg an der Außenalster vor dem Hotel Atlantic. Das Ufer wird von großen Baumweiden gesäumt. Sie sind es, die dem Ufer dieses großen Sees inmitten der Stadt seine ganz besondere Prägung geben. Etwa so groß wie die fünfstöckigen Gründerzeithäuser dahinter, verbergen sie diese vor unseren Blicken und bilden die perfekte Schaufront für eine Stadt, die sich gern mit dem etwas abgegriffenen Slogan als grüne Stadt am Wasser vermarktet. An dieser Stelle trifft er zu.

Da ist zunächst die Silberweide mit ihrer hellen grauweißen Krone. Dann die Fahlweide, die wegen ihres unauffällig grünen Laubs meist übersehen wird, die aber im Februar mit ihren flammend roten und straff nach oben gerichteten, blattlosen Zweigen einen ganz dramatischen Anblick bietet. Und da sind schließlich die Trauerweiden mit ihrer ganz eigenen Silhouette. Wie man an den goldgelben Zweigen erkennen kann, handelt es sich hier durchweg um die Goldschopf-Trauerweide; ihr wissenschaftlicher Name lautet *Salix chrysocoma*.

Was von Weitem vor allem auffällt, sind die überhängenden, überfließenden Laubkaskaden aus mehreren Meter langen, weit nach unten hängenden Zweigen. Immer wieder bilden sich an der Krone neue schlanke Triebe, die zuerst nach oben wachsen, dann aber vom eigenen Gewicht nach unten gezogen werden, sich über die älteren Zweigsysteme hängen und selbst wieder übergipfelt werden. Sobald ein wenig Wind aufkommt, beginnt das Laub sich hin und her zu wiegen, wie lebendige und bewegliche Wesen vor der starren Kulisse der jetzt irgendwie hüftsteif wirkenden Baumnachbarn.

**Besonders schön wirkt eine Trauerweide,
wenn sie direkt an einem Gewässer steht.**

Der Stamm wird völlig von den herunterhängen Zweigen verborgen. Wo sie die Wasserfläche erreichen, können sie Stelzwurzeln machen und dann an tropische Mangrovenwälder erinnern. Oder aber sie bilden etwa einen halben Meter über dem Wasser dicht belaubte und waagerecht darüber hinstreichende Zweige. Schwäne und Enten haben das geschaffen, indem sie das junge Laub abknabbern und den Baum immer wieder zu neuen Verzweigungen anregen. Wir teilen das Laub und treten ein in eine natürliche Laube, die Offenheit und Geborgenheit zugleich ausstrahlt. Durch das gelbe Zweigwerk und das lichte Blaugrün der Blätter haben wir einen wunderbaren Blick über den großen See. Hoch über dem aufrechten Stamm wölbt sich über knickigem Altholz eine grazile Krone. Wir sehen, dass sich zur Wasserseite hin einige starke Äste nach unten orientiert haben und jetzt dort die Schleppe des Kronendaches bilden.

Die Goldschopf-Trauerweide, die schönste und heute bei Weitem die häufigste Trauerweide, ist eine Kreuzung aus der Echten Trauerweide und der sogenannten Dotterweide *Salix alba Vitellina*. Entdeckt wurde sie zwar schon um 1815 im Elsass, aber in den Handel gebracht hat sie erst die Berliner Baumschule Späth von dem Jahr 1894 an, und zwar unter dem Namen *Salix alba tristis*. Was wir auf Gartenabbildungen des 19. Jahrhunderts an Trauerweiden sehen, müssen andere, ebenfalls aus Kreuzungen hervorgegangene Sorten gewesen sein, die heute selten oder möglicherweise schon verlorengegangen sind.

Trauerweide auf Verkehrsinsel An der Alster

Wir haben den Ort beim Hotel Atlantic ausgewählt, weil wir hier ein spektakuläres Exemplar einer anderen Trauerweide finden können, der extrem seltenen Wisconsin-Trauerweide *Salix blanda*. Sie ist eine Kreuzung aus der Echten Trauerweide und der einheimischen Bruchweide. Für mich ist dies einer der wildesten Bäume Hamburgs, und er steht an einer ebenso prominenten wie unzugänglichen Stelle, nämlich auf einer Verkehrsinsel, an der täglich mehr als 70.000 Autos vorbeifahren. Von Weitem und auf den ersten Blick unterscheidet diese Weide sich nicht von den anderen Trauerweiden an der Alster, außer vielleicht dadurch, dass sie etwas kleiner bleibt und dass ihre Triebe nicht ganz so lang werden. Um sie genauer zu bestimmen, muss ich Gefahr für Leib und Leben auf mich nehmen und im Laufschritt über drei Fahrspuren hetzen, denn hier gibt es weder Ampel noch Zebrastreifen.

30

Ich schaue mir die Zweige an. Sie brechen leicht ab, mit einem ganz charakteristischen Knackgeräusch, und sind ab dem zweiten Jahr nicht dottergelb, sondern vielmehr lehmgrau – beide Merkmale haben sie von der Bruchweide geerbt.

Als ich in die natürliche Laube der *Salix blanda* eintrete, erlebe ich eine Überraschung. Was für eine merkwürdige Baumgestalt! Links ein dicker Hauptstamm, der sich in Kopfhöhe in mehrere starke, sich zickzackartig hin und her windenden Starkäste aufteilt. Rechts ein weiterer, nahezu ebenso dicker Hauptstamm, der am Erdboden mit seinem Nachbarn verbunden ist, sich aber nicht nach oben orientiert, sondern wie eine riesige Seeschlange von zehn Meter Länge auf dem Boden entlangkriecht, dabei Wurzeln schlägt und Seitentriebe erzeugt, die sich aufrichten und ihrerseits zu kleinen Bäumchen auswachsen. Dass sich die Zweige leicht wieder bewurzeln, wenn sie den Boden berühren, ist ebenfalls Erbteil der Bruchweide. Die ist nämlich an Bächen und im Auwald zu Hause. Der Wind bricht ihre Zweige ab, sie werden vom Wasser verschwemmt, schlagen dann an geeigneten Stellen Wurzeln und können sich zu neuen Bäumen entwickeln.

Es gibt ein Foto dieser Trauerweide aus dem Jahre 1997. Man erkennt darauf, wie der heutige Bodenkriecher noch schräg nach oben wächst. Welch unglaubliche Kraft und Elastizität muss das Wurzelwerk haben, um solche Verbiegungen ohne Schaden ertragen und auffangen zu können. Im Jahre 2014 hatte ich diesen Baum bereits gemeinsam mit einem Mitarbeiter des Hamburger Gartenbauamtes in Augenschein genommen. Meine Begeisterung über diesen Baum mit Charakter hat den Vertreter der Behörde damals ziemlich kaltgelassen. Für ihn erfüllte dieser Baum mit seinen tief ausladenden Ästen nicht das Anforderungsprofil eines Straßenbaumes; er bezeichnete ihn als einen sogenannten Problembaum.[13] Ein Straßenbaum hat gefälligst eine lichte Höhe von 3,80 Meter und eine mehr oder weniger kugelig geschlossene Krone zu haben, sonst ist er für die Aufgabe eines Straßenbaumes ungeeignet und muss weg.

Trauerweide auf Verkehrsinsel An der Alster

Aber noch steht er hier, der wildeste Baum der Hamburger Innenstadt,

und dem zuständigen Bezirksamt Hamburg-Mitte sei hiermit für seine Toleranz gedankt. Eigentlich stört er ja niemanden, und es ist eine der wenigen Stellen in Hamburg, an der man eine dieser seltenen und merkwürdigen Trauerweiden überhaupt zu Gesicht bekommt.

Kehren wir zurück zu den Strömen von Babel und den Weiden, an die die Juden ihre Leiern hängten, und schauen wir uns an, welchen Nachklang diese Geschichte im englischen Sprachraum hatte und immer noch hat. Die erste englische Bibelübersetzung, die *King James Bible*, spricht von *harps* und *willows*. Wenn man diese beiden Worte in die Suchmaschine im Internet eingibt, erhält man eine schier unübersehbare Zahl von Hinweisen, die sich alle auf den biblischen Text beziehen, auf Predigten, auf Vertonungen mit Klavier- oder Gitarrensatz, auf Bücher und Theaterstücke. Beschränken wir uns auf die Lieder. Im Text des Songs *Rivers of Babylon* von Boney M., der ja die trauernden Juden am Ufer beschreibt, hat man die Weiden ausgespart, obwohl man sich sonst erstaunlich eng an den Bibeltext hält. In dem aus dem Jahre 1883 stammenden, immer noch populären Lied *There's a Tavern in the Town* nimmt der Troubador Abschied mit den Worten: »*I'll hang my harp on a weeping willow tree / And may the world go well with thee.*« Den absurden Höhepunkt ihrer musikalischen Karriere erreicht die *weeping willow* schließlich in *Song Sung Blue*, einem Hit aus dem Jahre 1972. Dort singt Neil Diamond: »*Song sung blue / Weeping like a willow / Song sung blue / Sleeping on my pillow.*« Mir vorzustellen, wie Neil Diamond auf seinem Kissen liegt und wie ein Weidenbaum weint, dazu fehlt es mir an Fantasie. Aber es hört sich schön an.

Leiern, Harfen, Zithern – offenbar gibt es bei Musikinstrumenten semantische Probleme bei der Exegese. Bei den Bäumen ist die Quellenlage aber noch schlimmer. Sollte Carl von Linné etwa einer Fehlinformation aufgesessen sein, als er die Hängeweide mit dem biblischen Baum am Ufer von Euphrat und Tigris gleichsetzte? Es sieht ganz so aus. Denn im Zweistromland gab es zu biblischer Zeit gar keine Weiden, wie unter anderem der israelische Botaniker Michael Zohary nachgewiesen hat.[14] Der Baum, der dort an den Ufern die Landschaft prägt, ist vielmehr eine Pappel, *Populus euphratica*, und die hat keine hängenden, sondern straff schräg nach oben wachsende Zweige. Also Zweige, an die man – wenn es schon sein muss – ein empfindliches Musikinstrument viel einfacher und sicherer hängen kann als an die schlaffen Zweige der Trauerweide. Das ergibt Sinn. Hinzu kommen sprachliche Argumente. Offenbar bezieht sich auch das Wort *Garab* im hebräischen Urtext tatsächlich auf Pappeln und nicht, wie es in die Übersetzungen ins Lateinische, Englische oder Deutsch heißt, auf Weiden.

Und um die Verwirrung komplett zu machen: Pappeln und Weiden sind nahe verwandt und gehören zur gleichen Pflanzenfamilie.

Ausgerechnet die Euphratische Pappel ist nun besonders variabel in Bezug auf ihre Blätter, sie können pappelähnlich und rundlich sein wie bei unserer heimischen Zitterpappel, aber auch weidenähnlich lang und schmal wie bei unseren Silber- und Flechtweiden. Man muss schon ein ausgefuchster Botaniker mit exzellenten Hebräischkenntnissen sein, um das auf die Reihe zu bekommen. Die neueren Bibelübersetzungen haben daraus ihre Konsequenzen gezogen. Die Neue-Zürcher-Bibel-Ausgabe von 2007 steht noch in der Tradition der Lutherbibel und schreibt: »*Unsere Leiern hängten wir an die Weiden im Land.*« Die Elberfelder Bibel von 2008 hat dagegen die neuesten wissenschaftlichen Erkenntnisse verarbeitet, und so heißt es hier: »*An die Pappeln dort hängten wir unsere Zithern.*« Und in der *New International Version* des Psalm 137 lesen wir: »*There on the poplars we hung our harps.*«

Wissenschaftlich ist das sicher korrekt. Ein bisschen wehmütig macht es mich aber schon. Es war eine so schöne Geschichte, die – wie es ein schottischer Autor um 1800 ausdrückte – die zarten und melancholischen Erinnerungen der Kinder Israels in der Gefangenschaft mit diesem anmutigen Baum in Verbindung gebracht hatte. Wie schade, dass mit der prosaischen Pappel all die schönen englischen Gedichte und Lieder mit *harp* und *willow* ihren ursprünglichen Bezug verloren haben. Da lobe ich mir doch den Lokalredakteur in dem alten Western *Der Mann, der Liberty Valance erschoss*, der mir viel näher ist als die modernen Bibelherausgeber, wenn er am Ende des Films die berühmten Worte spricht: *»Wenn die Legende besser ist als die Tatsache, druckt die Legende.«*

Uralt, toxisch, im Schatten hausend: die EIBE

Von Helmut Schreier

Zehn Minuten Fahrt über die Straße erst am Neuländer, dann am Fünfhausener Hauptdeich am Rande Hamburgs – auf der Suche nach dem ältesten Baum der Stadt, einer mächtigen Eibe, die in dieser Gegend stehen soll, richtet sich der Blick unwillkürlich auf die Ränder der Straßen, die natürliche Kulisse der Verkehrswelt. Das Immergrün der Eibe müsste weithin sichtbar sein, ein Signal ihres Standorts. Aber das endlose Daumenkino der Weiden wird nur an zwei Stellen durch die dunklen Spitzen von ein paar halbwüchsigen Fichten unterbrochen, und die Fahrt am Elbdeich führt immer weiter weg von der Stelle gegenüber dem Naturschutzgebiet Heuckenlock, an der sich der gesuchte Baum finden sollte. 38

Anhalten, zurückblicken – da ist eine weiße Fläche mit schwarzen Maisstoppeln, dahinter eine Linie: noch ein Deich, niedriger als dieser, irgendwo dort muss der Standort sein, denn der gesuchte Baum ist ja sehr alt, viel älter als der massive Höhenrücken des neuen Deichs, der dem Verlauf der Süderelbe mit ihrem alljährlich wiederkehrenden Hochwasser weite Flächen Neuland abgetrotzt hat. In dem regelmäßig überfluteten Auengebiet hätte sich eine Eibe wahrscheinlich nur schwer halten können, so anspruchslos der Baum sonst auch ist. Demnach müsste er sich auf der flussabgewandten Seite des weiter vom Fluss entfernten Deiches finden.

Und so ist es: Neben der Bushaltestelle »Alte Schule« steht er direkt am Fuß des Deichhangs, ein breiter grüner Kegel, im Schnee des Vorgartens eines Wohnhauses aus roten Klinkern, ein alter Fremdling, umzingelt vom Halbkreis einer kahlen Hecke, von ein paar verdorrten Sommerfliederbüschen und vom Asphaltstreifen der Zufahrt, die vom Deichweg abzweigt. Die zehn Meter Höhe sieht man ihm erst an, wenn man die Böschung hinabgegangen ist, auch die Mächtigkeit des Stammumfangs ist nicht auf Anhieb zu erfassen.

Der Stamm ist vollkommen hohl und außerdem zweigeteilt, nur eine Halbschale, der ein schmaler Streifen aus Rinde und ein wenig Splintholz gegenübersteht.

Ein Kind könnte leicht durch diese Ruine von drei Meter Umfang hindurch-

Prothesen an der Eibe am Elbdeich

laufen. Die Gärtner der zuständigen Hamburger Behörde haben dem Baum im Jahre 1970 eine neue Prothese verpasst. Die alte – zwei um ihn herumgelegte Eisenbänder – schnürten Rinde und Kambium ein und behinderten das Wachstum. Die neue ist von brutaler Auffälligkeit: Ein rotes Stahlrohr so dick wie eine Straßenlaterne steht in der Mitte des hohlen Stammes, ihr oberes Ende verliert sich zwischen den Zweigen an der Spitze des Baumes. Vier spannenbreite, eiserne Reifen sind um die Relikte des Stammes gelegt und durch Speichen mit der Achse im Innern verbunden. Außen zwischen Reifen und Rinde sind rechteckige Gummistützen und Holzklötze eingefügt, und die Eisenreifen können durch Stellschrauben erweitert und angepasst werden. Dass dieser Baum den Bau des Wohnhauses überlebt hat, hängt wahrscheinlich damit zusammen, dass er bereits 1936 zum Naturdenkmal erklärt und unter behördlichen Schutz gestellt wurde; auch die teure maßgefertigte Prothese ist ein Ergebnis amtlicher Fürsorge.

Es ist schwierig, das Alter von Eiben zu schätzen; alte Bäume sind fast immer hohl, Jahresringe wegen des extrem langsamen Wachstums zuweilen nicht ablesbar; man hat diese Eibe mit der Phase der ersten Eindeichungen in Verbindung gebracht, die urkundlich für das 12. Jahrhundert belegt sind. Aber solche Einschätzungen sind spekulativ.

Weshalb hätte man bei der Eindeichung ausgerechnet eine Eibe pflanzen sollen, die jedenfalls für weidende Schafe den sicheren Tod bedeutet hätte?

Vielleicht war der Baum schon da, als der Deich aufgeschüttet wurde, groß genug, um mit den unteren Zweigen außerhalb der Reichweite der Tiere zu bleiben, alt genug, um die Deichbauer beim Fällen zögern zu lassen. Eine Eibe war in der Vorstellung von Menschen, in deren Denken die Spuren heidnischer Vorstellungen noch wirkten, nicht irgendein Baum, sondern ein Todesbaum, Repräsentant der Unterwelt, ein machtvolles Wesen, vor dem man sich besser in Acht nahm.

Pappelrondell an der Alster in Hamburg

Stramm in Reih und Glied – Ulmen im Hamburger Stadtpark

 Eibe am Fünfhausener Elbdeich: Der älteste Baum Hamburgs

 Friederikeneiche im Hasbruch

Hier, an dieser Stelle hinter dem alten Elbdeich, an diesem Spätwintertag, wirkt die dunkle Präsenz der alten Eibe auch auf den heutigen Zeitgenossen als starker Eindruck. In ihrem Bannkreis ist sie die Mitte der Welt.

Sie ist älter als alles, was um sie herum zu sehen ist, und sie erscheint im Kleid ihrer buschig ausgeprägten dunklen Zweige kräftig genug, um noch lange weiter da zu sein. Vielleicht wird sie die Prothese überleben. Einer Bauernweisheit zufolge überdauert Eibenholz in der Erde sogar Eisen. Auch ist von alten Eiben bekannt, dass sie Luftwurzeln ausbilden, die sie im Innern ihres hohlen Stammes herablassen und als Stützen im Boden verankern. Oft treiben alte Bäume junge Schösslinge aus ihrem verzweigten Wurzelwerk empor, die im Lauf der Zeit mit dem ursprünglichen Stamm verwachsen und eine natürliche Stützsäule bilden, manchmal findet man Eiben, deren Stamm aus sieben oder acht vollkommen ineinander verwachsenen Stämmchen besteht. Manchmal findet man ganze Eibenhaine, die aus einem einzigen Baum hervorgegangen sind.

Die Nadeln der Eibe sind weicher als die anderer Nadelbäume, man kann sich an ihnen nicht stechen, obwohl sie entlang ihrer Mittelachse einen verstärkenden Wulst tragen. In die Hand genommen und aus der Nähe betrachtet, entfalten sich die einzelnen Nadeln jeweils aus einer am Zweig entlanglaufenden Ader. Sie sitzen abwechselnd ein wenig höher beziehungsweise tiefer an der Seite der Zweige. Ohne die Nadeln würde die Struktur des Zweiges an einen geflochtenen Zopf erinnern. Jede einzelne Nadel ist nach unten gewölbt. Die Oberseite ist dunkelgrün und glänzt, die Unterseite ist hellgrün und stumpf. Sechs bis acht Jahre lang bleiben sie an den Zweigen.

Manche Botaniker zählen die Eibe nicht zu den Nadelhölzern, sondern zu einer Art Vorstufe der Koniferen, einem Gewächs, das zwischen Laub- und Nadelholz steht, ähnlich wie der Ginkgo. Und wie der Ginkgo ist die Eibe ein lebendes Fossil.

Die zehn auf der Nordhalbkugel vorkommenden Eibenarten stammen von *Palaeotaxus rediviva* ab, dem im Erscheinungsbild ganz ähnlichen Vorfahren, der als fossiler Abdruck bereits aus dem Trias – dem Erdzeitalter vor 200 Millionen Jahren – und als häufigeres Fundstück aus dem Jura – vor 140 Millionen Jahren – belegt ist. Einer der Gründe, weshalb Botaniker die Eibe den Koniferen nicht zurechnen, sind die Früchte des Baums, eine Art Beere, umgeben von einem fleischigen becherförmigen Mantel, der *Arillus* genannt wird und zwei oder drei harte kleine Samenkörner umschließt. Bei unserer europäischen Eibe zeigt der Arillus ein leuchtendes Purpurrot, während die chinesische Variante, *Taxus celebica*, hellgrüne Früchte mit olivgrüner Kappe trägt.

Nadelhölzer entwickeln gewöhnlich Zapfen, keine Scheinbeeren. Das leuchtende Rot der Früchte hat aber bei der Verbreitung eine wichtige Funktion: Vögel werden von der Farbe Rot ähnlich wie Menschen auf eine nicht völlig geklärte Weise zugleich angezogen und alarmiert. Sie fressen die ins Auge fallenden süßen becherförmigen Fleischhüllen, die Samenkerne passieren unverdaut ihren Darm, die einzelnen Körner ruhen eineinhalb Jahre lang auf dem Boden, wo sie mit dem Vogelkot gelandet sind, und beginnen unter günstigen Bedingungen zu keimen.

Ein anderes Merkmal, das die Eibe von den Koniferen trennt, ist die Zweihäusigkeit des Baumes. Es gibt männliche und es gibt weibliche Eiben.

Der alte Baum am Fünfhausener Elbdeich ist weiblich. Männliche Eiben tragen zur Zeit des Vorfrühlings im Februar und März bereits Blüten.

Derartige Exemplare von vier und fünf Meter Höhe sind in den Hamburger Parks häufig, im Kellinghusenpark finde ich am folgenden Tag einen über und über mit Blüten bedeckten Eibenbaum. Die Unterseite der Zweige ist mit pilzförmigen Blüten von jeweils etwa einem halben Zentimeter Länge bestückt.

An einem nur fünf Zentimeter langen Zweig zähle ich 24 Blüten, 22 von ihnen auf der Unterseite, zwei auf der Oberseite. Der Fuß jedes Pilzchens besteht aus einem Zapfen von durchscheinend grünen, fast weißen Schuppenblättchen, durch die sich an einem Teleskopstiel wie ein kleiner Blumenkohl ein Ball von blassgelben Pollenbeutelchen geschoben hat. Wenn diese Beutelchen aufplatzen, werden Massen von feinstem Pollenstaub vom Wind verweht. Sie werden lange in der Luft schweben, bei Menschen Allergien auslösen, aber auch die unscheinbaren Blüten weiblicher Eiben noch in vielen Kilometern Entfernung erreichen und bestäuben.

Die Giftigkeit des Baums mit all seinen Teilen unterscheidet ihn ebenfalls von den Koniferen, wie das völlige Fehlen von Harz und wie die ungewöhnliche Fähigkeit, stets neue Zweige und sogar Nadeln direkt aus dem Stamm auszutreiben. Vielleicht ist es, neben der Vergiftungsgefahr, vor allem der geringe Lichtbedarf der Eibe, der dieses Gewächs aus dem Rahmen dessen heraushebt, was für Nadelbäume und Bäume überhaupt sonst gilt.

Die Kiefer verkümmert, wenn sie keinen freien Himmel über sich hat, und der Wacholder geht sogar in der Nachbarschaft von Bäumen ein, die nur stundenweise ihren Schatten auf ihn werfen. Die Buche versteht sich darauf, ihren Lichtbedarf zurückzustellen und im Halbschatten größerer Bäume so lange zu vegetieren, bis eine Lücke im Laubdach entsteht, die sie dann mit rapide vorangetriebenem Wachstum ausfüllt und dabei selbst eine Laubdecke erzeugt, so dicht, dass kein anderer Baum mehr eine Chance hat, darunter heranzuwachsen.

Keiner, bis auf die Eibe. Sie allein vermag im fast kompletten Schatten zu überleben. Sieben Prozent des vollen Lichteinfalls genügen ihr.

Sie kommt in solchem Dämmerlicht zwar nicht dazu, Blüten und Früchte zu bilden, aber sie bleibt am Leben. Um den Lichtbedarf von Bäumen zu messen, hat man sogenannte Lichtkompensationspunkte als Messgröße eingeführt: die Menge Lichteinfall, gemessen in Lux, bei der noch eine Nettoassimilation möglich ist. Für die Kiefer ergibt die Messung eine Bandbreite von 1000 bis 5000 Lux, für die Eibe von 300. Mit diesem geringen Lichtbedarf fällt der Baum vollkommen aus dem Rahmen. Denn auf alle andern trifft die Behauptung zu, dass das Leben der Bäume durch nichts anderes – weder durch die Qualität des Bodens noch durch die Verfügbarkeit von Wasser – so geprägt wird wie durch den Zugang zum Licht.

Ihre Erscheinung als Individuum und das Bild ganzer Pflanzengesellschaften ist von dem Bestreben, ans Licht zu kommen, ähnlich geformt wie die Flamme einer Kerze durch die Verfügbarkeit eines sauerstoffhaltigen Luftstroms. Dass die Eibe den freien Zugang zum Licht nicht braucht, schafft ihr so etwas wie einen ökologischen Freibrief. In dem Hunger nach Licht scheint sie sich zurückzunehmen, sie hat gelernt, mit weniger auszukommen, sie setzt nicht auf raschen Umsatz und Investments im großen Stil, sondern auf geringe Einnahmen und langsames Wachstum. Dazu kommt die Fähigkeit, auf allen möglichen Böden – ob feucht oder trocken, ob sauer oder alkalisch – überleben zu können. Zwar bevorzugt der Baum kalkhaltigen, leichten Boden, und in den Baumschulen wird das Bäumchen auch sorgfältig in entsprechend zubereiteten Beeten herangezogen, aber draußen sind alte Eiben auch im feuchten Gelände und auf sauren Böden zu finden. Auf Hanglagen, mitten im Eichenwald oder an anderen ungewöhnlichen Plätzen stehen einzelne Eiben, ausdauernd und dunkel.

Vielleicht ist es die Methode des genügsamen Einzelgängertums, die die Art instand gesetzt hat, ganze Erdzeitalter erfolgreich zu überleben; aber seit Menschen ihr feinkörniges, hartes Holz nutzen – das Bogenschneiden hat wahrscheinlich schon vor 3000 Jahren begonnen –, gehen die Eibenbestände zurück.

In Deutschland ist der Baum seit wenigen Jahrzehnten amtlich besonders streng geschützt: Paragraph 20e des Bundesnaturschutzgesetzes stellt ihn als einzige Baumart unter Naturschutz. Dies kommt einem Verbot jeder wirtschaftlichen Nutzung gleich.

Der Name Eibe ist von dem althochdeutschen Wort *iwa* abgeleitet für Bogen.

Im antiken Griechenland trug der Baum einen Namen gleicher Bedeutung – *Toxon* – wie der aus seinem Holz gefertigte Bogen, und auch bei den Römern war Taxus Bogenbaum und Bogen zugleich.[1] Eibenholz ist voller Knoten und Knötchen, voller Augen und Wülste. Das Bild eines Eibenbogens ist deshalb kaum je von jener glatten Perfektion, die man bei Bogendarstellungen auf antiken Vasen bewundert, mit gleichmäßig verschlankten und leicht nach oben gebogenen Enden und einem handgerecht eingelassenen Griff. Er behält vielmehr ein knorpeliges und grobkörniges Erscheinungsbild, auch wenn er mit Sorgfalt gefertigt wird.

Aber Eibenbögen zeigen mehr Spannkraft als Bögen, die aus anderem Holz gefertigt sind. Sie sind stärker, sie schießen weiter, weil das Kern- und Splintholz der Eibe jeweils entgegengesetzte Eigenschaften aufweist. Das dunkle Kernholz widerstrebt den Kompressionskräften im inneren Teil eines gespannten Bogens, und das helle Splintholz ist von besonderer Elastizität. Wenn man einen Bogen so fertigt, dass der dunkle Kern auf der Innenseite verläuft und der helle Splint auf der Außenseite, werden beim Spannen des Bogens die Dehnungs- und Kompressionskräfte gleichzeitig beansprucht.

Es ergibt sich gewissermaßen ein doppeltes Bestreben des Holzes, in den Ausgangszustand zurückzukehren. Man braucht also viel mehr Kraft, um einen Eibenbogen zu spannen oder um einen Pfeil damit abzuschießen, als bei einem Bogen, der aus Holz mit homogenen Kräften besteht. Der Kraftaufwand ist dem Stemmen oder Heben eines Gewichts von 100 Pfund vergleichbar. Selbst die schönen, besonders elastischen Bögen aus Eschenholz sind im Vergleich leichter zu handhaben. Dafür schnellt der Pfeil mit umso mehr Durchschlagskraft von der Sehne eines Eibenbogens. Ein Langbogen aus Eibenholz konnte die eiserne Spitze eines Pfeils zehn Zentimeter tief in den Stamm einer alten Eiche hineintreiben. Zur Zeit des Hundertjährigen Krieges, als die professionellen Langbogenschützen der englischen Armee eine Art Artillerie bildeten, hatten die Schützen eine Technik ausgebildet, die es ihnen gestattete, pro Minute zwischen zwölf und fünfzehn Pfeile 180 Meter weit zielgenau zu schießen.

Die Überlegenheit der Engländer kam einzig aus der Perfektionierung von Umgang und Einsatz des Bogens. Das Training der Schützen war außerordentlich intensiv, es zielte darauf ab, aus Mann und Bogen den Organismus einer Waffe zu bilden. Schon die kleinen Knaben lernten, statt die Sehne mit der Kraft des Armes zu spannen, sich mit dem Körper in ihren kleinen Bogen hineinzulehnen, die Sehne ans Ohr zurückzuziehen und den Pfeil zwischen Zeige- und Mittelfinger bis zum Abschuss zu halten. Die Trainingswaffen wurden dem Körperwachstum der Jungen entsprechend immer größer, bis der Eibenbogen so lang wie der erwachsene Schütze groß war. Spuren der Tag für Tag, jahraus, jahrein geübten Plackerei sind in Gräbern aus jener Zeit immer noch zu finden. Man kann die Skelette von Bogenschützen an charakteristischen Deformationen des Knochenbaus – Schulterknochen und Oberarme sind auf der linken Seite höher als auf der rechten – identifizieren.

Es waren Leute aus dem Volk, Analphabeten, die als Truppe auftraten und an die als Truppe erinnert wurde. Selbst die Besten unter ihnen sind anonym geblieben. Ihr Handwerk bezeichneten sie mit der Redewendung *to pluck yew* – Eibe pflücken, Eibe ziehen, sich am Eibenbogen plagen. Vor Beginn einer Schlacht, nachdem sie zwei, drei Dutzend Pfeile griffbereit mit der Spitze nach unten vor sich in den Boden gesteckt hatten und möglichst noch eiserne *caltrops* – Sterndisteln oder Krähenfüße – als Schutz gegen angreifende Reiter verstreut hatten, hoben sie ihre Zeige- und Mittelfinger in einem Zeichen in die Höhe, das später im Zweiten Weltkrieg von Churchill als *Victory*-Zeichen wieder populär gemacht werden sollte, und brüllten ihren Schlachtruf *pluck yew!* – zieht Eibe! Englische Experten halten es übrigens für wahrscheinlich, dass eine gewisse obszöne Verwünschung auf die missverstandene Anwendung des Rufes der Bogenschützen zurückzuführen ist.

Im Jahre 1346 – während des Hundertjährigen Krieges – griff das französische Heer die Armee Edward III. bei Crecy an, ohne einen strategischen Plan zu verfolgen. Man war siegesgewiss. Zu ihrer fünffachen zahlenmäßigen Überlegenheit kam der Stolz der französischen Streitmacht, eine Truppe von Genueser Armbrustschützen, die als die besten Schützen der Welt galten und als eine Art Superwaffe angeworben worden waren. Aber da es regnete, verloren die geleimten Bögen der Armbrüste ihre Spannkraft.

Die langen englischen Eibenbögen erwiesen sich dagegen nicht nur in ihrer genial einfachen Bauweise, sondern auch in ihrer Reichweite als schlachtentscheidende Waffe.

Selbst die Kavallerie der Franzosen, die nach dem Ausfall der Armbrusttruppe ins Feld geführt wurde, war rasch dezimiert. Ein Berittener konnte zwar 200 Meter in 15 Sekunden durchqueren, und nur auf der Strecke der letzten 50 Meter durchschlägt ein Pfeil auch den härtesten Panzer. Eine Armee von Bogenschützen aber kann in jeder Sekunde mehrere Hundert Pfeile abschießen. Folgerichtig verloren die Franzosen in Crecy 4000 Mann, die Engländer lediglich 50.

Im Jahre 1461 – während des englischen Bürgerkrieges – kam es in Towten Heath zu einer Schlacht zwischen zwei Armeen von Bogenschützen. Sie schossen alle ihre Pfeile aufeinander ab, sammelten dann die Pfeile der Gegenseite auf und schossen weiter – die Zahl der Toten lag bei 25.000. Nach den Erfahrungen aus dem 20. Jahrhundert mag es übertrieben klingen, wenn man eine Armee von Bogenschützen mit Langbögen aus Eibenholz als »Massenvernichtungswaffe« bezeichnet. Aber den Menschen des ausgehenden Mittelalters erschien diese Truppe tatsächlich als ein derart grausames Mittel der Kriegsführung, dass ein Verbot dieser Waffe diskutiert wurde. Auch der Materialaufwand war enorm. Im Lauf seines Soldatenlebens verbrauchte jeder Bogenschütze im Schnitt drei Eibenbögen.

Das am besten geeignete Eibenholz war in England gar nicht zu haben, sondern wurde aus Spanien und Italien importiert.

Um den Bedarf zu decken, erhob die Krone einen Zoll in Form von Zwangslieferungen von Eibenstangen auf Weinimporte, vier Bögen pro Tonne Wein. Englische Weinimporteure gaben die Verpflichtung an mediterrane Exportkaufleute weiter, die ihrerseits die Weinbauern belegten. Diese Zwangslieferungen stellten nur die Spitze des Eisbergs dar. Überall auf dem Kontinent blühte ein ausgedehnter Eibenhandel, ein intensiver Abbau der Eibenbäume ging vor sich. Die Stadt Nürnberg, führend im Waldbauwesen, exportierte allein im Jahre 1560 die Menge von 36.000 Eibenstangen nach Westen. Eibenplantagen dagegen wurden seltener angelegt, als man vermuten möchte. Erst nach vier Jahren erreicht das aus dem Samen gezogene Bäumchen die Höhe von zwanzig Zentimetern. Wegen des langsamen Wachstums brachte die Anlage also erst dem Enkel Profit; man hielt sich deshalb vor allem an die vorhandenen Bestände. Die Eibe verschwand weithin aus den Wäldern, in denen sie einmal häufig gewesen war und in denen zu überleben sie die besten Voraussetzungen mitbrachte – Toleranz für Schatten und jede Art von Boden. Vielleicht hat die kriegstechnische Ablösung des Langbogens durch Feuerwaffen auch etwas mit der abnehmenden Verfügbarkeit brauchbarer Eibenstangen zu tun – von einer Überlegenheit der Musketiere gegenüber den Bogenschützen in der offenen Feldschlacht konnte jedenfalls anfangs keine Rede sein.

Weil der Baum in Deutschland seit wenigen Jahrzehnten gesetzlich geschützt ist, unterliegt der Handel mit Eibenholz genauen Kontrollen,

Holzhändler müssen Herkunftsbescheinigungen vorlegen, Forstleute dürfen Eiben nicht wirtschaftlich nutzen. Aber selbst in den USA, wo ausgedehnte Bestände Pazifischer Eibe, *Taxus brevifolia*, beim Raubbau auf den riesigen Waldflächen des Nordwestens noch vor wenigen Jahrzehnten einfach zusammen mit dem Abfall verbrannt wurden, ist das Holz selten und entsprechend teuer. Unter dem Angebot von handgefertigten Bögen der amerikanischen Firma Traditional Archery Supply ist der Eibenbogen mit 600 US-Dollar teurer als alle anderen und außerdem nicht immer lieferbar: *Limited availability due to varying supply of suitable yew staves* – eingeschränkte Lieferbarkeit infolge begrenzter Verfügbarkeit geeigneter Eibenholzstäbe.

Eibenzweig

Wegen des extrem langsamen Wachstums der Eibe ist das Holz außergewöhnlich hart. Die Wikinger fertigten die Nägel, von denen die Eichenplanken ihrer Drachenschiffe zusammengehalten wurden, aus Eibenholz. Aus England vor allem kommen Möbel mit Eibenholzfurnier; versiegelt, gewachst und poliert schimmern die breiten Flächen vom hellen Splintholz intensiv bernsteinfarben, und die schmaleren Streifen vom Kernholz in reichen Rottönen wie Wolkensäume bei Sonnenuntergang. Viele winzige Augen, Einwüchse von Punktgröße und kleine Kreise, sind über die Fläche verstreut und verstärken den seltenen und kostbaren Eindruck.

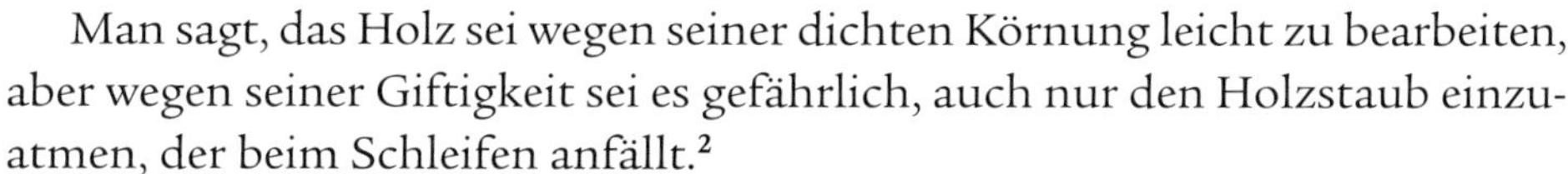

Man sagt, das Holz sei wegen seiner dichten Körnung leicht zu bearbeiten, aber wegen seiner Giftigkeit sei es gefährlich, auch nur den Holzstaub einzuatmen, der beim Schleifen anfällt.[2]

Tatsächlich ist an der Eibe fast alles giftig.

Nicht giftig ist der Pollen, den die männlichen Blüten im Frühjahr reichlich ausschütten, sowie das purpurrote Fleisch der beerenartigen Arillen. Die holzigen Samenkerne in der becherförmigen Fleischhülle sind dagegen ebenfalls toxisch. Die Nadeln, die Rinde, das Holz: Alles ist von einem höchst wirksamen, tödlichen Gift durchtränkt. Wer unter einer Eibe zur Blütezeit des Baumes einschläft, schreibt Plinius, werde an ihrer Ausdünstung sterben müssen. Er gab die im Altertum vorherrschende Auffassung wieder, die eine Haltung der Furcht und des Respekts vor einem unheimlichen Lebewesen spiegelte.

Die giftigen Substanzen bestehen vor allem aus dem hochwirksamen Alkaloid Taxin, einer geringeren Menge an weiteren Alkaloiden und dem Glykosid Taxicatin. Im Winter sind die Nadeln viermal so giftig wie im Sommer, und neue Triebe enthalten mehr Taxin als alte.

Die tödliche Dosis für ein Pferd liegt bei einem Fünftel Gramm Eibenzweigen für jedes Kilogramm Lebendgewicht des Tieres,

Kühe sind einzelnen Berichten zufolge anscheinend weniger gefährdet, manchmal sollen sie ein paar Zweige ohne sichtbare Folgen fressen. Dagegen spricht die folgende dpa-Meldung vom 14. Oktober 2019:

> *»Weil Unbekannte im Harz illegal Gartenabfälle entsorgt haben, sind vier Kühe der seltenen Rasse Harzer Rotes Höhenvieh verendet. Wie die Polizei am Montag mitteilte, hatten die Täter offenbar am Wochenende in der Nähe von Lautenthal abgeschnittene Eiben-Zweige abgeladen. Nachdem die Kühe davon gefressen hatten, waren sie verendet. Eine Obduktion habe ergeben, dass das Gift der Eiben dafür verantwortlich war, berichtete ein Polizeisprecher.«*

Selbst in getrockneten Zweigen bleibt das Taxin wirksam, und Schafe und Ziegen werden davon getötet wie alle anderen Haustiere. Seltsam, dass diese Tiere die vergiftende Wirkung nicht instinktiv erspüren. Sie sind den Verlockungen der frischen Nadelspitzen schutzlos ausgeliefert. Bei Rehen und Hirschen aber bleibt das Taxin allem Anschein nach ohne vergiftende Wirkung. Junge Eiben müssen vor dem Verbiss durch Rehwild sogar besonders geschützt werden. Man nimmt an, dass die Alkaloide diesen Tieren einen besonderen Kick vermitteln, doch die genauen Zusammenhänge sind noch unerforscht. Auf Menschen wirkt das Gift – ab einer gewissen Dosis – tödlich, Schätzungen zufolge wäre dazu die Mindestmenge von einem Gramm Nadeln pro Kilogramm Körpergewicht nötig. Kinder reagieren empfindlicher als Erwachsene, eine Hand voll Samenkörner, mit den Früchten gegessen, würde sie töten.

Michael Jordan hat den Tod durch Eibengift in seinem Wildpflanzenführer beschrieben:

> *»Eingangssyndrome sind Übelkeit und Erbrechen, begleitet von schweren Leibschmerzen und Durchfall. Es setzt eine rapide Muskelschwächung ein, und die Haut wird kalt und feucht, der Zusammenbruch des peripheren Kreislaufs führt zum Erbleichen. Das Gift unterdrückt den Herzschlag, der sich drastisch verlangsamt. Die Endphase setzt rasch ein. Sie ist manchmal von Delirien und Zuckungen begleitet, die zum Koma führen. Der Tod tritt ein aufgrund von Herzversagen oder, seltener, Atemstillstand.«*[3]

Das Vergiften von Pfeilspitzen mit Eibengift war im Altertum weit verbreitet. Man stellte einen Extrakt aus den ungiftigen Arillus-Früchten mitsamt den giftigen Samenkernen her, der dann destilliert wurde.

Weshalb heutzutage, etwa in Hamburg, Eibenbäume auf Kinderspielplätzen wachsen, erscheint rätselhaft.

> **Vielleicht ist das Vorkommen der Eiben in Parks und öffentlichen Grünflächen eine Facette der sich ausbreitenden Unwissenheit über die Natur**

– eine splendide Ignoranz, denn während die Eibenpopulation auf dem Lande zurückgeht, nimmt sie in den Grünanlagen und Vorgärten der Städte immer mehr zu. Die Bäume werden in der Stadt als dekoratives Element aufgefasst. Der Blick der Alten war anders, respektvoll und von Furcht geprägt; vielleicht hatten sie ein Pferd an Eibenvergiftung sterben sehen, oder sie waren Zeuge geworden, wie ein Mensch von einem vergifteten Pfeil getroffen wurde und starb. Vielleicht kannten sie auch Berichte und Geschichten ihres Großvaters oder eines Freundes. Jedenfalls genügte es, diesen dunklen Baum als »Baum des Todes« wahrzunehmen und ihm mit Vorsicht und umsichtiger Achtung zu begegnen.

Der Stoffwechsel von Pflanzen bringt seltsame chemische Substanzen hervor, außerordentlich komplexe Moleküle, die auf den ersten Blick von zweitrangiger Bedeutung für die Belange des täglichen Überlebens des pflanzlichen Organismus zu sein scheinen, aber einen Sinn ergeben, sobald man sich vor Augen führt, dass Pflanzen im Unterschied zu Tieren ihren Standort nicht verlassen können, um vor Fraßfeinden zu flüchten. Im Unterschied zu anderen Lebewesen investieren Pflanzen deshalb viel Energie in die Herstellung sekundärer Stoffwechselprodukte, von denen bestimmte Wirkungen auf Tiere und andere Pflanzen ausgehen. Vielleicht ist es nicht übertrieben, diese Beiprodukte als Kommunikationsmittel zu verstehen. Häufig sind sie tödlich für Mensch und Tier, gleichzeitig bilden sie den Ausgangsfundus der meisten unserer Medikamente.

In der Massai-Sprache werden »Baum« und »Arznei« mit demselben Wort bezeichnet.

Die Untersuchung der medizinischen Nutzbarkeit von Pflanzen ist ein Dauerprojekt pharmazeutischer Forschung. Manchmal werden dabei bestimmte einzelne Ziele in Angriff genommen, wie zum Beispiel die Erfassung von Organismen, die möglicherweise der Krebsbekämpfung dienen könnten, durch das amerikanische National Cancer Institute (NCI); dieses Screening-Programm dauerte von den 60er Jahren bis Ende der 80er Jahre, und als das Programm aus Kostengründen abgebrochen wurde, war eine einzige organische Molekülverbindung gefunden worden, die für die planvolle medizinische Weiterentwicklung zur Krebsbekämpfung lohnend schien: Taxol, anfangs noch extrahiert aus der Rinde der Pazifischen Eibe *(Taxus brevifolia)*, später auf halbsynthetische Weise aus den Nadeln der Europäischen Eibe *(Taxus baccata)* gewonnen. Im Jahre 1993 gelang den Forschern um Bob Holton an der Florida State University auch der vollkommene Nachbau des höchst komplexen Moleküls, aber die vollständig synthetische Herstellung erwies sich als derart aufwendig, dass die halbsynthetische Fertigung aus dem Naturmaterial – Nadeln der Europäischen Eibe sind in der Nähe des Produktionsbetriebs in Irland in ausreichender Menge verfügbar – aus wirtschaftlichen Gründen beibehalten wurde.

Nach jahrelangen Versuchsreihen wurde Taxol – ein Kunstwort, gebildet aus der ersten Silbe von Taxus und der letzten von Alkohol – als Medikament für die Chemotherapie entwickelt und von der Firma Bristol-Myers Squibb seit 1993 produziert und vertrieben. Da die Substanz die Schleimhaut angreift, wird sie intravenös verabreicht. Nebenwirkungen sind unvermeidlich, weil das Gift auf gesunde wie auf die vom Krebs befallenen Zellen wirkt. Es verhindert deren Teilung und führt meist zu ihrem Absterben. Die heilsame

Wirkung kommt zustande, weil Krebszellen »wuchern«: Sie teilen sich viel häufiger als gesunde Zellen. Aber in der Therapie kann es zu Erbrechen, Durchfall, Störungen des Herzrhythmus kommen. Da Taxol wie auch das verwandte, teils synthetisch hergestellte Paclitaxel kaum wasserlöslich ist, lässt es sich schwer injizieren, und die deshalb eingesetzten Derivate von Rizinusöl können eigene Nebenwirkungen nach sich ziehen. Trotzdem wirkt bei einem Drittel der Patienten die Chemotherapie mit dem Eibengiftsubstrat lebensverlängernd; das Mittel wird weltweit hunderttausendfach angewandt.

Aufschlussreich, diesen Vorgang, der auf der Nutzung der Eibe beruht, unter wirtschaftlichen Gesichtspunkten zu betrachten. Das NCI-Projekt war ein Unternehmen der amerikanischen Regierung: Im »Kampf gegen den Krebs« waren für die Entwicklung des einen Medikaments Taxol 32 Millionen US-Dollar bis zum Jahre 1993 verbraucht, dem Jahr, in dem die Pharmaindustrie das Produkt übernahm und nach Angaben der Firma Bristol-Myers Squibb den zehnfachen Betrag – 320 Millionen US-Dollar – bis zur Produktreife investierte. Bereits Ende 1993 verkaufte die Firma ein Gramm Taxol für 5846 US-Dollar. Im August 2003 belief sich der Gesamtumsatz der Firma für dieses Medikament auf 11 Milliarden US-Dollar. Inzwischen ist die Schutzfrist abgelaufen, und Taxol ist als generische Substanz erhältlich.

Das Geschäft mit der Hoffnung blüht. Aber die Wirksamkeit von Taxol ist keine unbegründete Geschäftsidee, und neben der Hoffnung der krebskranken Menschen auf ein verlängertes Leben gibt es unter Forschern auch die Hoffnung auf die Entwicklung eines Mittels, das Krebs nicht nur aufzuhalten, sondern die Krankheit völlig zu heilen vermag. Ein Heilmittel gegen Krebs – eine Krankheit, an der Tag für Tag Tausende sterben. Wie unbedeutend und kleinlich war der Traum der Alchimisten des Mittelalters, Gold aus alltäglichen Stoffen zu machen, im Vergleich zum Traum heutiger Chemiker, den Krebstod mit Eibengift zu besiegen! Und doch ein moderner Traum, der in Erfüllung gehen könnte.

Nennius, ein walisischer Historiker, der um das Jahr 800 herum seine *Historia Britonum* verfasste, schrieb unter dem Titel *Sieben Zeitalter* folgenden seltsamen Spruch:

Drei Hasenleben, das Leben eines Hundes;
Drei Hundeleben, das Leben eines Pferdes;
Drei Pferdeleben, das Leben eines Mannes;
Drei Adlerleben, das Leben einer Eibe;
Das Leben einer Eibe, die Dauer eines Zeitalters;
Sieben Zeitalter von der Schöpfung bis zum Untergang der Welt.

Das Irritierende liegt in der fehlenden Verbindung zwischen dem Leben eines Mannes und dem eines Adlers: Hätte Nennius etwa die Zeile eingeschlossen *»Drei Menschenleben, das Leben eines Adlers«*, wäre die Dauer des Lebens einer Eibe als neunfache Dauer eines Menschenlebens errechenbar gewesen. Und neunmal 70 oder 80 Jahre – die uns von der Bibel zugeschriebene Lebensspanne – wäre auch für eine Eibe ein hohes Alter. Aber Nennius macht einen Sprung, er springt vom Menschenleben zum Leben von Adlern und Eiben, mythischen Wesen, um von dort Maß zu nehmen und es auf die Dauer der Welt zu beziehen. Das Zeitmaß, das er anführt, entzieht sich menschlichen Vorstellungen. Dass er die Lebensspanne der Eibe ins Spiel bringt, um daran die Zeit zwischen der Erschaffung und dem Untergang des Universums zu messen, belegt wenigstens die Neigung, Eiben als Lebewesen zu sehen, die älter werden als alle anderen und die mit der Dauerhaftigkeit der Dinge deshalb auf intime Weise verbunden sind.

2500 Jahre alte Eibe von Anckerwycke in Berkshire

Eine weitere Besonderheit, mit der die Eibe aus dem Muster fällt, das unserem Wissen über Bäume als tragende Struktur innewohnt, ist die von Botanikern erst in den vergangenen Jahrzehnten ermittelte Tatsache, dass dieser Baum über Jahre hin keine Jahresringe ausbildet. Zwar sind Bäume ohne Jahresringe bekannt – etwa Palmen oder Drachenbäume –, aber ein Baum, der regelmäßig Jahresringe ansetzt wie eine Eiche oder eine kalifornische Grannenkiefer, dann aber für lange Perioden auf jedes Wachstum verzichtet, war im botanischen Repertoire bisher nicht enthalten.

Der Verdacht, dass Eiben viel älter sein könnten, als es sich durch das Zählen der Jahresringe ermitteln ließ, war vor allem in England häufiger geäußert worden.

Auf den Friedhöfen der britischen Inseln gibt es nicht nur sehr alte Eiben mit starken Stammumfängen, sondern auch viele historische Dokumente, die diese Bäume vor Hunderten von Jahren beschreiben und ihre Maße anführen. Den eifrig durchgeführten und aufgezeichneten Messungen zufolge scheint eine Eibe normalerweise in 30 Jahren um etwa 30 Zentimeter Umfang zuzunehmen. Dies gilt für alle bekannten jüngeren Exemplare.

Für alte Eiben ist aber durch zahlreiche Messungen inzwischen nachgewiesen, dass sie einfach mit dem Wachsen aufgehört haben.

Der Umfang der alten Eibe auf dem Kirchhof von Totteridge in North London etwa wurde im Jahre 1677 mit 26 Fuß, also 8,70 Meter, gemessen, und seither viermal bei verschiedenen Gelegenheiten mit dem unverändert gleichen Ergebnis; und auch heute beträgt ihr Umfang immer noch exakt dasselbe Maß.

In der Literatur zu diesem Thema taucht unweigerlich der Name Alan Meredith auf, eines Mannes, der sein ganzes Leben der Vermessung alter Eiben widmete.[4] Die Ergebnisse seiner Arbeit machen die Schätzung von sehr viel höheren Altersangaben für alte Eiben wahrscheinlich, auch wenn manche seiner Behauptungen auf Spekulation beruhen mögen.

Die älteste bekannte Eibe findet sich auf dem Kirchhof der kleinen Gemeinde Glen Lyon in Perthshire, Schottland. Ihr mächtiger Stamm besteht – ähnlich wie der am Fünfhausener Deich in Hamburg – aus zwei halbschalenartigen Teilen. Der Umfang wurde im Jahre 1769 mit etwa 18 Metern ausgemessen; 1795 errichtete man eine Mauer um den Baum, um Souvenirjäger abzuhalten.

Konservative Schätzungen sprechen dieser Eibe, bekannt als *Fortingall Yew*, ein Alter von 3000 Jahren zu,

Alan Meredith behauptet, der Baum sei 9000 Jahre alt: *»Other than this, the tree is still in good health, and may last for many more centuries.«* Der Wikipedia-Eintrag aus dem Jahr 2019 identifiziert den Tourismus als Hauptgefahrenquelle für diese Eibe: Seit Jahrhunderten neigen Touristen nämlich dazu, Zweiglein dieser Eibe als Souvenirs mitzunehmen.

Häufig sind Kirchhof-Eiben älter als die Kirchen selbst. Vielleicht gibt es Verbindungen in vorchristliche Zeiten. Jedenfalls deutet die bloße Tatsache der Existenz dieser uralten Bäume auf einen Schutz vor ihrer wirtschaftlichen Nutzung hin. Vielleicht wurden Eiben von den christlichen Mönchen als eine Art Ersatz für die Zypressen der Mittelmeerländer gepflanzt, vielleicht bezeichnen Einzelne von ihnen Monumente aus vorchristlicher Zeit. Bei Grabungen unter den Wurzeln alter Eiben hat man Überreste von Bestattungen gefunden, Scherben von Gefäßen und Knochen von Toten, meist aus dem Mittelalter, in einzelnen Fällen auch aus der Bronzezeit. Die Skelettreste in der Erde sind einer vom britischen *Tree Register* zitierten Überlieferung zufolge mit den Eiben verbunden, die über ihnen stehen. Die Eibenwurzeln wachsen aus den Mündern der Toten, und nicht nur aus denen toter Bogenschützen.

Da ist auch die Geschichte von Tristan und Isolde, die nach dem Absturz in ihre Liebe, der durch den unabsichtlich eingenommenen Zaubertrank ausgelöst wurde, nach drei Jahren Liebesbesessenheit ohne Rücksicht auf Ehe und Ehre zu Tode kamen. Aus ihren Gräbern sprießen Eibenschösslinge, die sich über dem Boden ineinander verwinden zum unentwirrbaren Organismus eines einzigen Baumes.

9

Flintbek ist ein kleiner Ort in der Nähe von Kiel, unter Baumfreunden bekannt wegen einer mächtigen alten Eibe auf dem Kirchhof. Eine Fahrt im Frühlingssonnenschein durch schleswig-holsteinisches Hügelland führt in die Nähe des Eiderflusses. Leicht ist es dann, den für sich wachsenden Baum in der Nähe der alten Kirche mit dem hölzernen Turm zu finden. Unübersehbar steht er an der oberen Kante der Böschung des Kirchbergs, ein riesiger dunkler Kegel im Sonnenlicht. Es ist ein weiblicher Baum mit mächtigem Stamm. Der Umfang beträgt in Brusthöhe 3,80 Meter. Bei näherem Zusehen zeigt sich der Stamm als zusammengesetztes Gebilde aus einem Dutzend armdicker und beindicker Wülste. An der Nordseite umgibt ihn ein Gewirr von feinen Ästen und Zweigen, ein Zaunkönig schlüpft zwischen ihnen durch. Die Rinde löst sich in langen dünnen Streifen, außen ist sie grau mit einem Muster wie strömendes Wasser, auf der Innenseite rotbraun mit Schichtmarken wie die Klinge eines Samuraischwertes. In zwei Meter Höhe winkeln sich die ersten dicken Äste aus dem Stamm, breit ausschwingend, und dann unablässig immer mehr, bis zum höchsten Punkt in 13 Meter Höhe umwölkt von Nadelzweigen vor dem blauen Frühlingshimmel. Die Kirche, ein weiß getünchter Backsteinbau mit der aus Eisenspangen gebildeten Jahreszahl 1223 an der Chorseite, steht nur 50 Schritt weit entfernt. Unsere Eibe ist umdrängt von stattlichen Pyramideneiben, einer aus Irland importierten Variante von *Taxus baccata*, die an Zypressen oder Wacholdersäulen erinnert. Daneben wächst eine einzelne jüngere, aber ebenfalls horizontal ausladende Eibe zwischen einigen Grabsteinen. Es heißt, die alte Eibe sei in der Urkunde zum Bau der Kirche im 13. Jahrhundert bereits erwähnt worden. Wahrscheinlich war sie damals schon ein ausgewachsener Baum.

Pyramideneiben in Flintbek

Schneeglöckchen treiben aus falbem Gras hervor, dazwischen liegt verstreut Kinderspielzeug aus rotem Plastik. Die Kondensstreifen am Himmel

1919 wurde die Flintbeker Eibe vom Kuratorium Nationalerbe-Bäume zum dritten Nationalerbe-Baum ausgerufen.

verwischen beim Zusehen, der Mond hängt vielversprechend – Vollmond zu Ostern! – im weißen Licht der Sonnenscheibe, bald werden die Sterne erscheinen. An der Kante der Böschung steht die Eibengestalt wie auf einem Ausguck, wer sich ihr zugesellt, erkennt den flüchtigen Charakter der Dinge. Die Welt geht vorüber, die alte Eibe scheint nur stillzustehen, in Wirklichkeit fährt sie durch die Zeit.

Mir fällt das mysteriöse Gedicht *Seestück* von Johannes Bobrowski ein, das vielleicht aus Isoldes Mund zu verstehen ist, die mit Tristan unterwegs ist und »ein Wässerchen« – den Liebeszaubertrank – getrunken hat. Sie spricht vom Verfallen der Sonne, vom Hören der Dämmerung, und sagt:

Bald,
mit brennenden Segeln,
ich fahr, Bootes zur Rechten,
zu Häupten den Schwan, –
windlos, Nacht, ich fahr,
Schattengestalt.[5]

Beim Lesen sehe ich auf einmal, wie das Wort »Schattengestalt« den Eibenbaum trifft. Selbst aus botanischer Sicht bleibt vieles an ihm rätselvoll und schattenhaft. Als ob er aus dem Dunkel einer Zeit komme, in der die Ideen von Liebe und Tod noch mit den Bildern der Sterne korrespondierten.

Von KRATTS und krummen Bäumen

Von Hans-Helmut Poppendieck

Es ist sieben Uhr an einem heißen Abend im Juli. Auf einer weiten Sandfläche sonnt sich ein Mann neben seinem Fahrrad und trinkt Weißwein aus einem Plastikbecher. Meine Frau und ich haben eine gute Uhrzeit gewählt, denn die spektakulären Baumgruppen, die wir heute aufsuchen, werden jetzt von der im Westen stehenden Sonne wie von einem Scheinwerfer angestrahlt. Einige der eindrucksvollsten Bäume Hamburgs stehen hier im Naturschutz-
32 gebiet Wittenbergener Heide. Von der eigentlichen Heide ist nicht allzu viel übrig geblieben bis auf ein paar fußballplatzgroße Lichtungen. Sie liegen in einem Eichenmischwald, in dem sich auch Buchen, Bergahorne, Birken, Faulbäume und Heckenkirschen breitgemacht haben. An einigen Stellen gibt es Kiefernforste. Unser Lieblingsbaum wird jetzt von der Abendsonne perfekt ausgeleuchtet. Aber ist es ein Baum oder eine Baumgruppe? Es ist jedenfalls ein Individuum, und zwar eine Eiche, die sieben sich windenden Stämme sind durch einen gemeinsamen Wurzelstuhl verbunden – wir haben gefunden, wonach wir gesucht haben.

Doch unsere Expedition zu einer verschwundenen Landschaft und ihren Bäumen wird uns noch viel weiter führen: von Hamburg in die Lüneburger Heide und durch Schleswig-Holstein bis ins südliche Dänemark. Unser heutiges Ziel haben wir vor Augen – es ist die Sandfläche im Zentrum der Wittenbergener Heide, ein Rest der weiten Dünenlandschaft, der der Ort seinen Namen verdankt. Wittenbergen, Wittenberge, Wittenberg – all diese Orte liegen an der Elbe in dieser Reihenfolge flussaufwärts, und ihre Namen beziehen sich auf ein und dasselbe Phänomen: auf die hellen, weißen, blanken Dünen und Sandflächen, die das Urstromtal der Elbe von Sachsen bis nach Itzehoe in Holstein begleiten. Auch der Name des nahegelegenen, ehemaligen Fischerdorfes Blankenese soll sich von einem Hang, einer Landnase mit blankem Sand herleiten. All diese Sandaufwehungen sind sehr alt. Sie entstanden vor rund acht- bis zehntausend Jahren, als sich die Elbe noch frei in ihrem weiten Bett bewegen konnte und mit jedem überdurchschnittlichen Hochwasser große Mengen mitgeführten Sands an manchen Ufern ablagerte. Von dort aus wurde er vom Wind an den Hang und dann weiter auf die Hochflächen des Urstromtals geblasen, auch dorthin, wo sich heute abend der Mann mit dem Fahrrad sonnt.[1]

Unser Lieblingsbaum, die siebenhalsige Eiche, steht am Rande einer kleinen Anhöhe, und der Ansatz ihrer Wurzeln ist freigelegt, freigeblasen.

Die Stämme wirken auf groteske Weise verbogen. Einige Äste wachsen fast waagerecht, andere knicken nahezu im rechten Winkel ab, viele sind abgestorben. Bei den waagerechten Ästen nahe am Boden kann man schwer entscheiden, ob es sich wirklich um einen Ast oder eher eine starke Wurzel handelt. Wie dem auch sei, in Mannshöhe beginnt das Laubwerk. Ab hier bilden die getrennten Stämme eine große gemeinsame, etwa sieben Meter hohe Krone aus, und als Ganzes gesehen macht die Baumgruppe jetzt trotz aller Wirrungen und Windungen ihrer Stämme einen durchaus harmonischen Eindruck.

Eine Laokoon-Gruppe! Dies ist die Assoziation, die die verdrehten Bäume bei mir hervorrufen. Später zu Hause am Computer schaue ich mir die Abbildung der berühmten Plastik auf der Seite der Vatikanischen Museen an und stelle fest, dass ich mit meiner Idee gar nicht so sehr danebenliege. Zwar wird der Blick des Betrachters zunächst auf den sich windenden Laokoon und seine Söhne gelenkt. Wenn man sich aber den unteren Teil der Marmorskulptur ansieht, dann erinnert das Gewirr der Beine und der sich um sie windenden Schlangenleiber tatsächlich an unsere Baumskulptur auf der Wittenbergener Düne. Und dann stoße ich auf ein Zitat von Goethe. Er erkennt in der Laokoon-Gruppe im Vatikan ein

»Muster (...) von Symmetrie und Mannigfaltigkeit, von Ruhe und Bewegung, von Gegensätzen und Stufengängen, die (...) bei dem hohen Pathos der Vorstellung eine angenehme Empfindung erregen, und den Sturm der Leiden und Leidenschaft durch Anmut und Schönheit mildern«.[2]

Finden wir unsere Baumgruppe in dieser Beschreibung wieder? Treffen die Gegensatzpaare Symmetrie und Mannigfaltigkeit oder Ruhe und Bewegung auch hier zu? Es mag ein wenig hergeholt erscheinen: Aber es gibt eine Körpersprache der Bäume. Man kann die Lebensgeschichte eines Baumes an seiner Statur ablesen – Baumgestalt als Autobiografie. Diese Vorstellungen gehen auf den Biomechaniker und Materialwissenschaftler Claus Mattheck zurück. Er hat die Visual-Tree-Assessment-Methode entwickelt, also eine Art optische Einschätzung von Bäumen, und darüber hat er einige interessante Bücher geschrieben.[3]

Wie mag die seltsame Baumgestalt unserer Eiche entstanden sein? Der Baum dürfte eine harte Jugendzeit hinter sich haben. Was ihm im Einzelnen passiert ist, wissen wir natürlich nicht. Wenn seine Spitzenknospen nicht von

Schafen oder Kaninchen abgefressen wurden, könnten sie durch Spätfröste oder durch eisige Winde geschädigt worden sein. Oder er wurde als Heranwachsender durch einen Axthieb geköpft, und das vielleicht sogar mehrmals.

Auf jede dieser Schicksalsschläge hat er reagiert, indem er immer wieder neu ausgeschlagen ist.

Im Gegensatz zu einem in der Baumschule aufgewachsenen Baum, der vom Menschen auf die Bildung einer harmonischen Idealgestalt hin, wie es so schön heißt, erzogen wurde, musste sich unser Baum gegen eine Vielzahl von Widrigkeiten und Beschädigungen behaupten, in Goethes Worten einen Sturm der Leiden und Leidenschaften erdulden, und das sieht man ihm an. Ebenso wie die aus Marmor gemeißelte Laokoon-Gruppe vermittelt uns die Holzskulptur der Eiche ein eindringliches Bild von der Dynamik des Kämpfens und des Leidens.

Beim Aufkommen der Naturschutzbewegung in Deutschland standen solche eigenwilligen und charaktervollen Baumgestalten im vordergründigen Fokus. Schon die Naturfreunde des frühen 19. Jahrhunderts hatten sich an knorrigen Baumindividuen, an Charakterbäumen begeistert, denen man ihr besonderes Schicksal ansehen konnte und die daher als hervorragende Zeugen gelten konnten. Diese einzigartigen Lebewesen sollten nun vor dem Erwerbsstreben der nüchtern und ökonomisch denkenden Forstwirte gerettet werden.

Bereits 1847 wurde im Königreich Sachsen ein Inventar der durch Schönheit, Größe und Form merkwürdigen Bäume angelegt. Hugo Conwentz, der Begründer des staatlichen Naturschutzes in Deutschland, begann ein halbes Jahrhundert später seine öffentlich wirksame Laufbahn mit der Herausgabe eines forstbotanischen Merkbuches, das die beachtenswerten und zu schützenden Bäume der Provinz Westpreußen auflistete.[4] Ein wenig von dieser Idee ist heute geblieben, wenn in Paragraf 1 des Bundesnaturschutzgesetzes von Eigenart und Schönheit die Rede ist.

Wir setzen unseren Rundgang fort. Der nächste Lieblingsbaum, also Nummer zwei, steht etwas im Hintergrund. Hier sind es sogar 13 Stämme, die dicht beieinanderstehen und die durch einen einzigen gemeinsamen Wurzelstock verbunden sind, nur ist dieser hier nicht freigelegt, sondern von einer dünnen Bodenschicht überwachsen. Sehr viel pittoresker ist unser Lieblingsbaum Nummer drei. Drei dicke Hauptstämme, die auf einem Wurzelstock eng zusammenstehen, ein vierter ebenso dicker in einem halben Meter Abstand, sowie ein weiterer etwas schwächerer Stamm, der mit der Hauptgruppe durch eine Astverwachsung, eine sogenannte Symphyse, verbunden ist.

Ab der Höhe von einem Meter über dem Boden zähle ich 18 starke Stämme.

Kratteiche in der Wittenbergener Heide

Die unteren Seitenäste wachsen zur Sonnenseite hin zuerst waagerecht, wohl um dem Schatten zu entkommen, der von der Krone des Altbaumes ausgeht – sie wollen so viel Lichtraum wie möglich erobern. Aber an der Spitze, wo das Gewicht die Schleppe nach unten drückt und die Äste den Boden berühren, bewurzeln sie sich und treiben energisch aus, richten sich auf und beginnen, kleine junge Büsche zu bilden. Es fällt auf, dass die Blätter an diesen Seitentrieben sehr groß sind, viel größer als die Blätter der anderen Eichen. Liegt das daran, dass die Triebe hier auf frischem Boden sich selbst mit Nährstoffen versorgen können und nicht auf das angewiesen sind, was ihnen der Hauptstamm zukommen lässt? Auch hier sind die oberen Wurzeln freigelegt, sehen aus wie Knüppel, überkreuzen sich, sodass der Wurzelstock noch bizarrer wirkt als der unseres Lieblings Nummer eins.

Die Eichenstöcke der ersten Reihe sind besonders eindrucksvoll. Die Bäume hinter ihnen stehen auch krumm und schief und oft auch unordentlich in mehrstämmigen Gruppen zusammen, aber sie wachsen doch zielgerichteter nach oben, so wie wir es von Schonungen und Forstkämpen kennen. Wir finden ältere Bäume, deren früher sehr breite Krone durch die Beschattung der Nachbarbäume abzusterben beginnt und daher viele tote Äste enthält. Meine Frau fragt, was mit den Jungbäumen im Unterwuchs passiert? Das, was mit allen Jungbäumen passiert: Sie versuchen, ihren Platz zu halten, und warten darauf, dass sie ihre Chance kriegen. Die meisten warten darauf vergebens.

Ein Wald wie dieser wird in Schleswig-Holstein und Dänemark als Kratt bezeichnet, hochdeutsch das Kratt, plattdeutsch de Kratt.

Ob der Plural Kratts oder Kratte lautet, ist nicht ganz klar. Die hier wachsenden Eichen heißen Kratteichen. Das Wort stammt aus dem Dänischen und wird dort mit nur einem t am Ende geschrieben; es hat die gleiche Bedeutung wie das englische Wort *scrub* und bedeutet Gestrüpp, Buschwerk, Unterholz. Südlich der Elbe in Niedersachsen nennt man solche Wälder Stühbüsche, was sich von dem niederdeutschen Verb stüven für niederhauen, abholzen ableitet. Wie es scheint, bildet die Elbe die Sprachgrenze, aber es gibt Ausnahmen: Die
77 malerischen Krüppeleichen im niedersächsischen Buchholz im Kreis Rotenburg an der Wümme liegen im Stühbuschgebiet und werden dennoch als Kratteichen bezeichnet.

Kratteiche in der Wittenbergener Heide

Zurück am Parkplatz beim Rissener Leuchtturmweg stellen wir fest, dass wir unser Auto direkt vor einer großen dreistämmigen Eiche geparkt hatten. Das war uns vorher nicht aufgefallen. Auch das dürfte eine alte Kratteiche sein, genauso wie die krumm gewachsenen alten Bäume, die die Straße säumen und überschirmen. Offenbar war der Buschwald mit seinen Kratteichen in Wittenbergen früher sehr viel ausgedehnter als heute. Eine Quelle aus dem Jahre 1925 gibt an, dass der Tinsdaler Kirchenweg, der etwa einen halben Kilometer nördlich verläuft, damals von einem Eichenkratt begleitet wurde, in das bereits hier und dort Sommerhäuser und Villen eingestreut wurden.[5] Und wenn man im Jahre 1919 vom Bismarckstein bei Blankenese nach Westen schaute, sah man entlang der Elbe bis zum Horizont einen eher niedrigen Buschwald, der den Blick bis zu einer großen Villa frei ließ. Heute ist der Baumbestand hier sehr viel höher.[6]

Nach Aussage der Botaniker Justus Schmidt und Albert Christiansen galt Blankenese als südlichster Punkt der auf der gesamten Jütischen Halbinsel vorkommenden Krattlandschaft.[7] Schon damals soll nur noch wenig davon vorhanden gewesen sein.

Das Wort Kratt hat trotzdem in vielen Orts-, Flur- und Straßennamen überlebt. Auch wenn die Kratts heute fast völlig verschwunden sind, wollen wir genauer wissen, was es mit ihnen und den Stühbüschen in früherer Zeit auf sich hatte.

Bei den Kratteichen in der Wittenbergener Heide handelt es sich um die in Norddeutschland eher seltene Traubeneiche, ebenso wie bei den Eichen am Wulfsberg bei Bispingen. Traubeneichen scheinen typisch sowohl für Kratts wie für Stühbüsche zu sein. Eine merkwürdige Sache. Viele Leute glauben, dass es nur eine Eiche bei uns gibt, die Deutsche Eiche halt. Aber das stimmt nicht. Es gibt zwei. Die Stieleiche trägt ihre Früchte einzeln an langen Stielen – daher der Name. Wenn die Eicheln herausgefallen sind, erinnern die gestielten Fruchtbecher an kleine Tabakpfeifen mit einem sehr großen Pfeifenkopf. Die Blätter dagegen haben bei der Stieleiche keinen Stiel – sie sind ungestielt. Lassen Sie sich dadurch nicht verwirren.

Bei der Traubeneiche wiederum haben die Früchte keinen Stiel, sie sitzen zu mehreren eher knubbelig als traubenartig am Ende der Triebe. Dafür hat sie Blätter mit einem schönen Stiel, gestielte Blätter halt, und die sind, wie ich finde, schöner, regelmäßiger, grüner und glänzender als bei der Stieleiche. Wenn man sie kennt, kann man sie nicht mehr verwechseln. Die Traubeneiche gilt als wärmeliebende Art, und ihre Früchte sollen für Eichhörnchen, Eichelhäher und Wildschweine wohlschmeckender sein. Die Situation wird nicht einfacher dadurch, dass Stiel- und Traubeneiche sich paaren können und dann Kinder erzeugen, die in ihren Merkmalen zwischen den Eltern stehen.

Und dann ist da noch die Eiche auf den deutschen Ein-, Zwei- und Fünfcentmünzen, für die unter Botanikern der Name *Quercus eurocentica* im Umlauf ist. Sie hat – sehr ungewöhnlich – kurzgestielte Traubeneichenblätter und langgestielte Doppelfrüchte. In der freien Wildbahn wurde eine Eiche mit solchen Merkmalen bislang nicht gesehen. Das deutsche Finanzministerium, das als Erzeuger dieser Eichen anzusehen ist, verweigert leider unter Bezug auf das Prinzip der künstlerischen Freiheit jede weitere Auskunft.[8]

Quercus eurocentica auf einem deutschen Zweicentstück

Fünf Kilometer vor dem Heideort Bispingen sind wir von der Hauptstraße abgebogen und drei Kilometer durch einen dunklen Forst aus Kiefern und Stieleichen gefahren. Dann haben wir unser Auto am Gasthof Tütsberg geparkt. Wir wollen uns den Wulfsberg ansehen, einen durchgewachsenen Stühbusch, der für seine schönen alten Eichen bekannt ist. Ein von Birken gesäumter Heideweg führt uns durch strohgelbe, mit reifem Hafer bestandene Felder, und wir erinnern uns daran, dass es vor 200 Jahren hier weder Äcker noch Wälder gegeben hat, sondern nur eine unermesslich weite Heidefläche. Nach einer Viertelstunde ist das Ziel erreicht. Schon von Weitem sehen wir das schöne Waldbild: verstreute Einzelbäume, kleine Baumgruppen und lichte Haine, die in einen geschlossenen Bestand übergehen. 81

Das Panorama des in eine Weidelandschaft übergehenden Waldes erinnert mich an klassische englische Landschaftsparks. Was nicht erstaunlich ist, denn für die Schöpfer dieser Parks waren Bäume das wichtigste Gestaltungselement, sei es als Wald, Hain, Einzelbaum oder als *clump* genannte Gehölzgruppe.[9] Zahlreiche Gartentheoretiker haben darüber geschrieben, und man kann annehmen, dass ihre ästhetischen Vorstellungen von einem ähnlichen Landschaftsbild geprägt wurden wie das, was wir hier vor uns sehen: das Bild einer halboffenen Weidelandschaft. Verkoppelungen und Aufteilungen der Allmende haben solche Landschaften im nördlichen Europa fast überall zum Verschwinden gebracht. In England setzte dieser Prozess bereits im 17. Jahrhundert ein, und der englische Landschaftsgarten, der sich von 1700 an zu entwickeln begann, wird vielfach als Versuch gedeutet, gerade diese verschwindende Landschaft zu idealisieren und ihr Erscheinungsbild zu konservieren. In der Lüneburger Heide, wo Gemeinheitsteilungen und Verkoppelungen erst im 19. Jahrhundert stattfanden, hat die Geschichte eine andere Wendung genommen.

Das Waldbild, das wir hier vor uns sehen, ist jung und alt zugleich. Es ist erst im 20. Jahrhundert entstanden, aber seine Wurzeln reichen 500 Jahre und länger zurück. Fast alle Bäume, auch wenn sie einzeln stehen, haben mehrere Stämme, die selten halbwegs gerade, meist aber krumm und schief sind. Die eindrucksvollste Gruppe steht direkt am Weg, sie besteht aus elf dicken Trieben, die alle aus einem einzigen Stock erwachsen sind. Nicht weit davon steht eine achtstämmige Gruppe. Allgemein scheinen die Stämme etwas dicker zu sein als bei den Kratteichen in der Wittenbergener Heide. Krüppelig verwachsene Bäume sind hier dagegen selten, doch abgeknickte und abgebrochene Äste gibt es auch.

Wenn ich mir die Baumgruppen ansehe, merke ich,
dass jeder Einzelstamm eine asymmetrische Krone trägt,
die sich nach innen nicht entfalten kann und deren Schwergewicht daher auf der Außenseite liegt. Das bringt vermutlich statische Probleme mit sich, und tatsächlich ist an einer Stelle ein 30 Zentimeter dicker Außenstamm an der Basis abgebrochen und liegt mit ausgespreiteter Krone und trockenem Laub am Boden.

Einige Eichengruppen bieten heterogene Farben: Hier haben sich auch andere Baumarten angesiedelt – Vogelbeeren, deren Samen von Vögeln eingetragen wurden, oder Birken, die der Wind angeweht hat. Eichen haben lockere Kronen und beschatten den Boden weniger stark als Buchen, daher konnten die Eindringlinge hier keimen und zwischen den Eichenstämmen in die Höhe wachsen.

Es ist ein ruhiger Sonntagmorgen. Das nächste Waldstück ist ein paar Hundert Meter entfernt. Am Weg dorthin steht eine Bank, von der man einen schönen Blick in die Weite hat. Ein Bild aus wenigen Farben: Strohfarben sind das Getreide und die Schlängelschmiele in den Heideflächen, die dagegen dunkelgrün sind und fast leblos wirken. Einige Büsche sind schon in Blüte und bilden violette Tupfer. In 14 Tagen wird sich die ganze Fläche mit dieser Farbe überzogen haben, und dann wird es einen ziemlichen Trubel geben, denn zur Heideblüte ist hier touristische Hochsaison. Aber noch ist es still. Auf den Heideflächen haben sich Kiefern und weißstämmige Birken als Pioniere angesiedelt. Nur ein einziger Pferdewagen mit Ausflüglern fährt vorbei – die Kulisse bilden hell-ockerfarbene Sandwege, darüber ein weißblauer Himmel und die grünen Eichen mit ihrem glänzenden Laub am Horizont.

Eichen im Wulfsberg

Wenn wir wissen wollen, auf welche Weise die merkwürdigen Baumgestalten in der Wittenbergener und der Lüneburger Heide zustande gekommen sind, müssen wir tief in die Geschichte eintauchen.

Sie sind Überlebende einer untergegangenen Landschaft und sahen vor 100 oder 200 Jahren völlig anders aus als heute.

Die Kräfte, die sie formten, sind nicht mehr wirksam, und es fällt uns schwer, uns ein Bild davon zu machen.

Kratts und Stühbüsche gehörten zur großen Heidelandschaft, die sich einst vom Ärmelkanal und von Belgien über die Niederlande durch das nordwestliche Schleswig-Holstein und über Dänemark bis zum Kattegatt erstreckte. Kratts und Stühbüsche waren für die Heiden östlich und südlich der Nordsee nicht weniger typisch als die großen mit Besenheide bestandenen Flächen, die im August so wunderschön violett blühen und unser Bild von der Heidelandschaft ein für alle Mal festgelegt haben. Unsere Kenntnisse über die niedersächsischen Stühbüsche verdanken wir dem verstorbenen Förster Udo Hanstein, der von 1971 bis 1996 das Forstamt Sellhorn in Bispingen geleitet hat.[10] Der Wulfsberg ist Teil seines Reviers gewesen. Hanstein führt uns in einem Aufsatz zurück in die Heidebauernzeit vor 300 Jahren. Wir müssen uns klarmachen, dass der Ackerbau, wie er damals auf den armen Sandböden durchgeführt wurde, eine Umweltzerstörung von heute unvorstellbarem Ausmaß mit sich brachte.[11] Auf den dorfnahen Äckern, dem Esch, wuchsen bestenfalls Roggen und Buchweizen. Beides sind anspruchslose Feldfrüchte, aber auch sie brauchten Dünger und Nährstoffe, und die waren entsetzlich knapp. Das Einzige, was man nutzen konnte, waren die großen Heideflächen. Sie lieferten Futter für die Schafe, deren Dung man von den Ställen auf den Acker brachte. Und sie lieferten die sogenannten Plaggen. Das sind ausgewachsene Besenheidepflanzen, die man mit den Wurzeln und einem gehörigen Stück Oberboden abstach und ebenfalls als Dünger verwendete. Schafdung und Plaggen waren in der Heidebauernzeit die einzigen Nährstoffquellen, aber sie waren so wenig ergiebig, dass man riesige Heideflächen für ihre Erzeugung brauchte. Schließlich waren 20 bis 40 Hektar Heide nötig, um einen Hektar Acker zu düngen. Kein Wunder, dass sich von Dorf zu Dorf schließlich eine durchgehende Heidefläche bildete, das von nur wenigen Holzungen unterbrochen wurde. Denn gleichzeitig war der Holzmangel so groß, dass fast alle Bäume der Axt zum Opfer fielen.

Hinzu kam, dass die Schafe lieber noch als die jungen Triebe der Heide – die konnte regenerieren – alles fraßen, was sie an Bäumen oder Sträuchern und vor allem an Jungbäumen erreichen konnten, denn das war für sie eine besonders leckere Kost. Die Folge:

> **Die Eichen waren zwar zäh und überlebten den Verbiss durch das Vieh, aber es gab keine Verjüngung mehr,**

die Wälder lichteten sich, wurden zu Gebüschen und schließlich zu einem krüppelhaften, oft nur kniehohen Gestrüpp abgefressener Bäume. Das war es, was der Heidebauer unter Stühbusch verstand.

> **Die Bäume überlebten auch das Plaggenhauen, denn tief wurzelnde Eichen lassen sich viel schwerer aus dem Heideboden hacken oder ziehen als die flach wurzelnden Heidekräuter.**

Und sie überlebten die Spätfröste, die auf der Hohen Geest sogar noch im Juni oder Juli auftreten können. In Bodennähe können diese Fröste besonders schwere Schäden anrichten, sodass bei den Stühbusch-Eichen das Laub sogar mehrmals im Jahr erfrieren konnte. Und obwohl das Vieh und die Fröste letztlich wie ein Rasenmäher wirkten, brachten sie die Eichen nicht um, sondern ließen sie sich immer wieder verzweigen, sie verbuschen und in die Breite wachsen. Hatten diese Eichenteppiche eine gewisse Ausdehnung erreicht, dann waren die Eichen in der Mitte schwer erreichbar und den Misshandlungen weniger ausgesetzt. Sie versuchten nun, sich wieder aufzurichten und zu aufrechten Bäumen zu entwickeln. Aber sie hatten keine Chance, denn alles, was nur irgend brauchbar war, wurde geschlagen, als Brennholz, Stecken, Haken, Zwille, Zaunpfahl oder was auch immer.

Den oberirdisch so zugesetzten Bäumen blieb nichts anderes übrig, als sich in die Unterwelt zurückzuziehen und immer größere Wurzelstöcke zu bilden

– jahrhundertealte, mächtige Energiespeicher, deren unglaubliche Regenerationskraft die Forstleute auch heute immer wieder in Erstaunen setzt.

Eichen im Wulfsberg

Der Dreißigjährige Krieg hatte viele Menschenleben gekostet, der Heidelandschaft aber eine kleine Verschnaufpause gegönnt. Dann nahm die Bevölkerung wieder zu und mit ihr der Hunger. Die Preise für Holz und Getreide stiegen. Weide und Plaggenstreu wurden wieder knapper, und die Heide war bald so sehr übernutzt, dass sie an vielen Stellen zu offenen Sandflächen degenerierte. Hinzu kam eine gravierende Energiekrise, es fehlte an Brennstoff, und es fehlte an Pferde- und Menschenkraft, um die Plaggen von den immer weiter entfernt liegenden Flächen zum Hof zu bringen. Die Obrigkeit griff ein: Die nun einsetzende Verkoppelung und Aufteilung der Allmenden, die in der Lüneburger Heide als Gemeinheitsteilung bezeichnet wurde, krempelte die Landschaft völlig um. Hinzu kam, dass von 1830 an mit dem Chile-Salpeter erstmals künstliche Düngung möglich wurde. Die früher so wichtige Heide wurde nun nicht mehr benötigt, sie wurde zu Ackerland, wurde mit Nadelholz aufgepflanzt oder bewaldete sich spontan, wo sie sich selbst überlassen blieb. All das brauchte seine Zeit. Es gab eine lange Übergangsphase, die von der Mitte des 19. bis zur Mitte des 20. Jahrhunderts reichte, und es gab um 1900 zeitgleich und in denselben Gebieten sowohl Heidekulturvereine, die die Heide ackerfähig machen wollten, als auch Naturschutzbeauftragte, die dies verhindern wollten.

Heute ist die Heide in Norddeutschland ein abgeschlossenes Kapitel.

Die Besenheide *Calluna vulgaris*, das eigentliche Heidekraut, überlebt nur noch in Naturschutzgebieten wie in einem Zoo oder Museum,

dank der intensiven und inzwischen meist maschinellen Pflege, die wir ihr angedeihen lassen. Und auch die Eichen der Kratts und Stühbüsche haben sich wieder erholt, so weit, dass nur der Kenner ihnen ihr früheres Schicksal noch ansehen kann.

Es ist gut möglich, dass die Eichen hier die Reste eines mittelalterlichen Waldes darstellen und mehr als 500 Jahre alt sind, denn ein Gehölz wurde für die Gegend schon um 1600 beschrieben.

In der Kurhannoverschen Karte von 1776 ist hier eine Gebüschsignatur verzeichnet. Im Jahre 1809 siedelten sich am Wulfsberghof zwei Neubauern an, die einen Teil des Stühbusches gerodet haben dürften. Die Akten der Gemeinheitsteilung und Verkoppelung von um 1840 geben über den Stühbusch keine Auskunft, was auch eine Aussage ist. Möglicherweise können wir daraus schließen, dass das Gebüsch zu dieser Zeit zu armselig und krüppelig war, um Erwähnung zu finden. Auch im Messtischblatt von 1899 ist für die Umgebung des Wulfsberges keine Waldsignatur angegeben. Erst später bekam der Stühbusch also Gelegenheit, sich zu erholen und sich zu dem Wald zu entwickeln, den wir heute besuchen. Ein durch und durch merkwürdiger Wald und ein Beweis für die ungeheure Regenerationskraft von Eichen. Die Wurzeln der Bäume können hier gut über 500 Jahre alt sein, aber das, was wir an Stämmen sehen, ist kaum älter als 120 Jahre.

1 Das größte und berühmteste Krattgebiet der alten preußischen Provinz Schleswig-Holstein liegt heute in Dänemark nahe der Orte Tevring und Lovrup. Die Schreibweise wechselt: In der Literatur findet man auch die Namen Tövring-, Teuring- oder Laurup-Kratt. Für die Botanik entdeckt wurde dieses außergewöhnliche Kratt um 1870 von dem Küster Lorenz Borst aus Medolden bei Tondern und dem beim Flensburger Dragonerregiment stationierten Militärarzt Peter Prahl, beide ausgezeichnete Pflanzenkenner. Peter Prahl erkundete Teuring-Kratt im Sommer 1874 auf einer botanischen Exkursion und beschrieb es liebevoll.[12] Seine Reise führt ihn durch das westliche Nordschleswig bis zur Insel Röm (Romø), und wie damals üblich und kaum anders möglich, legte er den größten Teil der Strecke zu Fuß zurück. Nachdem er die große Heide bei Arrild durchquert hatte, änderte sich das Landschaftsbild.

»Die Straße verlassend stieg ich in südwestlicher Richtung einen Höhenrücken hinauf, von dessen Gipfel sich eine weite Aussicht bis in die Marschebene an der Westküste eröffnete. Hier nahm die Heide einen ganz anderen Charakter an, nicht mehr Calluna, Heidekraut, war die alles beherrschende Pflanze, hier traten höhere Holzgewächse hinzu, vor allem Quercus pedunculata, Stiel-Eiche. Freilich nicht in stolzen Exemplaren, die ihre rauschenden Kronen auf hohem Stamme im Winde wiegen, kleine verkrüppelte struppige Burschen waren es, die den Kampf mit dem Winde nicht aufzunehmen wagten und sich daher möglichst nahe an den Boden anschmiegen. Anfangs trat dies Gestrüpp nur fleckweise auf, die knorrigen armdicken Äste im Heidekraut niederliegend, die Zweige sich horizontal ausbreitend. Bald aber trat es massiger auf und bildete auf weiten Strecken ein fast undurchdringliches Gewirr, das nur kleine freie Plätze übrig ließ. Hier schmiegten sich die Stämmchen nicht so ängstlich dem Erdboden an, sondern erhoben keck das Haupt, freilich erreichten sie nur eine Höhe von 1 bis höchstens 2,5 Metern. Neben der Eiche fanden sich, doch ungleich seltener Populus tremula, Rhamnus Frangula, Rubus sp., Salix sp., Sorbus Aucuparia.[13] *Behende Eidechsen schlüpften durch das Dickicht und auf den freien Plätzen hatten sich zahlreiche Kolonien der großen Waldameise angesiedelt (…). Dieses Gestrüpp (Tövring Krat), das ich in der Breite etwa ½ Stunde weit durchwanderte, das sich aber auf dem von Nordnordwest nach Südsüdost streichenden Höhenzug mit einigen Unterbrechungen und unter verschiedenen Namen etwa ¾ Meilen rund fünf Kilometer lang erstreckt, ist großenteils von der Regierung angekauft worden und soll demnächst mit der Beforstung vorgegangen werden.«*

Prahl beschreibt hier ein ganz eigenartiges Landschaftsbild. Ein niedriges Eichengestrüpp, knie- bis mannshoch, das sich dem Boden eng anschmiegt. So etwas gibt es heute bei uns nirgends mehr, aber zu seiner Zeit muss es noch sehr häufig gewesen sind. Wir können uns ein Bild von diesem Zustand machen, denn es gibt ein Foto des Botanikers Albert Christiansen aus dem Kreis Husum um 1900, das ein solches Kratt mit seinen krummen Eichenstämmchen zeigt.[14] Und es gibt nahezu gleichlautende Beschreibungen aus der Lüneburger Heide: ein niedriges kümmerliches Eichengebüsch, stets von Schafen verbissen, mit wunderliche Formen, das der Heidelandschaft an vielen Stellen ihr eigenes Gepräge gab und durch sein frisches Grün die *»eintönig braune Hei-*

dekraut-Suppe« freundlich schmückte. Noch um 1870 haben solche Stühbüsche oft stundenweit die frei und willkürlich zwischen ihnen sich schlängelnden, einspurigen Sandwege begleitet. Von diesen Zuständen gibt es kaum Fotos, aber auf alten Landschaftsbildern des Hamburger Malers Valentin Ruths kann man die Stühbüsche auf den Heidehügeln erkennen oder zumindest doch erahnen. Es besteht kein Zweifel: Stühbusch und Kratt sind gleichbedeutende Begriffe und beziehen sich auf den gleichen Landschaftstyp, der nördlich und südlich der Elbe lediglich anders benannt wurde.

Es gab aber doch regionale Unterschiede, und die betrafen die Pflanzen, die sich in das Eichengestrüpp eingemischt hatten.

Vor allem die Kratts im Landesteil Schleswig waren viel reicher an seltenen Arten als die holsteinischen Kratts oder die niedersächsischen Stühbüsche.

Über das damals zum Landesteil Schleswig gehörende Teuring-Kratt schreibt Prahl:

»In botanischer Hinsicht ist dies Gestrüpp ein Juwel, und Herrn Borst gebührt das Verdienst, dasselbe entdeckt und erforscht zu haben.«

Nun folgt eine lange Liste von Pflanzennamen, darunter ausgesprochene Spezialisten, die heute alle in Schleswig-Holstein und Dänemark auf den Roten Listen stehen: Blut-Storchenschnabel, Bärentraube, Berg-Segge, Sterners Labkraut, Echtes Salomonssiegel, Einfache Wiesenraute, Schwarze Platterbse, Heide-Wicke und Pyramiden-Günsel. Einige der von Peter Prahl gesammelten Pflanzen kann man sich heute noch im Herbarium der Universität Hamburg ansehen.

Die Kratts an der schleswigschen Westküste erreichten nicht die Artenvielfalt von Teuring-Kratt, aber es gab auch hier Seltenheiten. Genau das war der Grund, warum einige Kratts schon im ersten Viertel des 20. Jahrhunderts unter Naturschutz gestellt wurden und heute zu den ältesten Naturschutzgebieten Schleswig-Holsteins zählen.

Es hat leider wenig genützt:

Die meisten der seltenen, für die Kratts einst typischen Pflanzen sind heute verschwunden.

Grund dafür ist, dass die Kratts sich zu ändern begannen, nachdem die traditionelle Nutzung der Heidelandschaft aufgegeben worden war. Als der Hamburger Botaniker Justus Schmidt im Jahre 1902 das Teuring-Kratt auf den Spuren von Peter Prahl durchwanderte, gab es hier zwar noch Stellen, an denen dem Besucher aus dem dunklen Braun der weiten Heiden plötzlich das saftige Grün der niederliegenden Eichen entgegenlachte.[15] Aber das Gebiet hatte sich in den vergangenen 30 Jahren deutlich verändert.

»Durch große Aufforstungen, die vonseiten des Staats ausgeführt worden sind, hat man den Eichen Schutz geschaffen gegen die stürmischen westlichen Winde, und wenn dieselben auch gerade noch nicht zu stattlichen Exemplaren herangewachsen sind, so macht sich doch der geschaffene Schutz bedeutend bemerkbar.«

Und da auch die Beweidung durch Schafe nachgelassen hatte, konnten die Eichen des Kratts sich jetzt erheben und in die Höhe wachsen.

Die von Justus Schmidt geschilderte Entwicklung konnte man von den 1920er Jahren an überall beobachten, wo es früher Kratts und Stühbüsche gegeben hatte. Dort bildete sich das Eichengestrüpp langsam und zunächst kaum merklich in einen Eichenhochwald um. Besonders anschaulich lässt sich diese Entwicklung beim Falkenberg im Hamburger Stadtteil Neugraben 39
zeigen, den meine Frau und ich am Ende unserer Entdeckungsreise aufsuchen. Der Falkenberg ist 63 Meter hoch, bildet den nördlichsten Ausläufer der Lüneburger Heide und dämmert heute im dichten Wald in einer Art Dornröschenschlaf vor sich hin. Früher, als es diesen Wald noch nicht gab, war er Anziehungspunkt für ganz unterschiedliche Klientel, wie Geologen, Vorgeschichtsforscher, Botaniker, Insektenliebhaber, Maler, Segelflieger, Wandervögel und Ausflügler. Und weil der Falkenberg so populär war, ist er immer wieder gemalt und fotografiert worden, und wir können seine Geschichte und die Geschichte seines Stühbusches anhand von historischen Abbildungen Revue passieren lassen.

Eine Grafik des Hamburger Malers Arthur Illies zeigt den Zustand im Jahre 1896: eine mit undurchdringlich dichtem Gebüsch bewachsene Kuppe in einer weiten und völlig vegetationsfreien Fläche, auf der Sand für die Bauten der nahen Großstadt Hamburg abgebaut wurde. 30 Jahre später können wir auf einer Postkarte sehen, dass die Heide die Sandfläche zum Teil zurückerobert hat. Der Stühbusch hat sich gelichtet und ist zu einem niedrigen Wald ausgewachsen. Auf der Kuppe waren ein Restaurant und ein Aussichtsturm errichtet worden. Auch auf dem etwa 300 Meter südlich liegenden Bredenberg ist aus dieser Zeit ein niedriger durchgewachsener Stühbusch dokumentiert. Seine Physiognomie entspricht völlig dem oben erwähnten Kratt aus dem Kreis Husum, den wir durch die Abbildung von Albert Christiansen aus Jahre 1902 kennengelernt hatten. Auch die Stühbüsche am Falkenberg waren weiter in die Höhe gewachsen. Wie ein Ölgemälde aus dem Jahre 1950 zeigt, hatte sich der krüppelige Eichenbusch aus den Zeiten von Arthur Illies zu einem Buschwald entwickelt, der die Kuppe des Hügels wie eine frischgrüne Haube überzieht.

Heute ist der Falkenberg von seinem Fuß an durch einen geschlossenen Hochwald überwachsen. Das Restaurant Zum Störtebeker wurde in den

1960er Jahren abgerissen, die Wege dorthin wurden vom Wald überwachsen und verschwanden. Wo früher das Restaurant gestanden hatte, war die Fläche lange Zeit frei von Bäumen geblieben, aber auch sie wird nach und nach von Birken und Eichen kolonisiert. Im Jahre 2015 konnte ich hier noch drei Relikte der offenen Landschaft finden, die Bärenschote, den Wirbeldost und den Mittleren Klee. Aber ihre Tage sind gezählt, denn im Waldschatten können sie nicht überleben. Als Zeugen der Vergangenheit überdauert haben vor allem die mächtigen mehrstämmigen Eichen nahe der Kuppe, die genauso alt wie die Eichen am Wulfsberg sein dürften und wie sie Relikte des alten Stühbusches sind. Die zahlreichen krumm gewachsenen Eichen und Buchen am östlichen Abhang des Hügels sind wahrscheinlich jünger und haben sich wohl erst in den vergangenen 50 Jahren angesiedelt.

Von Holland über Niedersachsen und Schleswig-Holstein bis nach Skagen in Dänemark erstreckte sich vor 200 Jahren die große mitteleuropäische Heidelandschaft, und wo immer es Heide gab, hat es auch Kratts und Stühbüsche gegeben.

Deutlich wird das an der eindrucksvollen Aufstellung aus dem Jahre 1944, die für das dänische Jütland insgesamt 466 Kratts beschreibt.[16] Fast alle lagen im eigentlichen Heidegebiet auf der kargen jütischen Geest und nicht im Bereich des östlichen Hügellandes mit seinen guten Böden. Für Niedersachsen und Schleswig-Holstein gibt es eine vergleichbare Übersicht nicht, aber ein paar Hundert Kratts und Stühbüsche wird es zwischen der deutsch-dänischen Grenze und den Niederlanden sicher auch gegeben haben

Die blühende Heide bietet einen spektakulären Anblick, viel zu spektakulär, als dass man ihr Verschwinden hätte unbemerkt hinnehmen können. Kein Wunder, dass sie vor mehr als 100 Jahren zum Zieh- und Sorgenkind des Naturschutzes wurde und es bis heute geblieben ist. Und alle Mittel sind recht, wenn es gilt, die verbliebenen Heideflächen zu erhalten, sei es auf traditionelle Weise mit Schnuckenweide und Feuer, oder sei es auf moderne Weise unter Einsatz von kostensparenden Mäh- und Plaggmaschinen. Für diese maschinelle Heidepflege hat sich der Begriff Schoppern eingebürgert. Aber mit all dem wird nur ein Ausschnitt aus der alten Heidebauernlandschaft erhalten, wenn auch zugegeben ein besonders attraktiver. Das Verschwinden der Stühbüsche und Kratts hat deutlich weniger Beachtung gefunden, selbst wenn einige von ihnen schon in den 1920er Jahren in Schleswig-Holstein und Süddänemark unter Naturschutz gestellt wurden und heute mit viel Liebe und großem Aufwand gepflegt und erhalten werden. Sie sind ja auch nicht verschwunden, die Eichen stehen noch. Letztlich hat sich nur ihr Erscheinungsbild geändert, trotz der Pflege oder vielleicht gerade ihretwegen. Aber die traditionellen Eichengestrüppe in der Heidelandschaft kann man in ihrer ursprünglichen Form heute in ganz Deutschland nicht mehr finden.

Vielleicht lässt sich jedoch solch ein Kratt oder Stühbusch alter Art neu heranziehen?

Der Förster Udo Hanstein hat für das Naturschutzgebiet Lüneburger Heide einen sehr interessanten Vorschlag gemacht.[17] Die seit mehr als 80 Jahren durchgewachsenen Bestände wie am Wulfsberg wären für solch einen Versuch nicht geeignet; sie bieten ein viel zu schönes Landschaftsbild, so wie sie sind, und außerdem weiß man nicht, ob die alten Stämme nach einem Hieb überhaupt noch ausschlagen würden. Infrage kämen die ehemaligen Panzerübungsflächen der British Army in der Lüneburger Heide, die 1994 freigegeben wurden und sich seitdem wieder gut mit Heide bestockt haben. Inzwischen haben sich auch Eichen dort angesiedelt. Die Stieleichen sollte man entfernen, sie sind nicht typisch für die Heide-Stühbüsche. Aber wo es sich um Traubeneichen aus heimischem Saatgut handelt, könnte man mit dem Versuch beginnen. Als Erstes müsste man die Eichen auf den Stock setzen, sodass sie wieder ausschlagen. Und weil diese verheideten Panzerübungsflächen inzwischen auch mit Heidschnucken beweidet werden, brauchte man lediglich die Herden in diese Gebiete führen, damit sie die Eichenschösslinge von Anfang an verbeißen. Die Eichen würden dann niedrig bleiben und sich beim neuen Austreiben dicht verzweigen. Optimal wäre es, auch einige Ziegen mitzuführen, die als klassische Waldverderber noch rabiater mit den jungen Eichen umgehen als Schafe. Wenn das regelmäßig jedes Jahr passiert, wird sich mit der Zeit ein niedriges, dichtes und immer breiter werdendes Eichengestrüpp ausbilden, und es ist zu erwarten, dass irgendwann die Tiere nicht mehr an die baumförmigen Triebe im Inneren herankommen werden. Die müssten dann halt gekappt und als Brennmaterial verhäckselt werden, was bei der heutigen Maschinentechnik nicht schwer zu bewerkstelligen sein dürfte. Über die Jahre könnte dann der neue Stühbusch genau das Bild ergeben, das für die Heidelandschaft von vor 100 Jahren so charakteristisch war.

Eine problematische Natur und ein offenbares Geheimnis: die MISTEL

Von Hans-Helmut Poppendieck

Wo entdecke ich heute die erste Mistel? Ich bin auf dem Weg zu meiner früheren Arbeitsstätte, dem Botanischen Garten im Hamburger Stadtteil Klein Flottbek, und ich habe es mir angewöhnt, hin und wieder den Blick hoch zu den Baumkronen schweifen zu lassen. Nur kurz, denn ich muss mich ja auf den Verkehr konzentrieren. Und auch nur im Winter, denn sonst sind die dunkelgrünen Mistelbüsche unter dem Laub der Linden, Pappeln oder Ahorne verborgen.

Die Vorkommen in Hamburg sind jung und beschränken sich auf ein relativ kleines Gebiet im Westen der Stadt. Ursprünglich ist die Mistel bei uns nicht heimisch. Und so wird der Botanische Garten in unserer Geschichte eine ganz besondere Rolle spielen, denn hier wurde vor 40 Jahren ein mit Misteln beladener Baum gepflanzt, und von hier aus hat die Mistel begonnen, sich in die Umgebung auszubreiten.

Mistel auf einer Robinie

Lange Zeit war die erste Wegmarke ein prächtiger Mistelbusch, der im Garten des Flottbeker Reitstalls auf einer 20 Meter hohen Pappel wuchs. Er hatte sich in den frühen 80er Jahren hier angesiedelt, und ich habe ihn über mehr als 20 Jahre zu einer imposanten Größe aufwachsen sehen, bis er schließlich zu schwer wurde und entzwei brach. Aber er scheint sich zu regenerieren. Von der S-Bahn aus war die erste Mistel gleich hinter der Autobahnbrücke anzutreffen, auch sie hat sich inzwischen verabschiedet. Aber die Mistel, die an der Elbchaussee nahe der Bushaltestelle Liebermannstraße

auf einer Linde wächst, ist noch wohlauf. Und nicht nur das: Seit dem Jahre 2002, in dem ich sie zuerst gesehen hatte, haben sich ihr ein halbes Dutzend 35
weiterer Misteln hinzugesellt.

Es ist immer ein kleines Stück Freude, wenn ich nach dem Laubfall im November die altbekannten Mistelbüsche wiedersehe,

denn sonst ist die Pflanzenwelt zu dieser Jahreszeit ziemlich langweilig. Ein noch größeres Stück Freude ist es, wenn entlang der seit vielen Jahren befahrenen Route plötzlich neue Misteln auftauchen. Erfahrungsgemäß weiß ich, dass man Mistelbüsche immer erst ab einer gewissen Größe wahrnimmt. Im Frühjahr verschwinden sie nach und nach im grünen Gewirr des Laubes, und selbst wenn man den Baum und die Stelle, wo sie wachsen, genau kennt, ist es schwierig, sie im Sommer auszumachen. Im Spätherbst treten sie wieder in Erscheinung und sind dann vielleicht genau um die wenigen Zentimeter gewachsen, die den entscheidenden Unterschied zwischen Wahrnehmen und Nichtwahrnehmen ausmachen. Es ist, als ob die Mistel sich den Sommer über verbirgt und im Winter aus ihrem Versteck herauskommt, um sich erneut mit grünen Blättern und zur Weihnachtszeit mit weißen Beeren zu präsentieren.

Ein großer Mistelbusch mit leuchtend weißen Früchten bietet im Licht der tiefstehenden Wintersonne ein spektakuläres Bild, er zieht die Blicke magisch an, aber etwas Fremdartiges schwingt mit. Hier ist eine Pflanze, die dem Lauf der Jahreszeiten trotzt.

Die Menschen im Mittelalter müssen sie für reine Zauberei gehalten haben. Eine Pflanze ohne Wurzeln, die ohne irgendwelche andere erkennbare Nahrung in der Luft wächst,

grün und in voller Vitalität, sogar mit Früchten, und dies zu einer Jahreszeit, in der alle anderen Pflanzen kahl dastehen! Es ist leicht zu verstehen, dass gerade die Mistel die Fantasie der Menschen angeregt und eine zentrale Rolle in der mittelalterlichen Heilkunde gespielt hat. Wie keine andere mitteleuropäische Pflanze wurde sie Gegenstand von Volksbräuchen und mythologischen Deutungen.

Bekanntlich ist die Mistel eine parasitische Pflanze, genauer gesagt ein Halbschmarotzer, der seinem Wirt lediglich Wasser und Nährstoffe entzieht.

Aber er besitzt eigenes Blattgrün und kann selbstständig Photosynthese betreiben und Kohlenstoff aus der Luft zum Aufbau seines Pflanzenkörpers nutzen. Parasitismus ist in der Biologie eine weitverbreitete, aber doch stets auch immer etwas rätselhafte Erscheinung. Mir fällt ein, was Goethe über den Kuckuck gesagt hat, der auch ein Parasit ist, und zwar ein Brutparasit, der seine Eier in fremde Nester legt.[1]

»Er ist eine höchst problematische Natur, ein offenbares Geheimnis, das aber nichtsdestoweniger schwer zu lösen, weil es offenbar ist. Und bei wie vielen Dingen finden wir uns nicht in demselbigen Falle!«

So etwas ließe sich mit gleichem Recht auch über die Mistel sagen. Genau so rätselhaft wie die Lebensweise der Mistel ist auch ihr Vorkommen in Deutschland. Wenn man die Verbreitungskarte über das Portal Floraweb nach Misteln aufruft, sieht man einen Flickenteppich. Mistel-Hotspots und mistelfreie Gebiete wechseln sich ab, ohne dass sich für das Muster eine schlüssige Erklärung erkennen ließe. Schwerpunkte gibt es von Mecklenburg über Brandenburg bis Sachsen, von Thüringen über das niedersächsische Bergland bis nach Ostwestfalen, im Saarland, in Rheinland-Pfalz und in Baden-Württemberg, in Franken und am Alpenrand sowie entlang der großen Ströme Rhein und Elbe. Das hessische Bergland zwischen Fulda, Rhön und Rheinischem Schiefergebirge ist dagegen nahezu mistelfrei, und Gleiches gilt für das gesamte nordwestdeutsche Tiefland, von ein paar sporadischen Vorkommen abgesehen.

Bei Fahrten auf der Autobahn suche ich gern. Wenn es nach Süden geht, werde ich das erste Mal fündig an der Autobahnraststätte Allertal bei Hannover, und auf der Berliner Autobahn treffe ich die ersten Misteln ein paar Kilometer östlich von Wittenburg bei Schwerin. Liegt es am von der Nordsee bestimmten Klima Norddeutschlands, dass es hier keine Misteln gibt? Vielleicht machen ihr die starken Winde zu schaffen, denen sie im Winter schutzlos ausgesetzt ist. Die Temperaturen scheinen keine Rolle zu spielen. Schon im Jahre 1944 hat nämlich der dänische Botaniker Johannes Iversen ein Klimaprofil der Mistel entwickelt und nachgewiesen, dass sie sowohl mit den Temperaturen der kühlen Sommer als auch mit milden Wintern hervorragend zurechtkommt.[2] Was sich auch daran zeigt, dass man Misteln in Norddeutschland erfolgreich ansiedeln kann. Einige Menschen betreiben so etwas offenbar als eine Art Sport. Da er zumeist im Privatgarten ausgeübt wird, ist darüber nur wenig bekannt. Von ein paar solcher Ansiedlungen habe ich durch Zufall erfahren: Im Hamburger Stadtteil Wandsbek wachsen Misteln, deren Beeren der Gartenbesitzer aus Dresden mitgebracht hat. In Hamburg-Wilhelmsburg stammten die Beeren von der Mosel; die Bewohner waren 1983 hierhergezogen und hatten die Mistel als Souvenir mitgebracht. Am Eibenweg in Hamburg-Fuhlsbüttel hatte der Naturfreund und Naturschützer Otto Helms 1925 Mistelsamen erfolgreich auf einer Birke ausgesät. Das Vorkommen wurde sogar 1960 in die Kartei der Landesstelle für Vegetationskunde in Kiel aufgenommen. Ohne sich weiter zu vermehren, hat der Mistelbusch das ungewöhnlich hohe Alter von 50 Jahren erreicht, bis sein Wirtsbaum 1975 gefällt wurde. In Ratzeburg war dem Schulrektor Lothar Rösler die Ansiedlung

Mistelfrüchte

der Mistel geglückt, und in Winsen an der Luhe hat der pensionierte Landwirtschaftsoberrat Rolf Müller intensive Versuche und Beobachtungen angestellt. Auch die reichlich fruchtenden Exemplare in einem Hinterhof in der schleswig-holsteinischen Stadt Plön, die ich 2014 entdeckte, dürften künstlich angesiedelt worden sein.

Aus all diesen Aktivitäten kann man schließen, dass die »Mistel-Hege« in einem mistelfreien Gebiet von vielen Naturfreunden als reizvolle Aufgabe und als Herausforderung angesehen wird.

Die Ansiedlung von Misteln ist nämlich gar nicht so einfach.[3] Bekanntlich handelt es sich um einen Parasiten, genauer gesagt um einen sogenannten Halbschmarotzer, und das will sagen: Die Pflanze entzieht ihrem Wirt zwar Wasser und mineralische Nährstoffe, besitzt im Übrigen aber grünes, chlorophyllhaltiges Gewebe, mit dem sie selbst Photosynthese betreiben und ihren Kohlenstoffhaushalt decken kann. Sie wurzelt auf den Ästen des Wirtes und wächst mit ihm in der Weise, dass sie in die jährlich neu gebildeten Jahresringe ihre Saugwurzeln einsenkt, die als Haustorien bezeichnet werden. Hat sie einmal Fuß gefasst, so kann sie ein Alter von rund 30 Jahren erreichen, in Einzelfällen bis zu 50 Jahren.

Der kritische Punkt in ihrer Lebensgeschichte ist die Ansiedlung auf dem Baum.

Erst einmal müssen die Samen an eine geeignete Stelle gelangen, wozu die Hilfe von Vögeln notwendig ist. Durch schleimige Gewebereste der Beeren kleben die Samen auf dem Ast fest und keimen im März und April aus, mit kleinen Saugwurzeln, die sofort energisch in das Wirtsgewebe vordringen wollen. Genau zu diesem Zeitpunkt aber sind bei uns die Meisen besonders aktiv auf Nahrungssuche und putzen die Bäume ab von allem, was halbwegs essbar erscheint: Insekten, Raupen, Würmern und auch, wenn vorhanden, jungen Misteln und den grünen Kernen der Mistelbeeren. Alle Mistel-Ansiedler in und um Hamburg sagen übereinstimmend aus, dass es vor allem darauf ankommt, der Mistel über diese schwierige Phase hinwegzuhelfen. Am einfachsten geschieht dies durch ein Drahtgitter, das man über den ausgeschmierten Mistelsamen anbringt.

Die Mistel wächst langsam. Im ersten Jahr wird der Sämling nicht länger als fünf Millimeter.

Erst im nächsten Jahr werden zwei Blätter gebildet. Im dritten Jahr ist die Pflanze wenige Zentimeter lang. Erste Blüten zeigen sich im Alter von sechs Jahren, und mit 15 bis 20 Jahren ist die Pflanze endlich ausgewachsen. Von nun an verzweigt sie sich regelmäßig, und da in jedem Jahr nur jeweils ein Stängelglied gebildet wird, kann man das Alter eines Mistelbusches an der Zahl der Verzweigungen ablesen. Die Büsche können schließlich einen Durchmesser von bis zu einem Meter erreichen. Die Fortpflanzungsorgane entwickeln sich langsam. Die kleinen Blüten werden im Frühjahr von kleinen Fliegen besucht und bestäubt, sind aber erst ein halbes Jahr später ausgereift.

Das Aufheben um die Mistel in Hamburg hat Johannes Apel, der frühere Leiter des Botanischen Gartens Hamburg, stets mit zurückhaltendem Spott kommentiert. Er war im berühmten Wörlitzer Park aufgewachsen, als Sohn des Garteninspektors, und hatte dort auch seine Gärtnerlehre absolviert. In Wörlitz war die Mistel im Gegensatz zu Hamburg eine außerordentlich häufige Pflanze und galt vor allem als lästig. Dieser Park ist berühmt für seinen kunstvollen Fächer von Ausblicken, die zwischen eigens zu diesem Zweck vor gut 200 Jahren gepflanzten Gehölzen wie von unsichtbarer Hand gelenkt ihren Fixpunkt in einem gotischen Haus, einer Steingrotte oder einer einsamen Eiche finden. Da ist es für den Kurator des Parks ärgerlich, wenn durch Vögel eingebrachte dunkelgrüne Büsche auf einer Pappelreihe oder auf einem Ahorn ein ungeplantes und unerwünschtes Ausrufezeichen setzen. Bekämpfen kann man sie nur durch die Amputation des betroffenen Zweiges, und das ist der Schönheit des Baumes abträglich und passt auf keinen Fall in einen Landschaftsgarten, für dessen Naturideal das Stutzen von Bäumen ein schweres Vergehen darstellt.

Aber als erfahrener Leiter des Botanischen Gartens wusste er natürlich um die Anziehungskraft, die die Mistel auf die Fantasie der Menschen ausübt, außerdem brauchte man sie als Demonstrationsobjekt für den akademischen Unterricht. In Hamburg kam sie spontan nicht vor, oder jedenfalls meinte man dies damals. Und so hatte Johannes Apel, nach einigen Fehlversuchen, die Mistel im Alten Botanischen Garten am Dammtor auf einem Apfelbaum angesiedelt. Das war Mitte der 60er Jahre.

Dann musste der Botanische Garten 1971 aus der Innenstadt in den westlich gelegenen Stadtteil Klein Flottbek umziehen. Auch hier wollte man auf die Mistel nicht verzichten. Das Problem war, dass es noch keine geeigneten Bäume gab, auf denen man die Mistel hätte ansiedeln können, sie mussten ja ein gewisses Mindestalter haben, um als Wirtsbäume dienen zu können. Also kam man auf die Idee, den Apfelbaum mitsamt seinen Misteln aus dem Alten in den Neuen Botanischen Garten zu verpflanzen. Doch dieses Experiment schlug fehl. Da die Mistel eine immergrüne Pflanze ist, die auch und vor allem im Winter assimiliert und, was noch entscheidender ist, auch transpiriert, verbraucht sie also Wasser, das sie ihrem Wirtsbaum abzapfen muss und das dieser unter normalen Bedingungen auch zur Verfügung stellen kann. Wird der Baum aber verpflanzt, so wird dabei zunächst das Feinwurzelsystem zerstört, also genau die Teile, die für die Wasseraufnahme dringend benötigt werden. Die Mistel entzog dem Apfelbaum Wasser, das er nicht nachliefern konnte, und trocknete ihn völlig aus. In wenigen Wochen war er abgestorben.

Es war Apels damaliger Stellvertreter Hans-Dieter Warda, dem schließlich im Jahre 1978 die erfolgreiche Ansiedlung der Mistel in Klein Flottbek gelang. Auch er hat einen mit Misteln besetzten Baum verpflanzt, einen rund sechs Meter hohen Silberahorn, den er in Witzenhausen östlich von Kassel nach mehrjähriger sorgfältiger Vorbereitung hatte ausgraben lassen. Inzwischen hatte man gelernt, dass das Feinwurzelsystem eine ganz entscheidende Aufgabe zu erfüllen hat. Also musste der Baum dazu angeregt werden, sofort nach dem Einpflanzen ebendiese Feinwurzeln zu bilden. Das geschah durch eine elektrische »Fußbodenheizung«, ein Drahtgeflecht, mit dem die Pflanzgrube ausgekleidet worden war und das nun den Boden erwärmte.

Es glückte. Der Silberahorn bildete neue Wurzeln, die Knospen trieben aus, die Mistel konnte dem Baum nichts anhaben.

Dennoch blieb es riskant. Erwartet und gefürchtet hatte man starke Nachtfröste, welche die jung ausgetriebenen Blätter hätten zerstören und damit den Baum schädigen können, aber sie blieben aus. Nicht erwartet hatte man, dass die Fußbodenheizung den Boden austrocknen würde, und genau dies geschah. Also wurde die Pflanzgrube in der Art eines Frühbeetes mit einer Glashaube geschützt, und Temperatur und Bodenfeuchte wurden sorgfältig kontrolliert. Dank dieser Maßnahme konnte das kritische erste Frühjahr erfolgreich gemeistert werden. Der Silberahorn wuchs und gedieh, und auf ihm vermehrten sich die Misteln auf weit mehr als 100 Büsche. Leider musste er im Jahre 2017 gefällt werden, weil seine Standfestigkeit nicht mehr gesichert war. Offenbar hatten ihm die Misteln doch zu sehr zugesetzt.

Mistel

Doch schon bald hatte man im Botanischen Garten bemerkt, dass sich die Misteln auszubreiten begannen. Zuerst besiedelten sie die niedrigen Zierapfelbäume direkt neben dem Silberahorn, dann Mitte der 80er Jahre eine 50 Meter entfernt stehende Robinie. Beliebt bei den Mitarbeitern und Besuchern des Botanischen Instituts war die Mistel auf der riesigen Schwarzpappel-Hybride direkt vor dem Eingang, die bereits 400 Meter vom Mutterbaum entfernt wuchs. Umso größer war die Empörung, als die städtische Gartenbauverwaltung dieses schöne Exemplar mitten im Sommer ohne Vorwarnung absägte, formal völlig zu Recht, denn sie stand auf öffentlichem Grund und nicht im Botanischen Garten. Wieder einmal war es die leidige Wegesicherungspflicht, die als Begründung herhalten musste.

Genau erfasst wurden die Hamburger Misteln erstmals im Winter 1995/96 im Rahmen einer Examensarbeit.[4] Ein Aufruf in einer großen Hamburger Tageszeitung half, weitere Vorkommen aufzuspüren. Die Resonanz war erstaunlich groß. Zunächst einmal musste aber, wie bei jeder derartigen Rundfrage, die Spreu vom Weizen getrennt werden.

Insgesamt 150 Meldungen trafen ein, allerdings handelte es sich dabei in 80 der Fälle um Krähen- oder Elsternester oder um Hexenbesen.

Hexenbesen sind Bildungen des Baumes selbst, hervorgerufen durch Befall von Pilzen oder Mikroorganismen. Sie verändern die Wuchsweise der Pflanzen. Knospen treiben aus, die dies normalerweise erst im nächstfolgenden Jahr getan hätten. Und es bilden sich besenförmige, dichte Gewirre von Ästen und Ästchen. Diese Art von Hexenbesen ist infektiös, oft sieht man auf einem Baum oder in einem Gehölz eine größere Anzahl davon. Besonders häufig befallen werden Birken und Weißtannen. Aber es gibt noch eine andere Art von Hexenbesen, und diese entstehen ohne Fremdeinwirkung durch sogenannte Knospenmutationen. Solche spontanen Mutationen im Pflanzengewebe werden auch Sports genannt und sind nicht einmal ungewöhnlich, bei Park- und Obstgehölzen und Rosen sind sogar neue Sorten durch solche Sports entstanden, die sich beispielsweise durch Blatt- oder Blütenfarbe, Wuchsform oder Fruchteigenschaften von der Ausgangsform unterscheiden. Aufmerksame Gärtner haben ein Auge auf solche Hexenbesen. Sie bleiben klein und wachsen langsam, sodass man sie als natürliche Bonsais bezeichnen könnte. Die meisten Zwergkoniferen in unseren Gärten sind aus solchen Hexenbesen entstanden, die man durch Pfropfung auf eine normalwüchsige Unterlage derselben Art vermehrt hat.

Mikroskopische Untersuchungen haben die Entstehung der Hexenbesen schon im 19. Jahrhundert aufklären können. Vorher haben die Menschen dem Phänomen ebenso ratlos gegenübergestanden wie dem der Mistel und sind zu ebenso fantasievollen Mutmaßungen und Deutungen gelangt. Aufschlussreich ist, dass die wirren, unorganisch wirkenden, im Winter kahlen und sterilen Hexenbesen offenbar als Gegenspieler der Mistel angesehen wurden. Galt diese wegen ihrer winterlichen Vitalität als heilkräftiger Glücksbringer, als Liebes- und Fruchtbarkeitssymbol und nicht zuletzt als Schutz gegen Hexen, so brachte ein Baum mit Hexenbesen seinem Besitzer angeblich Unglück. Wer unter einem Hexenbesen schläft, wird nicht mehr aufstehen; wo es viele davon gibt, kann die Hexenküche nicht fern sein. Denn vermutet wurde, dass Hexen sich bei ihrem nächtlichen Flug im Geäst der Bäume verirrt und dann ihr Fluggerät verloren hätten. Nach dieser Vorstellung schien sich im Luftraum über uns in den Baumgipfeln ein Kampf des Guten gegen das Böse abzuspielen, mit der Mistel und dem Hexenbesen als Akteuren.

Kehren wir zur ersten Mistelkartierung zurück. Das überraschende Ergebnis war, dass es noch zwei weitere virulente Mistelherde in Hamburg gibt, die beide im Westen der Stadt liegen, beide künstlich angesiedelt wurden, beide älter sind als die Flottbeker Misteln und beide den meisten Hamburger Botanikern unbekannt waren. Eines der Vorkommen liegt im Altonaer Volkspark
in der als Schulgarten bezeichneten Anlage, die aber längst nicht mehr von 31
Schulen genutzt wird. Im Zentrum stand eine alte Kanadapappel mit einem mächtigen Stammumfang. Mehr als 90 Mistelbüsche hat sie damals getragen, viele davon reichlich fruchtend und sicher mehr als 25 Jahre alt. Hier konnte man, wenn man nahe genug herankam, das Alter einer Mistel ziemlich genau anhand der Stängelglieder abzählen. Dieses Vorkommen ist also mindestens ebenso alt wie das im Botanischen Garten, wahrscheinlich aber stammt es

noch aus der aktiven Phase des Schulgartens in den 20er Jahren und wäre dann viel älter. Die Pappel war zum Zeitpunkt der Kartierung überaltert und wurde kurz darauf gefällt. Ihre Rolle als Spenderbaum für Mistelbeeren hat heute ein alter Ahorn mit weit mehr als 100 Misteln übernommen. Auch von dieser Stelle breitet sich die Mistel aktiv aus, beispielsweise in die Apfelbäume der umliegenden Kleingärten oder auf die Bäume des Altonaer Friedhofes.

Noch interessanter sind die Misteln im Stadtteil Othmarschen, denn hier befindet sich das größte und älteste Hamburger Vorkommen: Im Jahr 1996 waren es 220 Misteln auf 25 Bäumen in einem Umkreis von 400 Metern, heute dürften hier in einem Umkreis von einem Kilometer über 900 Misteln auf mehr als 60 Bäumen vorkommen. Die Ansiedlung dieser Misteln erfolgte vor mehr als 100 Jahren durch einen gewissen H. C. Groth. Die Erinnerung an ihn wird wachgehalten durch einen kleinen Park namens Grothsche Weide, der westlich der Autobahn A7 kurz vor der Einfahrt zum Elbtunnel liegt. Die exakte Datierung dieses Vorkommens erforderte einiges an Detektivarbeit. Im Hamburger Herbarium liegt ein von dem Biologen Carl Brick gesammelter und fotografierter Beleg. Man kann ihm entnehmen, dass die Mistel an *»dem nach dem Othmarscher Kirchenweg (u. Roosensweg) zugelegenen Obstgarten des Grundstücks Ziethenstraße 22«* gesammelt wurde, wo sie *»durch Herrn Groth künstlich ausgesät und später durch Vögel (bes. Schwarzdrossel) weiter verbreitet wurde«*. Das Grundstück wurde in den 20er Jahren parzelliert und bebaut, die Ziethenstraße später in Ansorgestraße umbenannt, der Othmarscher Kirchenweg in Agathe-Lasch-Weg. Genau hier befand sich ein verwilderter, seit Jahren nicht mehr gepflegter Obstgarten, und der von Brick fotografierte Baum stand noch im Jahre 1996 dort, stark überaltert und verschattet zwar, aber mit fünf Misteln. Auch er ist heute verschwunden. Dass dieser Baum bei den Hamburger Botanikern in Vergessenheit geraten war, ist erstaunlich. Immerhin wurde Bricks Foto im Jahre 1923 in der monumentalen, reich bebilderten Monografie der Mistel vom Freiherrn von Tubeuf abgedruckt. Zwei Gründe können dieses Vergessen erklären. Einmal ist ein reines Wohngebiet für einen Botaniker kein bevorzugtes Exkursionsziel, schon gar nicht im Winter, und nur dann kann man die Misteln ja erkennen. Zum anderen gibt es bei den Wildpflanzen-Botanikern eine Tradition, kultivierte Pflanzen und künstliche Ansiedlungen mit einem gewissen Trotz zu ignorieren. Nachdem der einflussreiche Kieler Botaniker Willi Christiansen 1937 notiert hatte: *»Sie sind angesät worden«*, erlosch augenscheinlich jedes Interesse an den Othmarscher Misteln. Sie wuchsen, gediehen und breiteten sich sozusagen im Geheimen aus, bis sie in den späten 80er Jahren wiederentdeckt wurden.

Die Kartierung hatte also ein überraschendes Ergebnis gebracht: In Hamburg, das allgemein als mistelfreies Gebiet galt, gab es drei unterschiedlich alte Ansiedlungen der Mistel, von denen aus sie sich zügig ausbreitet. Was wir vorfanden und auswerten konnten, war ein – wenn auch unabsichtlich eingeleitetes – Langzeitexperiment zur Ausbreitungsökologie.

Es fiel uns dabei auf, dass Beeren offenbar nur dann gebildet werden, wenn ein Baum mit mehreren Büschen besetzt ist oder wenn mehrere Wirtsbäume dicht nebeneinanderstehen.

Isolierte Vorkommen haben dagegen nie Beeren. Die Mistel ist nämlich zweihäusig, das heißt, es gibt wie bei Pappel und Weide männliche und weibliche Pflanzen. Bestäubt werden die Misteln nicht durch den Wind, sondern durch kleine Fliegen, die keine weiten Wege zurücklegen können. Es muss also ein geeigneter Partner in unmittelbarer Nähe wachsen, sonst kann die Mistel sich nicht fortpflanzen.

Aber dennoch hat die Mistel den Sprung über die Elbe geschafft. Direkt südlich der Elbe steht anderthalb Kilometer von den Othmarscher Misteln entfernt am Bubendey-Ufer eine Reihe von Schwarzpappeln. Auch hier haben sich Misteln angesiedelt, darunter auch weibliche Pflanzen mit Beeren. 36

Wir vermuten, dass es sich hier um Ansitzbäume handelt, auf denen sich Vögel zur ersten Rast niederlassen, wenn sie die Elbe überquert haben.

Hier haben sie ein weites Blickfeld und können mögliche Gefahren früh übersehen, und sie können sich ungestört ausruhen und in aller Ruhe ihre Geschäfte erledigen. Am Bubendey-Ufer deutet alles darauf hin, dass die Vögel im Darm oder am Schnabel nicht nur einmal, sondern mehrmals Mistelsamen unterschiedlichen Geschlechts von der anderen Elbseite mitgebracht haben.

Die Kartierung der Hamburger Mistel wurde seitdem mehrmals wiederholt, mit einem ganz eindeutigen und vielleicht sogar etwas alarmierendem Ergebnis: Die Mistel breitet sich aus, und das mit Macht. Seit der ersten Erfassung vor 20 Jahren haben sich die bekannten Vorkommen auf das Vier- bis Fünffache vermehrt, von etwa 80 Bäumen mit 620 Misteln auf rund 270 Bäume mit 2800 Misteln.

Wie es scheint, breitet sich die Mistel nicht nur in Hamburg, sondern in ganz Deutschland energisch aus.

Das wird nicht überall gern gesehen. Sorge und Ärger macht die Mistel vor allem den Betreuern von Streuobstwiesen. Der Bundesfachausschuss Streuobst des Naturschutzbundes (NABU) ist alarmiert und sieht die Bestände durch die massenhafte Ausbreitung der Mistel in Gefahr, vor allem in Sachsen, Sachsen-Anhalt, Bayern, Baden-Württemberg, dem Saarland und Rheinland-Pfalz.[5] In einzelnen Regionen könne man bereits von einem flächendeckenden Befall der Streuobstwiesen sprechen. Nicht nur Altbestände, sondern auch junge Bäume seien befallen. Dichter Mistelbefall führe zu verminderter Wuchsleistung des Baumes und im Extremfall zum Absterben. Ähnliche Klagen gibt es an vielen Orten, *»Misteln auf dem Vormarsch: Ein Glücksbringer wird zur Plage«*, kann man auf Webseiten lesen, oder auch *»Halbschmarotzerpflanze gefährdet Obstbäume«*. Die Überschrift *»Misteln saugen Bäume aus«* soll, wie es scheint, Assoziation an Vampire wecken, und in Gießen hat man sich hinreißen lassen, von den Misteln als dem *»grünen Tod der Apfelbäume«* zu sprechen.[6]

Misteln

Wenn man all dem glauben darf, wäre die Mistel inzwischen eine ernst zu nehmende Gefahr für den Lebensraum Streuobstwiese. Das wäre schade, denn es handelt sich hier um besonders gelungene Vorzeigeprojekte des Naturschutzes. Der Begriff Streuobstwiese selbst kam erst in den 70er Jahren auf, als die Bedeutung dieser traditionellen Bewirtschaftungsform für den Naturschutz erkannt wurde.[7] Streuobstwiesen sind durch eine Mehrfachnutzung gekennzeichnet. Dem Obstbau dienen die hochstämmigen Obstbäume, die in weitem Abstand stehen und große Kronen entwickeln können. Das Grünland unter und zwischen den Bäumen dient der Viehfütterung und wird als Mähwiese oder Weideland genutzt. Derartige Obstwiesen sind ein Refugium alter Obstsorten und spielen für die Erhaltung des genetischen Reservoirs von Kulturäpfeln eine wichtige Rolle. Außerdem sind die von jeher extensiv bewirtschafteten Bestände ein wichtiger Lebensraum für Vögel, Insekten und Spinnen.

Weil man so wirtschaftliche Nutzung und biologische Vielfalt vereinen kann, gelten Streuobstwiesen als Musterbeispiel für eine Kooperation zwischen Landwirtschaft und Naturschutz.

Dennoch ist es wohl richtig, wenn ein Baumexperte in der Stadt Kirchheim unter Teck in Baden-Württemberg darauf hinweist, dass die Mistel sich vor allem deswegen ausbreitet, weil sie durch die rückläufige Bewirtschaftung der Streuobstbestände nicht mehr regelmäßig mit dem Baumschnitt entfernt wird.[8] Tatsächlich war es neben dem relativ geringen, oft unsicheren und schwer zu bergendem Ertrag vor allem die aufwendige Baumpflege, wegen der der Erwerbsobstbau von den Streuobstwiesen mit ihren hohen Bäumen abgegangen ist und heute die niedrigen Halbstämme oder Buschformen bevorzugt. Die nötige Baumpflege müssten heute konsequenterweise die betreuenden Naturschutzverbände übernehmen, aber auch deren Leistungsfähigkeit ist begrenzt, und außerdem wird Alt- und Totholz oft bewusst nicht entfernt, weil es Lebensraum für Insekten darstellt. Was also tun?

Werfen wir einen Blick nach England und nach Frankreich, wo man diesem Problem etwas gelassener gegenüberzustehen scheint. In England gibt es die meisten Misteln in den Apfelgärten der vier westlichen Grafschaften, die für die Erzeugung von Cider bekannt sind, dem englischen Apfelwein. Das sind Somerset, Gloucestershire, Herefordshire und Worcestershire. Auch in England gibt es Programme zur Erhaltung von Obstgärten, die hier *orchards* heißen, und wenn ich mir die Bilder dieser *orchards* ansehe, entsprechen sie ziemlich genau dem Bild unserer Streuobstwiesen.[9] Das Gleiche gilt für die Obstplantagen der Normandie, die *vergers des pommiers*. Sie versorgen die Bevölkerung mit Tafeläpfeln, Cidre und Calvados, aber daneben sind sie schon seit den 30er Jahren die Hauptlieferanten von Weihnachtsmisteln für den englischen Markt. Dort ist die Nachfrage offenbar so hoch, dass sie von den heimischen Apfelgärten nicht mehr befriedigt werden kann. Der Mistel-Import dürfte damit ein weiteres Problem sein, mit dem sich die Briten herumschlagen müssen, wenn der Brexit Realität geworden sein wird. Wie es scheint, hat man weder in England noch in der Normandie die Mistel je als Schädling oder gar als Gefährdung der Obstgärten angesehen, sondern als normalen Bestandteil des Lebensraumes, und mit ihr Frieden geschlossen.

> **Ob man es nun Ernte oder Entfernung nennt, der Schnitt der Misteln war stets in den üblichen Arbeitsablauf des Jahres integriert und ist es zum Teil heute noch.**

So rief das *Three County Traditonal Orchard Project* im Jahr 2017 Freiwillige zu einem Arbeitseinsatz in einer Streuobstwiese auf mit den Worten:

> *»Kommen Sie zu uns und helfen mit beim Entfernen der Misteln und beim Beschneiden der Obstbäume. Es steht Ihnen frei, die von uns entfernten Mistelzweige mitzunehmen! Bei uns haben Sie nette Gesellschaft und machen ein Workout vor Weihnachten!«*

Cool bleiben, die Misteln abschneiden, wo immer sie stören, vor allem solche mit vielen Beeren, und sich mit dem Gedanken vertraut machen, dass dies ein Teil der normalen Pflege ist und immer eine Daueraufgabe bleiben wird: Mangels anderer Alternativen ist das vielleicht keine schlechte Strategie für den Umgang mit dem »Mistelproblem« der Streuobstwiesen.

Auch in den Städten hat sich die Mistel in den vergangenen Jahren stark vermehrt, und dies nicht nur in Hamburg, sondern auch in Dresden, Berlin,

München und London. Bekanntlich herrscht in den Städten ein wärmeres Klima als auf dem Land; könnte es nicht sein, dass sich die wärmeliebende Mistel deswegen breitmacht? Hängt die Zunahme der Mistel in den Städten also mit dem Klimawandel zusammen? Bei allem, was wir über die Mistel wissen, fällt es schwer, eine Antwort auf diese scheinbar so einfachen Fragen zu geben. Man weiß so wenig, pflegt ein befreundeter Meteorologe in solchen Fällen zu sagen.

Tatsächlich weiß man über die Mistel aber doch eine Menge, beispielsweise welche Rolle die Vögel bei ihrer Ausbreitung spielen. Dabei gehen verschiedene Vogelarten auf zwei unterschiedliche Weisen mit der Mistel um. Die Fachbegriffe dafür lauten Endozoochorie und Epizoochorie. Endozoochorie bedeutet, dass die Samen verschlungen werden, den Verdauungstrakt der Vögel passieren und wieder ausgeschieden werden; selten im Flug, meistens wenn der Vogel sich auf einem Zweig ausruht, und dies ist für die Mistel nützlich, denn so gelangt sie gleich an die richtige Stelle. Misteldrosseln, die früher im Winter in Schwärmen durch Norddeutschland zogen und jetzt in den Vororten Hamburgs sesshaft geworden sind, spielen hier eine wichtige Rolle. Sie können ein halbes Dutzend Beeren oder mehr auf einmal verschlingen und scheiden sie dann in einer schleimigen, klebrigen Masse wieder aus, wobei längst nicht alle Samen auf dem Ast landen. Viele hängen an langen Schleimfäden nutzlos herab.

Auch Tauben und andere Stadtvögel konnte ich beim Verzehren von Misteln beobachten.

Durch die Ausbreitung per Darmtrakt können Misteln über Distanzen von mehreren Kilometern verschleppt werden, auch wenn man festgestellt hat, dass die Mehrzahl der Samen in einem Umkreis von 80 Metern wieder ausgeschieden wird.[10]

Früher hat man geglaubt, dass die Samen nur dann auskeimen, wenn sie den Vogeldarm passieren, und einige Menschen glauben dies heute noch. Diese Vorstellung geht auf den römischen Naturforscher Plinius zurück, der im ersten Jahrhundert nach Christus gelebt hat. Dass es ausreicht, Mistelsamen einfach auf einen Zweig zu schmieren, wurde offenbar zuerst um 1728 von Philip Miller berichtet, dem Leiter des Botanischen Gartens in Chelsea bei London und Herausgeber eines überaus einflussreichen Gartenlexikons.

Dieses Aufschmieren wird in der Natur ebenfalls von Vögeln besorgt, vor allem von der Mönchsgrasmücke. Sie hat einen kleinen Schnabel und einen engen Schlund und kann keine ganzen Mistelbeeren herunterschlucken. Daher verzehrt sie nur das äußere Fruchtfleisch, meidet aber den klebrigen inneren Teil, der die Samen umgibt, und würgt ihn wieder aus. Bleibt der klebrige Samen am Schnabel hängen, wird dieser an Zweigen des Sitzbaumes abgewetzt und gelangt durch diese Epizoochorie, bei der er nicht im, sondern auf dem Vogel transportiert wird, ebenfalls an die zur Keimung geeignete Stelle. Die Mönchsgrasmücke gilt als besonders effizient für die Ausbreitung im Nahbereich. Die Misteln werden allerdings nicht besonders gern gefressen und bleiben daher oft bis zum Frühjahr auf der Mutterpflanze. Nur in besonders strengen Wintern, wenn alle anderen Beeren bereits abgeweidet sind, wenden sich die Vögel aus Not den Misteln zu.

Neben Misteldrossel und Mönchsgrasmücke kann noch ein dritter Vogel für die Mistel eine wichtige Rolle spielen: der Seidenschwanz. Früher hat man das Auftreten von Seidenschwänzen als böses Omen betrachtet und sie Pestvögel genannt. Sie brüten in den lichten Wäldern der skandinavischen Taiga und verlassen ihre Heimat nur in Ausnahmejahren, wenn auch mit einer gewissen Regelmäßigkeit. Nach einer Theorie soll ihr Aufbruch aus dem Brutgebiet im Norden mit dem elfjährigen Sonnenfleckenzyklus zusammenhängen. Andere finden es wahrscheinlicher, dass sie sich stets dann nach Süden aufmachen, wenn die Eberesche – ihr Hauptnahrungsbaum – nicht ausreichend Früchte bildet, wie beispielsweise in den Jahren 2004/05 und 2008/09. Sie fallen im Spätwinter in Massen in Mittel- und Westeuropa ein und fressen ähnlich wie Starenschwärme alles, was an Beeren übrig geblieben ist: Ebereschen, Zwergmispeln, Hagebutten, Misteln natürlich und auch Schneeballbeeren, selbst wenn sie gefroren sind. Sie fressen sich dick und rund, sodass sie deutlich langsamer fliegen. Nur das Auftreten in Schwärmen schützt sie vor Sperbern und Falken. Der Münchner Zoologe Josef Reichholf hat festgestellt, dass sich in seiner Stadt die Misteln nicht Jahr für Jahr gleichmäßig vermehren, sondern in solchen Jahren besonders gut, in denen auch die Seidenschwänze in Massen auftraten.[11]

Pflanzen und Tiere reagieren nicht auf »das Klima«, sondern auf reale Witterungsereignisse. Wenn die Misteldrosseln in Hamburg und die Mönchsgrasmücken in London überwintern, was sie beide früher nicht taten, kann das aber durchaus mit den zunehmend milderen Wintern in den Ballungsräumen in Zusammenhang stehen. Allerdings ist es nicht leicht, zwischen den Auswirkungen des Großstadtklimas und denen des globalen Klimawandels zu differenzieren. Man sollte auch bedenken, dass die Zusammensetzung der Vogelfauna in jeder Region durch andere Faktoren bestimmt wird und dass Erklärungen zur Zunahme der Mistel, die für London schlüssig sind, es beispielsweise für Dresden nicht zu sein brauchen.

Im Internet wird heute eine schier unübersehbare Menge an Informationen über die Mistel angeboten, und es fällt schwer, sich den Pfad durch den Datendschungel zu bahnen. Ich war daher dankbar, die englischsprachige Seite *Mistletoe Matters* des Biologen Jonathan Briggs zu finden, auf der fast alle Fragen zur Mistel auf eine nicht nur klare und profunde, sondern auch humorvolle Art und Weise abgehandelt werden, nicht zuletzt die volkskundlichen Traditionen, die sich zu dieser Pflanze herausgebildet haben. Das Überraschende ist, dass diese Traditionen anscheinend keineswegs besonders alt sind, sondern in England erst im 18. und 19. Jahrhundert entstanden. Damals kam eine romantische Vorliebe für Druiden und keltische Mythologie auf, und ihr verdanken wir den angeblich uralten Sagenschatz und viele angeblich ebenso alte Volksbräuche.[12] Wenige kurze Bemerkungen in der *Naturgeschichte* des Plinius genügten beispielsweise dem exzentrischen Pfarrer William Stukely, um daraus die in die Vergangenheit gerichtete Vision einer vollständigen, in sich schlüssigen Religionslehre zu schaffen, nach der Druiden, die mit goldenen Sicheln Misteln von alten Eichen herunterschneiden, als tiefreligiöse Philosophen und als erste Botschafter des Christentums anzusehen seien. Der letzte Teil war wichtig, denn Stakely musste auf dem Boden der Kirche bleiben, die für seinen Lebensunterhalt sorgte. Dennoch erbaute er im Jahr 1728 einen Druidentempel auf einer Obstwiese in Lincolnshire, in dessen Zentrum ein alter, völlig von Misteln überwachsener Apfelbaum stand. Nicht wenige Pfarrer haben sich übrigens damals gegen das weihnachtliche Ausschmücken ihrer Kirchen ausgesprochen, weil ihnen die Mistel als Symbol einer heidnischen Religion galt. Auch der Brauch, sich unter dem Mistelzweig zu küssen, stieß bei der Kirche zunächst auf wenig Gegenliebe. Im sittenstrengen England jener Jahre wurde darauf geachtet, dass für jeden Kuss eine Mistelbeere abgepflückt wurde. So sollte die Zahl der möglichen Küsse begrenzt werden, um die Frivolität in der Vorweihnachtszeit nicht allzu sehr ausufern zu lassen. Der Popularität des Brauches hat das keinen Abbruch getan. Er hat sich in allen englischsprachigen Ländern ausgebreitet und ist in den USA besonders populär. Nur hat man dort ein Problem mit den Misteln, denn erstens sehen sie in Amerika ganz anders aus als bei uns, und zweitens wachsen sie auf so hohen Bäumen, dass man sie nicht per Hand pflücken kann. Dafür hat man allerdings zwei pragmatische und sehr amerikanische Lösungen gefunden. Entweder man greift zur Plastikmistel, oder man schießt sie mit Gewehren von den Bäumen.[13]

Eine Geschichte von zwei NUSSBÄUMEN

Von Helmut Schreier

Morgens der Blick auf die Streuobstwiese im zögerlichen Morgenlicht des Septembertags: die obersten Äste der beiden alten Birnbäume, ihr ausgedünntes Blattwerk im Sonnenschein, längst ist die Birnenpracht geerntet und verzehrt, längst sind die Früchte von den höchsten Zweigen ins Gras gefallen und zermatscht, mit dem Rechen zusammengefegt und der Schubkarre abtransportiert zum Kompost hinter dem Schuppen. Dort wird sie der Nachbar mit dem Schaufellader aufladen, zusammen mit winzigen Äpfeln und dem Grasverschnitt des Sommers, und die ganze Biomasse hinüber zur Biogasanlage fahren.

Die besten Äpfel, Boskop und Goldparmäne, hängen noch an den Bäumen. Sie werden wir ernten und zur Mosterei bringen. Die heißen, regenarmen Monate des langen Sommers haben in diesem Jahr für besonders viel Obst gesorgt: viel zu viele kleine, frühreife Äpfel, dicke gelbe Bürgermeister-Birnen, süße Kochbirnen, hellblau gepuderte Pflaumen und dattelförmige Zwetschen, die nun den Rasen abdecken. Am unteren Ende des Hanges geht der Blick zum mächtigen Nussbaum mit seiner schrundigen Rinde: Dass der Sturm im Vorjahr ihm einen der beiden Hauptäste abgerissen hat, scheint er irgendwie zu verkraften, auch wenn dabei die typische Silhouette eines alten Nussbaums mit der voll ausgefüllten, breiten Dachformation zerklüftet wurde. Aber die lange Trockenheit macht ihm zu schaffen, und er wirft in diesen Tagen 1000 Nüsse ab, die fast alle von der grünen Außenschale noch eingeschlossen sind. Bricht man diesen Schalenmantel auf, liegen die Schalenstücke innen weiß, mit einem Netzwerk feiner Äderchen überzogen, wie dicke Scherben Pflanzenfleisch auf der Hand und kommt die Furchengestalt der hölzernen Walnussschale zum Vorschein, in diesem Jahr ein wenig kleiner als in den vergangenen und auch noch ein wenig elastisch zwischen den Fingern. Trägt man keine Handschuhe, so verfärbt sich die Haut an den Fingerspitzen rasch dunkelbraun, ins Schwarze changierend, und es wird Tage dauern, bis es endlich gelungen ist, die Farbe wieder von der Haut abzuschrubben. Gerade wegen der Biegsamkeit ist die Schale schwer zu knacken. Das schreckt die Krähen nicht ab, die sich auf dem nussbestreuten Rasen versammelt haben und sich mit ihren starken Schnäbeln an den grünen Schalen zu schaffen machen. Sie versuchen, die freigelegten Nüsse durch Hacken zu öffnen, und tragen sie dann im Flug hoch über die asphaltierte Chaussee, die an der Talaue entlangläuft. Dort lassen sie ihre Beute fallen und aufschlagen und klauben dann das süße Nussfleisch aus den Bruchstücken heraus.

Inmitten der Dutzende alter Obstbäume sticht der Nussbaum hervor, sein knorrig gedrehter Stamm, das prachtvolle Laub mit den großen Blättern, von denen immer noch ein angenehm herber Duft herüber weht, geben seinem Auftritt etwas Festliches.

Regia, »königlich«, lautet sein botanischer Beiname, und der Artname »Juglans« bezieht sich auf die Eichel des griechischen Gottvaters Zeus, römisch Jupiter, und mit Eichel ist nicht die Frucht des Eichbaums gemeint. Eine der neueren botanischen Erkenntnisse über die Walnuss ordnet sie endgültig den Nussfrüchten zu: Bis vor Kurzem hielt man die grüne Umhüllung für eine Fruchtwand *(Perikarp)* wie die bei Kirschen und Aprikosen und rechnete sie demzufolge den Steinfrüchten zu. Heute weiß man, dass die grüne Ummantelung aus Blattorganen gebildet ist: Wir hatten also recht, in ihr schon immer die Nussfrucht zu sehen. *In nuce* war die Redewendung, die schon die Scholastiker des Mittelalters bei ihren Disputationen dafür gebrauchten, wenn sie den Kern eines komplexen Arguments knapp und klar auf den Punkt brachten. Ich stelle mir vor, wie bei der Verhandlung des Arguments zuerst die äußere grüne Schicht abgezogen – sie ist ja bloß Hülse – und dann die Nuss vorsichtig so aufgeknackt wird, dass man die geistige »Nuss« möglichst in einem Stück über die feinen trennenden Scheidewände – gewissermaßen die letzte Dialektik – herauszieht. Voilà: der Kern der Sache! Dieser ist in seiner real essbaren Gestalt übrigens gerade bei neuen Nüssen besonders wohlschmeckend süß, wenn man versteht, auch noch die feine helle Haut mit den Spitzen der Fingernägel abzuziehen, die um den gänzlich weißen Nusskern herum sitzt. Es ist eine alte kulinarische Empfehlung, neue Nüsse zum jungen Wein zu reichen.

Nussbaumblätter im Herbst

Der junge Nussbaum, den ich vor zehn Jahren als kniehohes Bäumchen aus dem Schatten des Feldahorngebüschs mitsamt dem Wurzelkegel aushob und in den Sandboden bei der Kompostecke an meiner Kate gepflanzt habe, bietet seine Früchte auf ganz andere Weise dar als der alte Baum auf der Streuobstwiese. Groß ist das Bäumchen geworden, wohl an die acht Meter hoch, mit vollkommen glatter grau-beigefarbener Rinde über dem Stamm, den ich mit beiden Händen nicht mehr umschließen kann. Und weil ich ihn – wohl weniger aus vager Ahnung als durch die Gestalt des Areals, die mir den Winkel aufdrängte – genau an der Stelle in den Boden pflanzte, an der über lange alte Zeiten hin das Klohäuschen gestanden hatte, kommt er gut im Sand zurecht und sogar über die Dürrephasen der vergangenen Jahre unbeschadet hinweg. Im Juni war er mit embryonischen Nüssen über und über besetzt, darunter auch viele Drillingstrauben. Ich fand sogar Cluster mit neun kleinen Nüssen und fürchtete, dass derartige Pakete die Zeit der Trockenheit nicht schadlos überstehen würden. Da verkümmerten denn auch einige und verfärbten sich schwarz wie alles, was an diesem Baum abstirbt.

Noch vor Mitte Juli lagen viel mehr von den anscheinend perfekt herangereiften grünen Nüssen unter dem Laubdach im Moos als im Vorjahr. So viele, dass ich damit einen kleinen Weidenkorb füllte. Gefragt, was machst du damit, gab ich kühn zur Antwort: Ich will mal versuchen, ob ich eingelegte schwarze Nüsse hinkriege. Da ich mit diesem Vorhaben Erfolg hatte, hier mein Rezept – durch Versuch und Irrtum anhand verschiedener Vorlagen ermittelt – in drei Schritten.

Rezept für eingelegte, schwarze Nüsse:

1. Zuerst mit einem Nagel je acht Löcher in die grünen Nüsse hineinstoßen und in eine wassergefüllte Schüssel legen. Über fünf Tage hin das Wasser, das schon nach Stunden völlig schwarz gefärbt ist, fortschütten und durch frisches Wasser ersetzen.
2. Nach fünf Tagen einen Sud ansetzen und aufkochen: ein Liter Wasser, 300 Gramm Zucker, eine Stange Zimt, die Schalen einer (unbehandelten) Zitrone, ein Teelöffel Gewürznelken. Die Nüsse in den Topf hinzugeben, der Sud sollte sie bedecken und eine halbe Stunde köcheln lassen. Sudtopf mit Nüssen von der Feuerstelle nehmen und zwei Tage lang ruhen und durchziehen lassen.
3. Nach zwei Tagen die Nüsse herausnehmen, den Sud zum Kochen bringen, die Nüsse wieder hinzugeben und eine halbe Stunde lang köcheln lassen. Nüsse mit dem Schaumlöffel herausnehmen und in Einmachgläser füllen, den eingedampften Sud über die Nüsse verteilen und die Gläser verschließen.

Der Aufwand lohnt sich. Vor allem als Beilage zu Wildgerichten und auf Käseplatten bei festlichen Essen sind diese schwarzen Nüsse eine Besonderheit, die vielen ein neues Geschmackserlebnis beschert, gut passen die Früchte auch zu den meisten Eiscremesorten. Der bittere Geschmack der grünen Walnuss geht bei der Kochprozedur nicht völlig verloren. Japanische Freunde erinnern sich dabei das Wort *Shibui*, das ursprünglich den herben Geschmack der unreifen Khakifrucht (Persimmon) meint, aber längst für einen besonders raffinierten ästhetischen Geschmack nicht nur bei Angelegenheiten des Essens steht.

Meine eingelegten Nüsse blieben bis zum Winter des folgenden Jahres essbar, dann fand ich sie nicht mehr appetitlich genug. Anders die in dem extra großen Einmachglas, das ich mit dem Sud und einer Flasche braunem Rum gefüllt hatte. Sie finden lebhaften Zuspruch und geben Anlass zu Gesprächen über den Geschmack von Nüssen und über die seltsame Attraktivität von Nussbäumen.

Ein Stipendiat des Künstlerhofes Schreyahn pflanzte am Ende seines Aufenthaltes ein Walnussbäumchen, das sich nach wenigen Jahren zu einem prächtigen Baum entwickelt hatte. Dazu schrieb der Autor Wilhelm Steffens ein kurzes Gedicht:

Schreyahn

Federleichte Walnüsse
trocken in meiner Hand
ungebleichtes Erinnern
einer Ankunft im Herbst

und dass ich gehend Wurzeln schlug
in einem jungen Baum vor meiner Werkstatt
grünen Schatten säte in die Zukunft
Fangnetz seiner kleinen
essbaren Gehirne[1]

Ich frage mich, ob nicht die meisten bei der Vorstellung des Baumes, den man der Redewendung zufolge in seinem Leben gepflanzt haben sollte, einen Nussbaum vor Augen haben.

Inzwischen legten die Hundertschaften der von meinem Baum weiter genährten Nüsse zu, bis sie groß wurden wie Eier und ihre laubfroschgrüne Färbung mit weiß melierten Punkten weiter ausbreiteten. Im September bildeten sich Risse, die von oben nach unten über die Oberfläche des grünen Mantels verliefen. Sie erweiterten sich allmählich zu Spalten und brachen schließlich auf, ähnlich wie Blütenblätter, sodass die reifen Walnüsse in ihren hölzernen Schalen herausfielen, meist noch bedeckt mit dem feinen Gewebe aus zarten weißen Äderchen, das den Nusskern ernährt hatte wie die Nabelschnur den Fötus im Mutterleib. Dass sich die grünen Schalen an den Ästen öffnen und den puren Nüssen sozusagen aufdrängen herauszufallen, ist womöglich ein Zuchtergebnis, ein Kennzeichen der Sorte meines jungen Baumes. Die grüne Umhüllung ist auch als Schutz vor Verletzungen beim Sturz aus der Höhe sinnvoll, aber die hölzerne Nussschale ist hart, und die Nüsse geben – über den grünen Untergrund verstreut – ein hübsches Bild. Über Wochen ging ich damals Tag für Tag hinaus, um sie vom moosbedeckten Boden aufzusammeln und jeweils zwei oder drei Handvoll auf dem Dielenboden zum Trocknen auszulegen.

Diese mitgängig betriebene Gelegenheitsernte brachte die Erinnerung an Walnuss-Tage zu lange zurückliegenden Zeiten an anderen Orten in Erinnerung, Tage, die ich in der typischen Körperhaltung verbracht hatte, mit der langen Stange in der Hand und dem nach oben auf die prallen Nüsse gerichteten Blick, der zwischen den Fiederblättern hindurch in den blassblauen Oktoberhimmel hineingeht. Einmal war da ein Kranichzug zwischen den Blättern, ihr Trompeten ist mir im Ohr geblieben. Gibt es einen Vorrat alter Bilder aus unserem bäuerlichen Kollektivgedächtnis? Oder eine Stimmung, die sich einstellt, wenn das Zauberwort getroffen ist? Als ob ein besonderer Frieden in der Luft liege, an diesem Scheitelpunkt des Jahres, an dem der Verlust des Sommers offensichtlich wird, aber durch das Angebot der Früchte ausgewogen zum Vorschein kommt, wie ein Versprechen, dass es möglich sein wird, durch den Winter zu kommen.

Der Schweizer Maler Robert Zünd hat auf seinem Bild *Nussbäume auf der Schellenmatt* (1860) etwas von dieser Stimmung erfasst. Kein Zweifel, da ist die Nussernte akkurat so wiedergegeben, wie es früher war. Ganz rechts schlägt ein Mann mit einer langen Stange die Walnüsse von den Zweigen der Baumkrone. Zwei Frauen knien unter dem Baum im Gras und sammeln die herabgefallenen Nüsse in kleine Körbe ein, am Baumstamm lehnt ein Tragekorb, da werden sie nachher die Nüsse einfüllen und zu dem Holzhaus im Hintergrund tragen. Im Schatten der Bäume streut eine Frau den Hühnern Futter hin. Die größte Figur ist der vorübergehende Bauer links vorn. Er trägt eine Sense auf der Schulter und hält seine rechte Hand hinter dem Rücken. Vielleicht verbirgt er etwas vor den beiden Kindern, die ihm mit einem schwarzen Hund entgegenkommen. Weiter in der Tiefe des Raumes steht jemand bei einem Kuhgespann. Die Nussernte ist nur Teil vieler Tätigkeiten, die diesen

Alltag auf der Schellenmatt ausmachen. Jeder übernimmt einen Part, und so entsteht der Zusammenklang, den die Nussbäume auf diesem Bild orchestrieren. So, als machtvolles Loblied des Lebens auf dem Lande, wollte das Bild verstanden werden, und so wurde es auch verstanden. Der *Schweizerische Beobachter* aus dem Jahre 1863 schwingt sich zu einem bemerkenswerten Kommentar auf: *»Aus dem Hintergrund rechts steigt die Linie riesiger Obst- und Nussbäume wie ein mächtiger schwellender Ton an, der sich in den Hell-Dunkel-Massen des Nussbaums vorne als gewaltiger Klang gegen den Betrachter ergießt. Doppelt groß wirkt dieser Nussbaum mit seinen im Licht spielenden Laubmassen und den Schattenhöhlen, weil sein Wipfel ja vom Bildrand überschnitten wird und nur in der Fantasie des Betrachters vollendet werden kann ... Die Bäume sind – wie so oft auf Zünds Werken – die großen Helden dieser Bilderwelt, unter ihrem Schirme spielt sich das Alltagsleben der Menschen ab ...«*[2]

Abgesehen vom Echo einer wahrscheinlich nie so dagewesenen Idylle, das mir bei meinen Erinnerungen an frühere Nussernten durch den Kopf geht, arbeite ich wohl nicht gründlich genug, um am Erntetag alle Nüsse vom Baum zu sammeln. Noch später beliefert mich mein Nussbaum über Tage und Wochen mit Nüssen. Beim Abschlagen mit Stangen bleiben immer welche hängen. Ich übersehe sie, sie sitzen zu fest an den Stielen oder bleiben hinter Staffeln von Blätterfächern verborgen. Später liegen dann ganz unerwartet makellose neue Baumnüsse auf dem braunen Blätterteppich, noch bevor ich ihn zusammengeschoben und fortgekarrt habe. Aber auch noch, wenn das vermeintlich letzte Blatt längst gefallen ist, finde ich hier und da ein unverhofftes Nussangebot, das ich gern aufgreife. Wie selbstverständlich sind auch Eichhörnchen da, die wir das Jahr über sonst kaum zu Gesicht bekommen. Ein auffälliges Exemplar mit schwarzem Fell macht sich an einer Nuss zu schaffen. Mir ist es willkommen, der Anblick erfreut mich wie vorher der Anblick des von der Erntelast schweren Baumes, und es ist weiß Gott genug da zu ernten für alle: die Igel, die diversen Mäuse, Häher, Krähen und was sich an Getier sonst noch hier herumtreibt.

Kein Wunder, dass im kommenden Jahr in den Winkeln und Ecken des Grundstücks, oft gleich neben den Stämmen von Felsenbirne und Pfaffenhütchen, die Schösslingspflänzchen der Walnuss ihr Blattwerk in tastenden Versuchen emporschieben und dabei schon beachtlich breite grüne, herb duftende Blätter entfalten werden. Die womöglich programmierte »Vergesslichkeit« der Eichhörnchen und die Verlustabzüge von den Sammlungen der Krähen und der Mäuse schaffen die Grundlage für die Präsenz des Nussbaums in den Gärten, aber auch entlang der Heckenreihen und Waldränder. Das ist wohl schon so lange so, wie es Nussbäume in diesem nordost-niedersächsischen Landstrich gibt. Die von den Tieren versteckten Nüsse keimen und treiben. Neu ist für uns die Größe der Bäumchen. Sie wachsen in wenigen Jahren rasch empor, viele sind mannshoch und überragen Schlehdorn und Holunder. Dass sie die Winter überleben, muss damit zusammenhängen, dass die Winter weniger hart sind als die unserer Kindheit.

Noch vor zehn, zwanzig Jahren gab es hier im Norden keine wild wachsenden Nussbäume.

Womöglich sind die, die uns jetzt allenthalben begegnen, weitere Bioindikatoren des Klimawandels.

Nussbaum auf Streuobstwiese

Beide Bäume, mit denen ich hier bei mir zu Hause im Wendland beschäftigt bin, der ältere wie der jüngere, sind allerdings für die Spätfröste anfällig, die uns im Elbegebiet immer noch alle zwei oder drei Jahre überfallen und in einer einzigen Nacht gegen Ende April oder am Anfang Mai im Garten eine Spur der Verwüstung hinterlassen. Diese Landschaft liegt in der Mitte zwischen den Einflüssen des atlantischen feuchten Klimas und des östlich-trockenen Kontinentalklimas mit seinen harten Wintern und heißen Sommern. Die feinen neuen Austriebe der Hortensien an der Hauswand krümmen sich dann wie Finger im Schmerz, und die langen Kätzchenkegel der männlichen Nussbaumblüte werden zu leblos erstarrten Krüppeln, während die zarten Büschelchen der weiblichen Blütenstände sich im Tode in sich selbst verschließen. Schon nach Tagen sind die erfrorenen Blüten schwarz und welk geworden und derart hart vertrocknet, dass sie zwischen den Fingern zerkrümeln. Der Baum schiebt neue Blätter, aber soweit ich sehe, keine neuen Blüten mehr. Vielleicht werden Neuzüchtungen eine gegen Spätfröste völlig unempfindliche Walnusssorte hervorbringen. Wahrscheinlicher ist, dass mit der Erderwärmung Spätfröste zunehmend selten werden.

So oder so wird der Baum das Bild unserer norddeutschen Landschaften immer stärker prägen.

Der Klimawandel treibt wahrscheinlich eine ähnlich wilde Verbreitung voran, wie man sie etwa in den milderen Regionen des Rheintals seit Jahrhunderten beobachtet, und zwingt hierzulande die Forstwirtschaft dazu, neue Wege zu erproben. In den Zeiten, die kommen werden, hätte der Nussbaum die

Chance, als Waldbaum auch in norddeutsche Forsten einzukehren. Denn er gehört zu den Bäumen, die wegen ihrer zentralasiatischen Herkunft mit einem warmen Klima bestens zurechtkommen, hat eine vergleichsweise kurze Umtriebszeit[3] und eröffnet Aussichten auf ziemlich hohe Profite.

In der Internetausgabe des *Hausjournals* wird der Kubikmeterpreis für europäisches Nussbaumholz 2019 mit zwischen 2.300 und 2.600 Euro angegeben.[4]

Allerdings sind diese Angaben viel weniger verbindlich als etwa die für Eiche (950 bis 1.500 Euro) oder Buche (Rotbuche, Schnittholz, gedämpft 500 bis 750 Euro). Noch immer ist der Nussbaum vergleichsweise selten, noch immer ist die Nachfrage für Edelfurniere in Luxusautos und Gewehrkolben derart hoch, dass ein verlässliches Preisniveau kaum zu etablieren ist. Dies könnte sich durch eine Forstwirtschaft ändern, die in den Mischwäldern der Zukunft auch dem Nussbaum einen Platz einräumt.

Nussbaum

Es käme einem solchen Projekt zugute, dass die Art dauernd neue Hybridformen und Varianten hervorbringt. Mit der Anlage zur genetischen Vielfalt hängt es zusammen, dass der *Deutsche Nusskatalog*[5] mehr als 100 Sorten vorstellt, die sich im Ertrag, in der Nussgröße und der Frostresistenz unterscheiden. Der Katalog hat sich gewissermaßen vor allem den Zwecken der Fruchtzucht verschrieben. Forstwirtschaft würde den Akzent auf den Holzertrag setzen. Der Anbau von Hybridformen, wie er – in Deutschland wohl eher sporadisch – im größeren Stil in Frankreich betrieben wird, liegt nahe, denn gerade die dort praktizierte Verbindung zur amerikanischen Schwarzen Walnuss erscheint vielversprechend: Die Bäume werden höher und liefern mehr Holzertrag bei einer ähnlich interessanten Maserung mit eher rötlichem Einschlag. Die gleichzeitige Nutzung als Nusslieferant ist wohl möglich, auch wenn die Schalen der Schwarzen Walnuss besonders hart sind.

In Süddeutschland sind Bestände der Schwarzen Walnuss bereits vor mehr als 100 Jahren angelegt worden. Kreuzungen aus Schwarznuss und Walnuss werden mit dem Namen *Intermedia* bezeichnet, Kreuzungen aus der kleineren, aber dürreverträglicheren Arizona-Nuss *(Juglans major)* und der Walnuss mit *Garavel*-Hybride. Angesichts der 60 Arten umfassenden Familie der Walnussgewächse sind viele weitere Spielarten der Hybridisierung denkbar.

Noch viel härter, geradezu unzerstörbar, sind wohl die Schalen der Ur-Walnuss, die an den Hängen des Himalaja in Indien unbehelligt von züchterischen Zugriffen seit Jahrtausenden im Wald wachsen. Diese Bäume, so vermuteten Forstwissenschaftler an der ETH Zürich 1980, könnten als Forstbäume besser geeignet sein als die Nussbäume der Schweizer Bauern. In den folgenden Jahren ging man dieser Vermutung systematisch nach, pflanzte auf Schweizer Land schubweise Bäumchen aus indischen Bergwäldern an, führte Buch über Fröste, Hagelschäden und Krankheiten (Hallimaschbefall), und kam nach 25 Jahren zu einer ersten Bestandsaufnahme: Die Bäume waren prächtig gewachsen. Die Nüsse allerdings erwiesen sich als unknackbar:

> *»Die Früchte sind relativ groß – 35 bis 44 mm – und außerordentlich hartschalig. Diese Hartschaligkeit hat Spuren hinterlassen. Sie reichten von erbosten Telefonaten von Sammlern, die die Nüsse nicht knacken konnten, bis zum Jammern eines älteren Mannes, der beim Versuch, die Kerne aus den Schalen zu lösen, nicht nur den Nussknacker, sondern auch die Spindel seines Schraubstockes in Einzelteile zerlegte. Somit dürften die Nüsse ausschließlich der Pflanzenproduktion zur Verfügung stehen.«*[6]

Wir lernen, dass der Anbau der Ur-Walnuss für die Forstwirtschaft – neben dem Verfolg von Hybridformen oder dem Anbau der anspruchsvollen Schwarznuss – eine weitere vielversprechende Option bietet.

In Kirgistan, einem waldarmen Bergland in Zentralasien, erstreckt sich in der Nähe des Städtchens Arslanbob der mit 11.000 Hektar ausgedehnteste Walnusswald der Welt. Ob ursprünglich gepflanzt (von einem Gesandten Mohammeds, einer Sage zufolge) oder älter als die Menschen in dieser Gegend (kranke Soldaten aus der Armee Alexanders des Großen seien durch das Essen der Walnüsse geheilt worden, so eine andere Sage): Die Nüsse werden von der Bevölkerung jedenfalls im Herbst gemeinsam und bei einer Art Volksfest geerntet, wie es in den Broschüren für Touristen heißt, anschließend den Winter über geknackt und verkauft oder in Ölmühlen zu Walnussöl verarbeitet. Wie schaffen es die usbekischen Leute im kirgisischen Arslanbob (der Ort ist von einer usbekischen Minderheit bewohnt), diese Nüsse zu knacken? Ob es sich um ähnliche Ur-Walnüsse handelt wie die aus dem indischen Himalaja, über deren frustrierende Knack-Resilienz der Zürcher Forstwissenschaftler Hansjörg Lüthy so anschaulich berichtet, oder womöglich um eine knackfreundliche Züchtung der Soldaten Alexanders des Großen? Aber selbst wenn dies so wäre, bliebe die Frage, ob sich die Einwohner der indischen Himalaja-Bergregionen vielleicht doch darauf verstehen, die schraubstockfesten Schalen auf eine uns noch unbekannte Weise aufzubrechen und die süßen Nusskerne herauszuklauben.[7]

Eine Pferdenuss auf einer Schicht normaler Walnüsse – Pferdenüsse waren wegen ihrer Größe als Aufbewahrungs behälter beliebt

An einem kalten Spätoktobermorgen: Eine Nebeldecke bedeckt die abschüssige Hälfte der Streuobstwiese, eine dünne Eisschicht liegt auf dem Wasser der Vogeltränke. Ich schaue den Krähen zu, die sich in die Krone des Nussbaums hineinschwingen, dort herumzerren und dann mit ihrer Beute davonfliegen. Es sind teils Rabenkrähen, teils Nebelkrähen, sie tragen die Nüsse in weit aufgesperrten Schnäbeln und schwingen sich über die Baumwipfel weg und hoch hinauf über die Straße. Bei unseren Spaziergängen werden wir dort auf dem Asphalt bis weit in den Winter hinein die Splitterhäufchen der Nussschalen sehen und uns dabei an die Zeit der Nussernte erinnern.

Die ausgedehntesten Walnussplantagen liegen in Kalifornien, an drei verschiedenen Orten im Central Valley nehmen sie zusammen 135.000 Hektar ein – mehr als das Zehnfache des alten Walnusswaldes von Aslanbob in Kirgistan. Im Jahr 2018 wurden in Kalifornien 690.000 Tonnen Walnüsse geerntet, auf den meisten Plantagen mittels Rüttelmaschinen, deren langer Scherenarm den Baumstamm umgreift und mit hoher Frequenz schüttelt. Die Nüsse werden zwischen den Baumreihen von einer Kehrmaschine zu langen Streifen zusammengefegt und von einer Saugmaschine aufgenommen. In der Verarbeitungshalle entfernt eine Hüllenschälmaschine mit Wasserschrubbern die letzten Reste der grünen und schwarzen Hüllen. Gastrockner reduzieren den Feuchtigkeitsgehalt auf acht Prozent, dann werden die Walnüsse in die Knackmaschine befördert. Diese besteht aus zwei leicht konisch verjüngten Zylindern, der größere steht fest, der kleinere steckt im größeren und dreht sich um die eigene Achse. Die Nüsse fallen in die Spalte zwischen den beiden Zylindern und werden je nach Volumen weiter oben oder unten erfasst und aufgeknackt. Luftgebläse entfernt die Splitter der Nussschalen, die Kerne werden der Größe nach sortiert, pasteurisiert und verpackt. Trotz des Aufwands an Maschinen ist dieser gesamte Ablauf bei jedem Schritt auf eingreifende und kontrollierende Menschen angewiesen, wie das interessante Youtube-Video *California Walnut Processing* zeigt.

Auch wenn es manchmal so erzählt und vertreten wird, als ob der Weg von den Hausbäumen der Schellenmatt im 19. Jahrhundert auf die Nussproduktion im Stil des Central Valley im 21. Jahrhundert hinausläuft, so ist dies doch keineswegs die einzig denkbare oder zwangsläufig notwendige Entwicklung.

Es gibt zu viele Belege dafür, dass Monokulturen gesteigerte Dosierungen von Umweltgiften nach sich ziehen und deshalb lebenszerstörend wirken.

Die Walnussproduktion Kaliforniens bringt mehr als 1000 Tonnen Pestizide pro Jahr über die Plantagen aus. Einige, etwa die Organophosphate, sind für Menschen direkt giftig, und eines davon, Chlorpyrifos, das bei Kindern zu schweren Hirnschädigungen bis Autismus führen kann, ist erst im Jahr 2018 – gegen die Bewilligung der nationalen Umweltbehörde EPA – vom Staat Kalifornien verboten worden. Es bleiben Dutzende weiterer gefährlicher Mittel, die zum Teil erst nach der Ernte auf die geschälten Nüsse aufgebracht werden. Monokulturen verbrauchen immer mehr Düngemittel, die Grundwasser und Boden verseuchen und so bei verringerten Niederschlagsmengen immer mehr Bewässerungsbedarf erzeugen. Der fruchtbare Boden wird dabei zerstört, Versteppung und Wüstenbildung folgen. Bereits der Aufwand für diese destruktiven Abläufe in Begriffen von Maschinen, Mineralöl und Kohlendioxidemissionen ist wirtschaftlich unter ökologischen Gesichtspunkten sinnlos: Zurückgeführt auf Kilokalorien verbraucht diese Art Landwirtschaft mehr, als sie erwirtschaftet.

Michael Pollan hat das Wort Begierde *(desire)* eingeführt, um ein Licht auf unser Verhältnis zu den Pflanzen zu werfen, und vielleicht auch umgekehrt auf das Verhältnis der Pflanzen zu uns. Im Buch *Botanik der Begierde*[8] zeigt er, wie sich vier verschiedene Pflanzen über die Welt hin ausbreiteten, angetrieben von den Begehrlichkeiten der Menschen: der Apfel vom Begehren nach Süße, die Tulpe vom Begehren nach Schönheit, der Hanf – Marihuana – vom Begehren nach Realitätsverlust und die Kartoffel vom Begehren nach Kontrolle. Da wären noch viel mehr Pflanzengewinner zu nennen, Weizen und Mais und Reis, Tabak und Baumwolle und Zuckerrohr, Tee und Wein und Dattel und Mandel, Birne und Marone und Kokosnuss, Orange und Hafer und Tomate. Sicher haben sie alle irgendwie mit Begehren und Begierde zu tun, auch wenn es im Einzelfall schwierig sein kann, den menschlichen Drang nach Schönheit zu trennen vom Drang, den Hunger zu stillen. Aber all diese Feldfrüchte und Pflanzen unterliegen jedenfalls dem Trend zum Landbau in Monokulturen, mit dem typischen hohen Aufwand an Land und Dünger und Wasser und

Pestiziden auf der einen und der Aussicht auf extrem hohe Gewinnmargen auf der anderen Seite. Das Wort Begierde trifft die psychologische Seite des Geschäfts mit den Pflanzen genau, ob man als Beispiel die riesigen Areale der Baumwollmonokulturen in Turkmenistan vor Augen hat, wo die gesamten Wasservorräte des Landes ausschließlich dieser einen Pflanzenart verfügbar gemacht werden, sodass der mächtige Amur Darja in seinem Strombett versiegt, oder den pestizidverseuchten Nebel über den endlosen Plantagen des Central Valley, wo die Ausbeutung der Wanderarbeiter mit der Ausbeutung der Böden einhergeht.

Pollan bringt nun aber selbst eine interessante Wendung seines Gier-Motivs ins Spiel: dass es nämlich auch die Begierde der Pflanzen sein könnte, die derartige Transaktionen in Gang setzt und am Laufen hält. Selbst wenn die Walnussbäume den Vorgang nicht im Einzelnen bestimmen können, bei dem Pflanzreihen verzogen und Setzlinge gepfropft und dann geschnitten und gewässert und gedüngt und gegen Krankheiten gespritzt werden, bis die Plantage für den ersten Durchgang der Rüttelmaschine herangewachsen ist, so haben sie doch ein biologisches Urinteresse daran, ihren eigenen Fortbestand zu sichern und sich möglichst weit auszubreiten. Könnte es sein, fragt Pollan, dass sie es sind, die sich selbst mit ihren extra auf unsere Zwecke zugeschnittenen Gaben derart verführerisch zu inszenieren verstehen, dass wir uns darauf einlassen, ihnen optimale Bedingungen einzurichten und uns selbst gewissermaßen zu ihren Bediensteten zu machen? (So gern ich selbst meine Tomaten, Gurken und Kürbisse über die inzwischen wochenlang gewordene Sommerdürre mit Wasser versorge, sehe ich doch, wie diese Arbeit meine vermeintlich eigene Zeit gliedert und bestimmt.)

> **Pflanzen sind es, die auch bloß auf eine halbe Chance hin jedes Risiko einzugehen bereit sind und die sich, wenn es die Umstände einigermaßen hergeben, aufs Rücksichtsloseste ausbreiten.**

Auch wenn es für unsere Nussbäume (noch) nicht gilt: Die Lebensbegierde der Pflanzen ist es schließlich, die sie als Kandidaten für die Besiedlung des Mars und anderer ferner Himmelskörper ins Gespräch gebracht hat.

So würde es sich denn bei der Begierde um ein Geschäft auf Wechselseitigkeit handeln. Wir bringen sie groß heraus, und sie bedienen unseren Hunger nach Leckereien und unsere Profitgier. Weil wir aber außer diesen Begierden noch andere Zusammenhänge im Blick haben, konkurrierende Begierden vielleicht, aber auch den Blick für den notwendigen Erhalt der Erde zum Zweck des eigenen Überlebens, sind wir es, die für den Kurs des Schiffes zuständig bleiben. Es ist, wie gesagt, nicht zwingend, dass die Ausbreitung der Walnuss den Vorgaben der Rüttel- und Knackmaschinen folgt.

In Arslanbob suchen die Walnuss-Sammler nach den ältesten Bäumen im Wald, denn die Nüsse von den 500 Jahre alten Walnussbäumen seien die aromatischsten. Da ist etwas, das die Plantagen im Central Valley nicht liefern können. Auf meiner eigenen Liste von Nussbaum-Gaben, die mir fehlen würden, wenn es nur kalifornische Plantagennüsse gäbe, sind vor allem Erfahrungen, die mit dem Nussverzehr nur lose zusammenhängen. Der Gerbsäuregeruch des Blattes, das ich zwischen den Fingern zerreibe, das Morgenlicht auf den Fiederblättern, das angenehm temperierte Luftloch unter dem Laubdach in der Mittagshitze oder die Art und Weise, in der mich eine Elster von der Baumkrone herunter beschimpft. Diese Dinge hängen alle mit der Gegenwart des Baumes zusammen, sind ganz subjektiver Art, kaum zu messen, ungeeignet für Vergleiche, aber konkret und kostbar für mich. Ein Nussbaum in der Nähe steigert die Qualität meines Lebens, selbst der Anflug von Kummer im Angesicht der Spätfrost-Schäden ist paradoxerweise ein Gewinn im Zusammenhang meines Jahreslaufs mit dem Nussbaum.

Zweig und Querschnitt der Schwarzen Walnuss

Gäbe es Nussbäume nur auf fernen Plantagen, sodass sich kaum noch einer an den Duft des Blattwerks erinnern würde, hätten wir etwas von der reichen Ausstattung unseres Lebens verloren.

Und wäre es nicht auch für den Nussbaum der geschicktere Zug im Spiel um den Erhalt der Art und den Fortbestand der genetischen Vielfalt, wenn er nicht alles auf die eine Karte der Plantagenwirtschaft setzte? Wie mich der Baum voller Nüsse anzulocken versteht, wenn ich seit Tagen einzelne unter dem Laubdach finde, die aus den Schalen herausgefallen sind, und wie großzügig er mir seine Nüsse zur freien Verfügung überlässt, wenn ich zur Ernte schreite! Aber wie heimlich er doch auch einzelne zurückhält, für andere als für mich! Als ob er seine Chancen verbessern wollte. Menschliches Kalkül ist ihm fremd, aber es scheint doch ein pflanzliches Äquivalent zu geben, das unsere wechselseitigen Transaktionen ganz so prägt, als ob dahinter Absicht und Überlegung steckten. Baumland und Plantagenwirtschaft, beides dient ja seinen Zwecken. Man ahnt aber auch, dass Bäume nicht allein auf die Menschenkarte setzen – wer kann schon wissen, wie lange die noch ein As ist –, sondern auf andere Tiere, die einstweilen im Schatten unserer Gartenarbeit ihr Auskommen finden.

Überlebende des URWALDES

Von Hans-Helmut Poppendieck

Die Reifen eines Treckers haben fetten Lehm auf dem Asphalt hinterlassen, der Fingerabdruck der Bauern. Kaum ein Dutzend Häuser an der Dorfstraße: Einzelhöfe, kuppiges Gelände, das die Arlau plätschernd durchzieht, Knicks, Grünland, Stoppelfelder – das ist Süderhackstedt. In der Ferne Wälder, vor uns ein scheinbar normales Waldstück.[1] Schleswigsche Geest im Spätsommer, norddeutsche Ländlichkeit vor 35 Jahren. Wir waren zu viert: Zwei Hamburger Kollegen begleiteten mich und unseren Gast aus St. Louis (Missouri), Alwyn H. Gentry – einen der großen Pflanzenjäger unserer Zeit und unbestritten der beste Kenner der Wälder in den amerikanischen Tropen. Mit ihm zusammen besuchten wir den 76 Hektar großen norddeutschen Bauernwald. 5

Al holte ein 50 Meter langes Seil aus seinem Rucksack. Wir spannten es auf volle Länge aus und hatten damit unsere erste Messlinie, einen sogenannten Transekt markiert, den wir gemeinsam abgingen. Notiert wurde alles, was rechts und links vom Seil in einem Meter Abstand wuchs, einen verholzten Stamm bildete und in Brusthöhe einen größeren Durchmesser aufwies als zweieinhalb Zentimeter. Also: Rotbuche, Rotbuche, Rotbuche. Eine weitere Rotbuche, an deren Stamm sich ein mächtiger Efeu emporrankte, der – da sein Durchmesser gut vier Zentimeter betrug – ebenfalls mit aufgenommen werden musste. Die erste Eiche und immer noch Rotbuchen. Eine mächtige Esche zeigte den zunehmend höheren Grundwasserstand an. Mehr Eschen. Ich habe selten so viele schöne, gut gewachsene Eschen auf einem Haufen gesehen. Der letzte Baum war eine Erle, wir waren in den staunassen Bereich vorgedrungen. Fünf verschiedene Gehölzarten mit insgesamt 18 Individuen hatten wir in unsere Liste aufgenommen.

Wir drangen tiefer in den Wald ein und maßen den nächsten Transekt aus.

Die Transekte dürfen sich nicht überlappen und sollen so viele unterschiedliche Waldpartien wie möglich berühren. Aber viel Neues außer einer einzelnen Hainbuche kam zunächst nicht hinzu, weiterhin dominierten Rotbuche und Esche das Bild dieses Waldes. Eine kleine Lichtung, die wir mit zwei

Transekten durchmaßen, brachte uns Salweide, Hängebirke und Haselstrauch, die allesamt zu den lichtliebenden Gehölzen gehören.

Als wir mit zehn Transekten fertig waren, kamen wir auf rund 200 Individuen, die sich 14 Baumarten und einer Liane (dem Efeu) zuordnen ließen und neun verschiedene Pflanzenfamilien repräsentierten.

Zehn Transekte, das entspricht einer Grundfläche von zehn mal 50 x 2 Metern, also 1000 Quadratmetern und damit einem Zehntel Hektar. Wir Hamburger Botaniker waren ein wenig enttäuscht.

Wir hatten diesen Wald ausgewählt, weil wir ihn für besonders urtümlich und vor allem für norddeutsche Verhältnisse für außerordentlich artenreich hielten. Zwar hatten wir mit der Winterlinde eine der Spezialitäten dieses Waldes aufgenommen, und auch die Stechpalme ist keineswegs eine Allerweltsart. Sogar die Bergulme und den Bergahorn, die beide hier als urwüchsig gelten, hatten wir mit erfasst. Aber auf früheren Exkursionen hatten wir in diesem Gebiet etwa 30 verschiedene Gehölzarten gefunden.

Al Gentry war dagegen zufrieden. Auf seinen Wunsch hatten wir diese kleine Exkursion durchgeführt. Es ging ihm nicht darum, alle Arten dieses kleinen Waldes vollständig zu erfassen. Es ging ihm um eine Stichprobe, die als mehr oder weniger repräsentativ für naturnahe europäische Laubwälder der gemäßigten Zone gelten konnte. Er wollte sie mit Stichproben tropischer Wälder vergleichen, die sein eigentliches Arbeitsgebiet bildeten. In den 1970er Jahren hatte er damit begonnen.

In der Nähe von Manaus, der Hauptstadt des brasilianischen Teils des Amazonas-Tieflandes, hatte Al Gentry 1974 eine ähnliche Probefläche ausgemessen: Eine von insgesamt 226 Flächen, die er im Laufe der Zeit nach der gleichen Methode bearbeitet hatte, wie wir sie in Süderhackstedt kennengelernt haben.[2] Bei Manaus standen auf dem Zehntel Hektar nicht wie bei uns 200, sondern 300 Individuen, aber das ist nicht weiter wichtig. Relevant ist die viel größere Artenzahl, alle fünf Schritte eine neue Art anstatt alle 35 Schritte wie bei uns. Insgesamt waren es dann im Amazonas-Tiefland 102 Arten. Stangenhölzer, die auf den ersten Blick alle gleich aussehen und deren Blätter erst in 15 Meter Höhe oder noch viel höher zu erkennen sind, wo sich ihre Kronen auf verwirrende Weise mit denen der Nachbarbäume verschränken. Lianen, deren in sich verdrehten Stämme sich durch das Stangenholz winden. Wie blickt man hier durch? Farbe und Textur der Rinde, Blattnarben und Seitenwurzeln bieten die ersten Unterscheidungsmerkmale, auch herabgefallene Blätter, Blüten oder Früchte. Aber zu welchem Stamm gehören sie? Der einzige Weg, diese Vielfalt zu erfassen, ist, erst einmal möglichst alles zu

Süderhackstedt, Windwurf

sammeln, um es dann im Herbarium mit bereits bestimmtem Material vergleichen zu können. Also werden Zweige gekennzeichnet und zwischen Zeitungspapier gelegt, die Nummer des Baumes ins Sammelbuch eingetragen, nach und nach die Pflanzenpresse gefüllt und das Material im Basislager über Nacht mithilfe eines primitiven Ofens getrocknet. Sonst würde es in der feuchten Luft sofort schimmeln. Für jede einzelne Art all der verschiedenen Transekte, die Al Gentry innerhalb von 20 Jahren angelegt hat, liegt mindestens eine getrocknete und präparierte Pflanze im Herbarium des Botanischen Gartens in St. Louis, Missouri.

Die Bestimmung der Pflanzen kann Tage, Wochen und Monate dauern. Die Pflanzenfamilien bieten die erste Orientierung. Familie – Gattung – Art ist die hierarchische Ordnung der Benennung. Hier bei Manaus sind es deutlich mehr als die neun Familien in unserem mitteleuropäischen Wald, nämlich 34: Combretaceae, Sapindaceae, Melastomataceae, Sapotaceae oder wie immer sie heißen mögen. Im Laufe der Zeit hatte Al Gentry die seltene Fähigkeit entwickelt, tropische Pflanzen auf den ersten Blick auch ohne Blüten oder Früchte einer Pflanzenfamilie zuzuordnen, in vielen Fällen sogar einer bestimmten Gattung. Das war ungeheuer wichtig, denn Bestimmungsbücher oder Exkursionsfloren, wie wir sie besitzen, gibt es für die tropischen Floren nicht. Eine Liane mit gefiederten Blättern beispielsweise könnte zu den Bignoniengewächsen gehören oder zu den Leguminosen. In beiden Fällen kommen gleich ein Dutzend Gattungen infrage – das bedeutet: Ein Dutzend Mal einen Herbarschrank aufschließen, Stapel um Stapel herausnehmen, die einzelnen Herbarbögen aufschlagen, einen kurzen oder längeren Blick darauf und auf das Exemplar werfen, im Zweifelsfall Blüten unter der binokularen Lupe analysieren, weiterblättern. Wenn man Glück hat, findet man nach einer Stunde eine Pflanze, die genau gleich aussieht, und gelangt so zu dem Namen der Art. Wenn man Pech hat, ist man so schlau wie zuvor und muss das Exemplar an einen Spezialisten verschicken, ihn um Bestimmung bitten und auf seine Antwort warten.

Und all dieser Aufwand ist nötig, hundert Mal oder öfter. Wenn man den Artenbestand einer nur ein Zehntel Hektar großen Probefläche eines Tropenwaldes erfassen will, muss man sich bei der Organisation des Vorhabens im Klaren sein, dass es unzählige Tage erfordern wird.

Das Besondere an der von Al Gentry entwickelten Methode: Zehn Transekte von 50 Meter Länge machen es möglich, ein Waldstück effektiv zu durchkämmen, aber sie halten den Arbeitsaufwand in Grenzen. Nur so kann man überhaupt zu vergleichbaren Ergebnissen kommen. Viele seiner Entdeckungen waren spektakulär. Im Chocó im westlichen Kolumbien, einer Region mit mehr als 9000 Millimeter Niederschlag im Jahr, mehr als zehnmal so viel wie in Hamburg, fand er über 250 Arten auf seiner Probefläche, eine ganz unglaubliche Zahl, und die meisten davon bislang unbekannt und neu für die Wissenschaft. Sie wurden erst im Laufe seiner Untersuchungen beschrieben. Im Küstenregenwald von Ecuador entdeckte er Vertreter einer Gattung, die bis dahin nur aus Asien bekannt war. Eine der häufigsten Arten in seinen Transekten im peruanischen Tieflandwald war ebenfalls bis dahin unbekannt und ohne wissenschaftlichen Namen gewesen, obwohl die meisten Häuser dieser Region aus ihrem Holz gebaut waren. Die Zahl der neu entdeckten Arten, die Al Gentry auf seinen Transekten gesammelt hat, geht in die Tausende.

Im Westen von Ecuador liegt am Fuß der Anden die Gebirgskette von Centinela. Al Gentry hatte hier zusammen mit seinem Freund Cal Dodson in den 70er Jahren 90 neue Baumarten entdeckt: 90 Arten, die nur in diesem 20 Quadratkilometer großen Gebiet vorkommen und sonst nirgendwo auf der Welt. Als er uns 1985 in Hamburg besuchte, war diese Bergkette vollständig entwaldet, in landwirtschaftliche Nutzfläche umgewandelt und all ihre einzigartige Pflanzenwelt für immer verloren. Seitdem sind unzählig viele ähnliche Stellen in den Tropen der Alten und Neuen Welt hinzugekommen, deren Pflanzen und Tiere vor unseren Augen ausgestorben sind. Urwälder, die für die Gewinnung von Sojaschrot oder Palmöl gerodet wurden oder wie im Jahre 2019 verheerenden Waldbränden zum Opfer gefallen sind. Eine Katastro-

Linde mit Misteln

 Mistel in Silberahorn

Alter Nussbaum auf Streuobstwiese

Alter Nussbaum in den Hamburger Wallanlagen

Historisch alter Wald Süderhackstedt mit gefallenen Eschen

Erlenbruchwald bei Langwedel

Blick in die Krone einer Esche in der Wedeler Marsch

Auf der Wakenitz, Ufer, von Erlen befestigt

Erlen an der Wakenitz

phenmeldung folgt auf die andere, und es will mir scheinen, als hätten sie uns inzwischen für das Thema Regenwald ein wenig abstumpfen lassen. Al pflegte seine Vorträge damit zu beenden, dass er Dias von den lebenden Bäumen aus Centinela und all den vielen auf ihnen lebenden Orchideenarten zeigte, und schloss dann mit einem Bild von den gefällten Urwaldriesen im Wolkennebel der Anden. Das ist nun schon lange her. Al Gentry starb 1993. Er war gemeinsam mit einer kleinen Gruppe von Biologen auf der Suche nach weiteren Nebelwald-Relikten in Ecuador, als ihr kleines Flugzeug an einer in Wolken gehüllten Felswand zerschellte.

Auch auf der Rückfahrt von Süderhackstedt nach Hamburg hatten sich unsere Gespräche um den Reichtum der Tropenwälder gedreht und über ihre rasch fortschreitende Zerstörung, die sich seit 1985 ja noch stark beschleunigt hat. Aber konnte man den Wald in Süderhackstedt überhaupt mit den unberührten tropischen Wäldern vergleichen?

Sind unsere europäischen Wälder nicht durch das Jahrtausende lange Wirken des Menschen so verändert, dass man ihre natürliche Zusammensetzung nur mühsam anhand historischer Dokumente erschließen kann?

Wird nicht durch forstliche Eingriffe die Verjüngung der Gehölze kontrolliert und dafür gesorgt, dass sich unerwünschte Bäume und Sträucher nicht mehr spontan ansiedeln und reproduzieren? Berechtigte Einwände, die für den weitaus größten Teil unserer heutigen Waldflächen in Privat- oder Staatsbesitz zutreffen und sicher auch für den Wald auf der Schleswigschen Geest nicht von der Hand zu weisen sind. Aber eine Ausnahme bildet er dennoch, und dies ist der Grund, weshalb wir ihn ausgewählt hatten.

Gleich drei Eigenschaften zeichnen ihn aus: Unser Wald ist ausreichend artenreich und vielgestaltig. Er befindet sich in Privatbesitz, es ist ein Bauernwald und kein Staatsforst, und das heißt: Er wurde in der Vergangenheit gerade nicht forstlich bewirtschaftet, sondern nur mehr oder weniger unregelmäßig genutzt.

Und es ist ein sogenannter »historisch alter« Wald.

Als ich den Wald bei Süderhackstedt 20 Jahre nach dem Besuch von Al im Sommer 2004 aufsuche, hatte sich nichts verändert, weder auf den ersten noch auf den zweiten Blick. Mir fällt auf, dass es hier weder Forstwege noch Wanderwege gibt. Wozu auch? Für Spaziergänger liegt er zu weit ab, und wenn es in den vergangenen Jahren eine Nutzung gab, dann war sie so gering, dass sie nur spärliche Spuren hinterlassen hat: wenige Holzstapel, mit Plastikplanen abgedeckt; ein paar Fichten, die vor Jahren einmal gepflanzt wurden; eine jüngere Eichenpflanzung, die gegen den Verbiss durch Rehwild mit Maschendraht geschützt wird. Und bemooste Wälle, die frühere Flureinteilungen markieren.

Zunächst dominieren Buche, Eiche und Hainbuche. Im Unterwuchs bildet die Stechpalme mit ihren dunkelgrünen glänzenden Blättern ausgedehnte Dickichte, nur auf Lichtungen und am Waldrand ist sie zu Bäumen ausgewachsen. Bis zu acht Meter kann sie hoch werden, und die Beeren – ein beliebter Weihnachtsschmuck – sind im Spätsommer bereits ausgebildet. Im Zentrum des Waldes bildet der Winterschachtelhalm mit seinen dunkelgrünen Halmen große Herden auf dem Waldboden und zeigt an, dass es hier feucht und voller Quellen ist. Wahrscheinlich ist genau das der Grund dafür, dass hier Wald steht und immer gestanden hat. Ein solches Stück Land ist für den Ackerbau nicht geeignet, auch nicht als Weide. Zwar sind jetzt die feuchten Senken, die Waldbäche und die flachen Entwässerungsgräben trockengefallen, auch eine kleine primitiv gefasste Quelle ist versiegt. Aber Eschen und Erlen zeigen an, dass hier im Winter und Frühjahr ein hoher Grundwasserstand herrschen muss.

Viele Bäume bilden Brett- und Stützwurzeln, mit denen sie sich abstützen und gegen Windwurf zu schützen versuchen. Aber diese Art der Abstützung reicht offenbar nicht aus, denn gerade in diesem Wald findet man viele umgestürzte Bäume oder zumindest solche, bei denen der Wurzelteller teilweise aus dem Boden gerissen ist. Zu sehen ist, wie flach er ist. Die starken Seitenwurzeln liegen kaum eine Handbreit unter der Erde, sie können bei dem hohen Wasserstand nicht tiefer in den Boden eindringen.

Eine gefallene Esche bietet ein besonderes Bild:
Ihr toter Stamm ist in Kopfhöhe abgebrochen.

Alles, was darüber war, ist gefallen und mit flach ausgebreiteter Krone liegen geblieben und befindet sich jetzt in langsamer Zersetzung – ein Kunstwerk der Zeit. Baumschwämme haben sich angesiedelt, am senkrechten wie am waagrechten Stamm. Die Rinde hält die Form. Darunter eine weiche dunkelbraune schwammige Masse – das Splintholz ist in rascher Zersetzung begriffen. Dann das harte Kernholz, noch hält es die Form, leistet meiner tastenden Hand Widerstand.

Eine Linde hat bis zu anderthalb Meter lange Kriechwurzeln gebildet, die sich auf dem Waldboden entlang schlängeln, die bislang eindrucksvollste Demonstration davon, wie Bäume sich mit ihrer Statik bei hohem Wasserstand gegen Windwurf absichern können. Einer anderen Linde hat dies nicht geholfen, ihr Wurzelwerk ist an einer Seite dem Boden entrissen worden, aber sie wächst in dieser Schräglage weiter, hat sogar noch kräftige junge Schösslinge gebildet, die parallel vom Hauptstamm nach oben streben. Man könnte von einer Harfen-Linde sprechen, wenn man diese Wuchsform knapp charakterisieren wollte.

So häufig Linden in unserer Kulturlandschaft sind, in unseren Wäldern sind sie nur selten anzutreffen. Das Gleiche gilt für unsere Ahornarten. Berg- und Spitzahorn sind so oft gepflanzt worden, und ihre geflügelten Früchte werden vom Wind so leicht verdriftet, dass man in der Regel die vielen vom Menschen erzeugten Bestände nur sehr schwer von den seltenen naturwüchsigen trennen kann. Die Vorkommen in den Bauernwäldern auf der Schleswigschen Geest dürften allerdings als ursprünglich gewertet werden, denn die beiden Ahornarten kamen hier auch schon im vorigen Jahrhundert isoliert vor, bevor die massenhafte Pflanzung von Ahornen einsetzte. Ich stoße auf eine einsame Flatterulme mit imponierenden Brettwurzeln, registriere Trauben- und Vogelkirsche, Pfaffenhütchen und Eberesche und stelle am Ende meines Rundganges befriedigt fest, dass ich selbst auf diesem kurzen Rundgang nicht weniger als 25 Gehölzarten angetroffen habe.

Wenn man auf der Landstraße von Jübek über Sollerup nach Sollwitt fährt, vorbei an Feldern und verstreuten Höfen, weist nichts darauf hin, dass wir es hier mit einem der ältesten Siedlungsgebiete unseres Landes zu tun haben.[3] Es soll zahlreiche Funde aus der Steinzeit geben. Archäologen vermuten, dass es zu Beginn der Eisenzeit um 1000 v. Chr. eine kurze industrielle Blüte gegeben hat, nachgewiesen sind Brennöfen zur Verhüttung von Raseneisenstein. Diese eigentümliche Bildung des Bodens entsteht nur unter Heideflächen, und zwar im Laufe von Jahrhunderten – ein Indiz dafür, dass es schon vor 4000 Jahren in dieser Gegend ausgedehnte Heiden gegeben haben muss. In anderen Gebietsteilen ist die Bodengüte dagegen so hoch, dass hier im Mittelalter Weizen angebaut und als Zehnten an den Landesherren geliefert wurde. Und in diesem Raum mit seiner 4000-jährigen Siedlungsge-

Süderhackstedt

schichte haben sich einige der ältesten, artenreichsten und trotz aller Nutzungsspuren urtümlichsten Wälder Schleswig-Holsteins erhalten können.

Historisch alte Wälder sind definiert als Orte, die mindestens ein paar hundert Jahre ununterbrochen mit Wald bestanden sind.[4]

Sie müssen sich weder durch besonders alte Bäume auszeichnen, noch müssen sie unbedingt besonders naturnahe Wälder oder gar echte Urwälder sein. Ausschlaggebend ist vielmehr die historische Kontinuität. Genaue Jahresangaben sind problematisch und wohl immer ein wenig willkürlich. In Deutschland liegt die Messlatte bei 250 Jahren, in England spricht man vom *ancient woodland,* wenn die Existenz der Wälder bis ins Jahr 1600 oder länger nachgewiesen ist. Um Datierungen vornehmen zu können, muss man in Archiven und Bibliotheken forschen. Für unser Gebiet, das frühere Herzogtum Schleswig, hat der Geograf und Historiker Friedrich Mager in den 1930er Jahren alle verfügbaren historischen Quellen ausgewertet: Besitz- und Schenkungsurkunden, Aufzeichnungen über Steuern und Abgaben, Guts- und Forstchroniken sowie historische Karten. Seine Ergebnisse hat er 1930 und 1937 in zwei wunderbar detaillierten Abhandlungen publiziert.[5] Vom Wald bei Süderhackstedt und Coxbüll ist erstmals um 1452 in einem Dokument des Bistums Schleswig die Rede: *»Item est ibi una silva circa Haxstede et Koxmarke.«* Der Bischof besaß in diesem Gebiet das Anrecht auf jeden siebten Baum. Offenbar war der Wald also nicht in Parzellen eingeteilt, sondern die Besitzer nutzten ihn gemeinschaftlich, verteilten den Ertrag untereinander und gaben dem Grundherrn, was des Grundherrn war.

In der frühen Rodungszeit hatten freie Bauern das uneingeschränkte Recht, den Wald in Acker umzuwandeln. Sie hatten sich aber davor gehütet, ihn völlig zu roden, denn sie brauchten ihn für Bau- und Brennholz, für Zäune, Wagen, Eimer, Bast und jegliches Gerät, und nicht zuletzt, um im Herbst die Schweine hineinzutreiben und an den Eicheln fett zu machen, bevor sie für den Winter eingeschlachtet wurden. Große ausgedehnte und damit unzugängliche Waldungen haben sich unter diesen Nutzungsbedingungen nicht halten können.

Vielmehr waren, wie Mager berichtet, kleine in die Feldmark eingesprenkelte Waldparzellen kennzeichnend für diese Landschaft. Sie enthielten wegen der Schweinemast viele Eichen, sicher mehr als heute.

Und müssen wegen der unterschiedlichen und vielfältigen Nutzungen damals auch ganz anders ausgesehen haben als unsere Wälder, viel lichter, mit unterschiedlich alten Bäumen, Buschwerk und Stockausschlägen. In den spärlichen schriftlichen Aufzeichnungen werden sie in der Regel als »verwüstet« beschrieben.

Nun muss man derartigen Aussagen in historischen Dokumenten gegenüber vorsichtig sein, sie sind nämlich alles andere als objektiv. Welcher Bauer hat schon schriftliche Aufzeichnungen geführt, welche Bauernfamilie hätte diese über Jahrhunderte aufbewahrt? Wenn berichtet wird, dass die Bauern *»unwirtschaftlich mit den Bondenhölzungen umgehen«* oder diese *»sehr unhaushälterisch aushauen«*, wenn nach und nach das Bild vom »Bauern als Waldfeind« geschaffen wurde, so ist dies gewissermaßen als Kampfpropaganda zu werten im Versuch der Grundherrschaft, stärkeren Einfluss auf die Nutzung des Landes zu nehmen und die Bauern zu entrechten. Um die Mitte des 18. Jahrhunderts hatten sich die adeligen Landbesitzer damit weitgehend durchgesetzt. Die jahrhundertealten Rechte wurden abgelöst, die Feldmark wurde neu verteilt. Wenn die Wälder dennoch überwiegend erhalten blieben, dann deshalb, weil ihre wirtschaftliche Bedeutung stetig zurückging. Da konnte man sie ebenso gut stehen lassen. Das Waldbild allerdings änderte sich bei der jetzt aufkommenden rationellen Forstwirtschaft radikal. Man schlug große Flächen gleichzeitig kahl und pflanzte dicht an dicht neue Bäume, die kerzengerade in die Höhe wuchsen.

Der Wald wurde geschlossener und dunkler – so wie wir die Wälder von heute kennen.

Alte Wälder, die über Jahrhunderte hinweg nur extensiv genutzt wurden, sind aus Sicht des Naturschutzes besonders wertvoll.

Wenn einzelne Stämme oder überschaubare Parzellen für Bauholz gefällt wurden, wenn man allenfalls Reisig entnahm oder in begrenztem Ausmaß Vieh in den Wald trieb, wenn sich bei dieser traditionellen Nutzung die ursprüngliche Zusammensetzung der Gehölzarten mehr oder weniger hat erhalten können und mit ihnen sich eine große Zahl unterschiedlicher Arten von Kräutern und Pilzen erhalten hat, spricht man in England mit einigem Recht von »halbnatürlichen historisch alten Wäldern« – *ancient semi-natural woodland.* In Deutschland wurde dafür die Bezeichnung KultUrwald vorgeschlagen.[6] Genau diese Bezeichnung dürfte auf den Wald bei Süderhackstedt zutreffen. Selbstverständlich kein Urwald, aber doch ein Urwaldrelikt, dessen Artenbestand erstaunlich ursprüngliche Züge trägt.

»Wenngleich wir auch nirgendwo einen völlig unberührten ›Urwald‹ finden«, schreibt Willi Christiansen in seiner *Pflanzenkunde von Schleswig-Holstein,*

»so sind manche Laubwälder doch noch in einem recht urwüchsigen Zustand.[7] *Zwar unterliegt die Baumschicht stets der Pflege durch den Menschen, aber die Strauch- und Krautschicht wird doch meist nur mittelbar betroffen.«*

Willi Christiansen war zwischen 1920 und 1960 der führende Botaniker Schleswig-Holsteins. Die Wälder auf der Schleswigschen Geest kannte er besonders gut, denn er war hier aufgewachsen, nur wenige Kilometer vom Süderhackstedter Wald entfernt.

Wie Christiansen andeutet, kann uns die Krautschicht erstaunlicherweise konkretere Hinweise zu Geschichte und Alter unserer Wälder geben als die Bäume. Englische Ökologen wie Oliver Rackham haben in den 1970er Jahren erstmals den Bestand an krautigen Bodenpflanzen von historisch alten und jungen Wäldern miteinander verglichen und dabei erstaunliche Unterschiede festgestellt.

Es gibt offenbar eine gar nicht kleine Zahl von Waldbodenpflanzen, die nahezu ausschließlich in alten Wäldern vorkommen und nie in neuen Wäldern zu finden sind.

Wenn man sich näher mit dieser Gruppe beschäftigt und ihre biologischen Eigenschaften analysiert, stellt man fest, dass sie alle Probleme damit haben, ihre Samen über größere Distanzen auszubreiten. Die Saat von Buschwindröschen, Perlgras, Waldveilchen oder Leberblümchen beispielsweise wird von Ameisen verschleppt. Wie weit kann eine Ameise wandern? Es dürfte sich im Bereich weniger Meter abspielen. Selbst wenn der nächste Wald nur ein paar Hundert Meter weit weg liegt, ist dies für ein Buschwindröschen eine unüberwindliche Entfernung.

Süderhackstedt

Und genau darum spiegelt die Verteilung von Zeigerpflanzen alter Wälder die Geschichte unserer Kulturlandschaft wider. Eingewandert sind diese Arten über sehr lange Zeiträume gemeinsam mit den Bäumen und auf dem Boden unter ihnen, solange Mitteleuropa nahezu vollständig mit Wald bedeckt war.

Es sind Relikte des geschlossenen Waldes, des Urwaldes, den es bei uns gab, bevor der Mensch ihn rodete und nach und nach in Acker und Weideland umwandelte

– bis die Rodungstätigkeit schließlich im Hochmittelalter zu erliegen kam.

Die Verteilung von Wald und Offenland hatte sich danach bis ins 19. Jahrhundert wenig verändert. Schleswig-Holstein blieb zwar arm an Wald, aber dennoch gab es abgesehen von der Küste und der Marsch kaum eine Gegend, in der man nicht von einem Kirchturm aus irgendwo ein Waldstück sehen

Bingelkraut

Hohler Lerchensporn

Buschwindröschen

Einbeere

konnte. Die Bodenpflanzen wurden durch die traditionelle Bewirtschaftung der Wälder wenig beeinträchtigt und konnten überleben. Aber sie konnten nicht aus alten Wäldern in die neuen Wälder einwandern, die seit dem späten 18. Jahrhundert durch die Aufforstung von Heiden oder Ackerland geschaffen worden waren.

Es ist ein schöner Frühjahrstag im Jahre 2005 im Wald von Süderhackstedt. Die Bäume sind noch kahl, aber ihre Knospen sind schon angeschwollen, und bei einigen brechen bereits die jungen Blätter durch. Noch aber durchflutet die helle Aprilsonne das Gehölz und erwärmt den Boden, wie ich mich durch einen Griff in die Laubstreu überzeugen kann. Auf den vergleichsweise trockenen Stellen blüht Goldnessel, dazwischen sehe ich erste Blätter vom Waldmeister. Auf frischerem Boden bedecken Scharbockskraut und Buschwindröschen große Flächen. Überall finden sich Herden von Bingelkraut. Hier müsste es auch die Einbeere geben. Entdecken kann ich sie heute nicht, dazu müsste ich wohl den gesamten 70 Hektar großen Wald durchkämmen. Die Einbeere gilt nämlich noch in viel stärkerem Maße als das Bingelkraut, das Buschwindröschen oder wohl auch als die Goldnessel als Zeigerpflanzen für »historisch alte Wälder«, und mit solch einem Wald haben wir es hier in Süderhackstedt zu tun.

Tatsächlich ist die Einbeere auch heute noch hier zu finden. Die Arbeitsgemeinschaft der schleswig-holsteinischen Botaniker hat in den vergangenen

Jahren die artenreichen Wälder des Bundeslandes intensiv erforscht und ihre Ergebnisse in einem faszinierenden Buch veröffentlicht – für das Vorkommen der Einbeere im Wald von Süderhackstedt gibt es einen Punkt auf der Karte, die die Verbreitung dieser Art in Schleswig-Holstein zeigt.[8]

Bingelkraut, Einbeere oder Goldnessel sind keine Allerweltspflanzen. Ich freue mich, wenn ich sie in einem Wald finde, aber seit ich sie als Zeigerpflanzen alter Wälder kennengelernt habe, mischt sich in die Freude auch stets ein wenig Ehrfurcht – Ehrfurcht vor den Überlebenden des Urwaldes.

»Alles Erhaltene wird zum redenden Zeugnis der betreffenden Epoche, zum Monument«, hat der Historiker Jacob Burckhardt 1851 geschrieben.[9] Die Bodenpflanzen alter Wälder haben sich seit der Zeit der Rodungen erhalten und sind länger hier vor Ort als all unsere Siedlungen. Sie sind lebende Zeugnisse der Vorzeit. Sie sprechen zu uns über ihre Geschichte und vermitteln eine der wenigen Erkenntnisse über Wälder, die universell gilt und den Bogen spannt vom kleinen mitteleuropäischem Waldstück zu den von Al Gentry erforschten Tropenwäldern: Man kann und soll Wälder neu schaffen, wo immer es sinnvoll und möglich ist. Alte Wälder aber in der ganzen Vielfalt ihrer Lebensbeziehungen sind nicht wiederherstellbar, nicht ersetzbar, eine nicht nachwachsende Ressource.

Die Vielfalt und den biologischen Reichtum unseres europäischen Waldes im Vergleich mit den anderen Wäldern der Erde einschätzen zu können – das ist es, was die Transekte von Al Gentry und ihre Auswertung so spannend macht. Die Daten sind im Internet abrufbar und außerdem in dem im Jahr 2002 erschienenen Buch *Global Patterns of Plant Diversity* zusammengefasst.[10] Als ich darin blättere, drängt sich mir auf den ersten Blick keineswegs die Vorstellung von Vielfalt auf, sondern vielmehr von Monotonie: Zahlenkolonnen in standardisierten Datenblättern; Tausende unaussprechlicher Pflanzennamen wie *Socratea exorrhiza* oder *Desmopsis panamensis*; Stangenholz und Blattgewirr auf Waldfotos, die für mich alle gleich aussehen, ob sie nun aus Kolumbien, Madagaskar oder Borneo stammen. In jüngerer Zeit sind in ähnlichen Arbeiten auch noch Tabellen mit molekulargenetischen Codes zu finden.

Ich begreife, wie schwierig es ist, die Vielfalt des Lebendigen sinnlich zu erfahren und vermitteln zu wollen.

Artenvielfalt zu erfassen, zu vergleichen und zu interpretieren setzt einen intellektuellen Zugang zur Natur und eine hochspezialisierte Kennerschaft voraus. Das Protokoll von Süderhackstedt ist unter der Nummer 184 zu finden. Eine Kurve gibt den Verlauf der Aufnahme an. Ich vergleiche sie mit denen von Wäldern aus dem tropischen Amerika und bin, obwohl ich es nicht anders erwartet hatte, doch erstaunt über die großen Unterschiede. Ein bis zwei Dutzend verschiedene Holzgewächse in einem Wald auf der Schleswigschen Geest: Das ist ungewöhnlich viel für unsere heimischen Wälder, aber wenig gegenüber Hunderten von Arten im Amazonas-Urwald von Manaus. Man hatte schon vorher gewusst, dass die Wälder mit den allerhöchsten Artenzahlen in den immerfeuchten Tropen liegen, in einem schmalen Gürtel, der sich nicht mehr als drei bis vier Breitengrade oder rund 400 Kilometer südlich und nördlich des Äquators erstreckt. Durch Al Gentrys Untersuchungen wurde diese Erkenntnis nun statistisch abgesichert. Warum aber sind die Wälder in den immergrünen Tropen so viel artenreicher?

Tropenwälder funktionieren anders als die Wälder in unseren Breiten.

Eine mitentscheidende Rolle spielen ausgerechnet die Schädlinge, Pilzerkrankungen und samenfressenden Tiere. So lautet jedenfalls die Theorie des amerikanischen Biologen Dan Janzen.[11] Im Gegensatz zu unseren Breiten können sie in den Tropen das ganze Jahr über zuschlagen, weil es keine Winter und damit keine Ruhepause gibt. Schon früh hatte man bemerkt, dass in den feuchten Tropen die Individuen einer Baumart immer nur einzeln anzutreffen sind, dass sie nie Gruppen bilden und schon gar keine Reinbestände wie bei uns die Erlen in den Sumpfwäldern, die Fichten in den Alpen oder die Birken in der Taiga. Bei genauerem Hinsehen stellte man außerdem fest, dass es in der unmittelbaren Umgebung der Altbäume keine Jungpflanzen gab, sondern dass die nächsten Jungbäume erst ein paar Hundert Meter entfernt auftauchten. Wenn massenhaft Samen unter den Bäumen liegen, lockt das Ratten, Rüsselkäfer oder andere Fraßfeinde an, und wenn massenhaft Keimblätter im dunklen Baumschatten stehen, sind sie anfällig für Pilzbefall. Welche Kalamität auch immer den tropischen Baumjungswuchs trifft – in der Regel rottet sie ihn vor Ort vollständig aus.

Einzelne Samen aber, die es geschafft haben, aus der Umgebung ihrer Eltern und ihrer vielen Geschwister zu fliehen, deren Samen also durch den Wind verweht oder durch Vögel oder Säuger weggetragen wurden, haben eine reelle Chance durchzukommen. Zu weit dürfen die Bäume aber auch nicht auseinanderstehen, denn wieder andere Insekten oder Vögel, meist hochspezialisierte Arten, müssen zwischen den Bäumen hin- und herfliegen können, um sie zu bestäuben und damit die Fortpflanzung zu sichern.

Sehr schön illustrieren lässt sich dieses Phänomen am Kautschukbaum, der eine typische Regenwaldpflanze ist. Im Urwald stehen die Bäume von Natur aus weit voneinander entfernt, und die Seringueiros (so nennt man die

Kautschuksammler) sind auf ermüdend langen Wegen von Sonnenaufgang bis Sonnenuntergang unterwegs, um von einer Handvoll Bäume den begehrten Milchsaft oder Latex abzuzapfen. Ein primitives Verfahren, aufwendig und unwirtschaftlich. Aber als der amerikanische Autobauer Henry Ford in den 1920er Jahren versuchte, im Amazonasgebiet Kautschukplantagen anzulegen und dazu einen Ort gründete, den er in aller Bescheidenheit Fordlandia nannte, scheiterte er kläglich. Sobald man nämlich mehrere Bäume zusammenpflanzte, schlug der Pilz *Microcyclus ulei* zu, sprang von Baum zu Baum über und tötete sie alle. In Amerika überlebt der Kautschukbaum nur, wenn er sich im Wald dünn macht und sich vereinzelt. Aus diesem Grund stammt der Kautschuk für unsere Autoreifen auch nicht aus Brasilien, sondern aus Plantagen in Ostasien, denn bis dorthin hat es der Pilz noch nicht geschafft. Wir wollen uns lieber nicht ausmalen, was auf der malaysischen Halbinsel passiert, wenn bei einem Fernflug von Manaus nach Singapur Sporen dieses Pilzes verschleppt werden und ihren Weg zu den asiatischen Kautschukplantagen finden.

Artenzahlen zu erfassen, zu vergleichen und zu interpretieren ist ein verhältnismäßig junges Arbeitsgebiet. Man spricht heute von Biodiversitätsforschung. Den Begriff »Biodiversität« selbst gab es noch nicht, als Al Gentry mit seinen Arbeiten begonnen hatte. Er wurde erst 1986 auf einem Kongress in den Vereinigten Staaten lanciert, und zwar von Biologen, die Al und seiner Arbeitsweise nahestanden.

> **Biodiversität hat sich zu einem durch und durch merkwürdigen Begriff entwickelt, erfolgreich, schillernd, missverständlich, mit Theorien überfrachtet und bis zum Überdruss strapaziert, und zugleich sehr nützlich.**

Die Faszination der unendlichen Vielfalt des Lebens schwingt in ihm mit, ebenso aber auch das Wissen um ihre Gefährdung durch menschliches Wirtschaften und die Notwendigkeit zu gesellschaftlichem Handeln, um diese Gefährdung abzuwenden. Mal wird der Begriff verwendet, um nüchtern einen Tatbestand zu bezeichnen, um ihn gleich darauf einer wertenden Betrachtung zu unterziehen.

Ein anderes Mal geht es wie bei der Internationalen Biodiversitätskonvention von 1992 um politische Aktionen von großer Tragweite. Deshalb stellt sich die Frage: Ist Biodiversität ein Wert an sich oder ist sie eine Ressource, die ökonomisch in Wert zu setzen ist? Vielleicht liegt der Erfolg des Konzeptes in seinen Widersprüchen und seiner Unbestimmtheit, die es jedem möglich machen, sich in einer weltweiten Bewegung wiederzufinden.

Im Oktober 2019 habe ich den Wald bei Süderhackstedt zum vorerst letzten Mal aufgesucht. In den vorangegangenen Wochen hatte es stark geregnet. Jetzt scheint die Sonne, es ist windstill unter einem klaren blauen Himmel. Es ist die ruhige Zeit des Übergangs vom Spätsommer zum Frühherbst; alles ist noch da, die Blätter, die Sträucher. Die Natur hält den Atem an und ruht sich aus. Kurt Tucholsky hat diese Zeit als die fünfte und schönste Jahreszeit beschrieben.[12] Das Auto parke ich an einem Feldweg. Was wie ein Pfad aussieht, der in den Wald führt, erweist sich als eine alte Fahrspur, die sich schon nach wenigen Metern verliert.

Ich finde den Wald deutlich verändert vor. Im Waldinneren ist es lichter und heller, als ich es in Erinnerung hatte, und es liegen viel mehr umgestürzte Bäume herum als früher.

Ich hatte es schon befürchtet: Das Eschentriebsterben hat auch vor diesem Wald nicht haltgemacht.

Die Esche zählt bei Forstleuten unter den Laubbäumen nicht zu den Hauptbaumarten – das sind Buche und Eiche –, sondern zu den sogenannten Edellaubhölzern. Wenn man sich merkt, dass daraus Spatenstiele und Sportgeräte hergestellt werden, prägen sich die wertvollen Eigenschaften des Eschenholzes leicht ein: Es ist sehr fest, sehr hart und dabei außergewöhnlich elastisch. Früher dürfte die Esche in den Wäldern eine größere Rolle gespielt haben als heute. Aber in den eher dunkel gehaltenen Hochwäldern unserer Tage ist sie der Konkurrenz der alles beschattenden Rotbuche nicht gewachsen und wird von ihr auf feuchte Standorte verdrängt.

Eschensterben in den Baumkronen, Süderhackstedt

In Norddeutschland kommt die Esche in Auen- und Bruchwäldern oder auf quelligen Standorten im Wald vor, vor allem aber entlang von Bachrinnen, wo sie – verzahnt mit dem Buchenwald – schmale und oftmals unterbrochene Bänder bildet. Am besten kann man das nachvollziehen, wenn man an solchen Stellen den Blick steil nach oben richtet, denn die gefiederten Blätter der Esche und ihre lichte, lockere Krone heben sich sofort vom Laubdach der anderen Bäume ab.

Die Esche hat einen hohen Wasserbedarf und steht in dieser Hinsicht zwischen der Buche und der Erle. Die Förster haben dafür einen Merkspruch: »Die Esche will das Wasser sehen, aber nicht im Wasser stehen.«[13] Der Wald bei Süderhackstedt mit seinem hohen Grundwasserstand hatte den Eschen bislang paradiesische Bedingungen geboten, und entsprechend vital und häufig waren sie hier. Das beginnt sich jetzt dramatisch zu verändern.

Schuld daran ist das Kleine Weiße Stängelbecherchen, ein mikroskopisch kleiner Pilz, der im Sommer Blätter und Zweige der Esche befällt und sie durch die Absonderung einer toxischen Substanz namens Viridiol zum Absterben bringt. Seine glibberigen Sporen werden vom Regen fortgeschwemmt und können auf dem Baum und in seiner Umgebung weitere Infektionen auslösen. Der Pilz macht einen Generationswechsel durch und verwandelt sich im Herbst, bildet auf der Mittelrippe der Eschenblätter kleine weiße Becherchen und darin staubartig feine Sporen, die bei trockenem Wetter kilometerweit vom Wind verdriftet werden. Infizierte Blätter welken und sterben ab. Der Baum versucht sich zu wehren. Er kapselt das zweijährige Holz durch ein spezielles Gewebe ab, und um den Schaden zu kompensieren, bildet er unterhalb der toten Zweige zahlreiche neue Triebe. Aber auch die werden schnell vom Pilz befallen.

Eschensterben an der Baumrinde, Süderhackstedt

Das Triebsterben wirkt auf den Baum, als würde er während einer Vegetationsperiode immer wieder radikal zurückgeschnitten, und deswegen macht er kaum noch Zuwachs.

Die Krone überlebt oft nur durch wenige Büschel von Ersatztrieben.[14] Am Fuß des Stammes bilden sich am abgestorbenen Holz Nekrosen.

Oft sterben die Bäume vollständig ab und stürzen um, und wenn sie überleben, tun sie dies in einem beklagenswerten Zustand.

In den polnischen und litauischen Wäldern, wo die Krankheit zuerst auftauchte, gibt es zwar nach 22 Jahren immer noch Eschen, aber sie sehen nicht mehr besonders gut aus.

Von Polen und Litauen aus hat sich das Eschensterben inzwischen über ganz Europa ausgebreitet.

Wie stets in solchen Fällen, hat es eine ganze Zeit gedauert, bis man sich über den Schadorganismus im Klaren war. Die Systematik der Pilze ist ein komplexes Arbeitsgebiet, auf dem es nur sehr wenige Spezialisten gibt. Zuerst hatte man vermutet, dass es sich ursprünglich um einen harmlosen einheimischen Pilz handelt, der plötzlich aus ungeklärten Gründen mutierte und zum Schädling wurde. Inzwischen weiß man, dass der Erreger des Eschentriebsterbens aus Japan nach Europa gekommen ist, wahrscheinlich durch Pflanzen, die in Containern verschifft wurden. Eigentlich sollte das Erdreich in diesen Containern steril und schädlingsfrei sein, aber tatsächlich werden damit ungewollt immer wieder Bakterien, Sporen von Schadpilzen und Unkrautsamen von Kontinent zu Kontinent verschleppt, unbeabsichtigt, aber äußerst effizient.

An ihren natürlichen Standorten im Heimatland haben sich Bäume und ihre Schädiger in einem Jahrmillionen dauernden Prozess aneinander angepasst. Der Baum lebt mit Pilzen, Insekten oder Mikroben in einer – wenn auch nicht immer friedlichen – Koexistenz zusammen. Wie das funktionieren kann, haben wir am Beispiel der Bäume im tropischen Regenwald gesehen. Aber nun kommt der internationale Pflanzen- und Holzhandel, und er verkauft Holz aus Japan nach Polen, Jungbäume vom Balkan nach England oder wie schon im 19. Jahrhundert Weinstöcke aus den USA nach Frankreich, und dabei verschleppt er zusammen mit dem pflanzlichen Exportgut auch dessen Schädlinge und bringt sie in Kontakt mit einheimischen Wirtsbäumen. Diese hatten zwar mit den Pilzen, Käfern oder Motten in ihrer Umgebung durchaus ihren Frieden gemacht, aber dem neuen Schädling stehen sie hilflos gegenüber. Kalamitäten durch eingeschleppte Schädlinge aus anderen Weltgegenden hat es in den vorigen beiden Jahrhunderten immer wieder gegeben. Die Reblaus, der Eichenmehltau, der Feuerbrand der Birnen, der Zypressenkrebs oder auch die Kartoffelfäule haben so ihren Weg von Amerika nach Europa gefunden und hier verheerend gewirkt.

Eschensterben Süderhackstedt

In umgekehrter Richtung hat der europäische Ulmenpilz seit 1928 fast drei Viertel aller amerikanischen Ulmen dahingerafft, und der noch effizientere Kastanienrindenkrebs hat die amerikanische Kastanie fast aussterben lassen.

»Under the spreading chestnut tree the villages smithy stands«, beginnt ein berühmtes Gedicht, das der amerikanische Dichter Henry Wadsworth Longfellow im Jahre 1840 geschrieben hat. Dieses schöne Bild ist Geschichte, denn weit ausladende Kastanienbäume gibt es heute in Nordamerika nicht mehr,

höchstens krüppeligen Unterwuchs. Und nicht nur das: Mit den Kastanien ging auch die Zahl der Eichhörnchen drastisch zurück, ebenso wie die der Rehe, Rotluchse, Berglöwen und vieler Schmetterlingsarten.[15]

Ein ganzes Ökosystem geriet aus den Fugen. Droht dieses Schicksal auch den europäischen Eschen und den Eschenwäldern?

In Schleswig-Holstein wurde jedenfalls an der Universität Kiel ein groß angelegtes Forschungsvorhaben ins Leben gerufen, um mehr über die weitreichenden Folgen des Eschensterbens in Erfahrung zu bringen.[16]

Denn eschenreiche Wälder bilden in Norddeutschland die artenreichsten Waldlebensräume: Von den seltenen Zeigerpflanzen historisch alter Wälder sind die allermeisten im Umfeld der Esche zu finden. Das hängt mit der guten Nährstoffversorgung in den Bachauen zusammen, mit der ausgeglichenen Bodenfeuchte und mit einem Quentchen mehr Licht als im angrenzenden Buchenwald. Es hängt auch mit der Übergangsstellung zusammen, die die Eschenwälder zwischen den feuchten bis nassen Erlenbrüchen und den Buchenwäldern einnehmen. Mit beiden können sie ihre Bodenpflanzen austauschen.

Totholzpilze Süderhackstedt

Entscheidend ist auch, dass die Esche keine Hauptbaumholzart ist und ihre Wälder in der Vergangenheit weniger durch forstliche Maßnahmen in Mitleidenschaft gezogen wurden. Die Böden wurden durch keinen Kahlschlag und keinen Harvester gestört, und so konnten sich im Laufe der Jahrhunderte vielfältige Gemeinschaften zwischen den Bäumen und den Bodenpilzen entwickeln. Pilze wirken vor allem unterirdisch. Sie umspinnen mit ihren fadenförmigen Zellen die Feinwurzeln der Bäume und unterstützen sie bei der Aufnahme von Wasser und Nährstoffen. Wahrzunehmen sind sie nur, wenn sie im Herbst oder zu einer anderen bevorzugten Jahreszeit ihre Fruchtkörper bilden und dann als Keulchenpilz, Erlenscheidenstreifling oder Lila Milchling identifiziert werden können.

Im Umfeld alter Eschen wurden in Schleswig-Holstein fast 800 solcher Großpilzarten nachgewiesen, und das macht Eschenwälder auch bei den Pilzen zu einem Hotspot der Artenvielfalt.[17]

Intakte Gemeinschaften aus Bäumen und Pilzen machen den Wald leistungsfähiger und stabiler gegen schädliche Umwelteinflüsse wie die Folgen des Klimawandels. Durch das Absterben und Zusammenbrechen der Esche, aber auch aufgrund forstlicher Maßnahmen verändern sich die Standorte vor unseren Augen, und man befürchtet, dass sie als Lebensraum für die bedrohten Pilze und Waldbodenpflanzen vollständig verloren gehen können. Die Vorstellung, dass Waldbodenpflanzen wie die Einbeere, die Goldnessel oder das Christophskraut als Zeugen des Urwaldes im Bauernwald von Süderhackstedt viele Jahrhunderte überlebt haben und jetzt innerhalb weniger Jahre an den Rand des Aussterbens gebracht werden könnten, schockiert mich zutiefst.

Am Anfang unserer Exkursionen stand ein Projekt, in dem die Artenvielfalt der Bäume im globalen Rahmen untersucht und mit Zahlen und Listen dokumentiert wurde. Biodiversität als abstrakte statistische Größe. Vor Ort aber, angesichts der absterbenden Eschen und ihrer Begleiter, müssen wir schmerzhaft erkennen, mit welch zerbrechlichem Gut wir es zu tun haben, wenn wir von Artenvielfalt reden.

Bruchlandschaft mit SCHWARZERLEN

Von Helmut Schreier

Wären nicht die schwarzen Zapfenkugeln, die überall wie mit dem Pinsel hingetupft zwischen den kahlen Zweigen vor dem weißgrauen Winterhimmel stehen, ich hätte nie vermutet, dass es sich um eine Schwarzerle handelt. Die Silhouette des mächtigen Baumes am oberen Elbuferweg in Rissen, einem im Westen Hamburgs gelegenen Stadtteil, gleicht aus der Ferne eher einer Pinie von 20 Meter Höhe mit kräftigem Stamm und flacher Schirmkrone. Aus der Nähe erkennt man allerdings ein Dutzend Schnittstellen, wo die Äste bis weit oben fast alle entfernt worden sind, sodass von der Krone ein schmaler Schirm geblieben ist. Der Stamm ist ähnlich schrundig und zerklüftet und ähnlich graudunkel gefärbt wie der Stamm der Eiche ein paar Schritt weiter. Blattstreu, die im Winter helfen könnte, den Baum zu identifizieren, ist nicht zu sehen.

Erlen am Ufer der Wakenitz

Im Vorfrühling besuche ich den Baum wieder und finde die Zweigenden schon im Februar behängt mit langen männlichen Blüten, aus denen gelbbraune Pollenwolken wehen. Die Blattknospen werden sich im Frühsommer öffnen, und die Blätter entfalten dann ihre unverwechselbare Gestalt, eine mollig plumpe Herzform mit Dekolleté. Im Mai und Juni erscheinen sie frisch, hellgrün und fühlen sich ein wenig klebrig an. In früheren Zeiten wusste man diese Klebrigkeit zu schätzen: Junge Erlenzweige wurden in Wohnräumen von der Decke gehängt und auf Schränken und Böden ausgelegt, auf ihren Blättern fingen sich Mücken und Flöhe, ähnlich wie die Stubenfliegen auf dem Fliegenpapier, das in langen Klebstreifen in den Jahren meiner Kindheit allsommerlich über dem Küchentisch von der Decke hing: Glutinosa lautet denn auch der lateinische Beiname der Schwarzerle, die »Klebrige«.

In vergangenen Zeiten ist der Baum vielfältig genutzt worden.

Das Holz der Schwarzerle ist im Wasser fast unverrottbar – Venedig soll zur Hälfte auf Eichen-, zur Hälfte auf Erlenstämmen gebaut sein.

Auch zur Uferbefestigung von Bach- und Flussläufen sind die Wurzeln wie geschaffen; sie halten das Ufer, brauchen aber, im Gegensatz zu Spundwänden aus Stahl, ihre Zeit zum Wachsen. Früher wussten Fischer, dass unter den Wurzeln der Erlen am Ufer Räume sind, in denen Fische Schutz suchen. Die besten Holzschuhe wurden aus Erlenholz geschnitzt, auch viele Möbel sind aus Erlenholz hergestellt worden, denn das Holz ist sehr gut haltbar, wenn es nur vollkommen trocken gehalten wird – in England nannte man Möbel aus Erlenholz *Scottish Mahogany*, Schottisches Mahagoni –, und als Furnier aufgeleimt zeigt es eine feine Maserung, die bei entsprechender Beizung bis zum heutigen Tage manchmal auch als »Kirschholz« gehandelt wird. Der Brennwert des Holzes ist minimal, aber die Holzkohle war begehrt, weil sie enorme Hitze entwickelte, und ist für die Herstellung von Schießpulver unübertroffen; sie wird gelegentlich immer noch für die Produktion von Jagdmunition verwendet. Holzspäne zumal von jungen Erlenstämmen enthalten sehr viel Tannin und andere Farbstoffe; beim Gerben färben sie das Leder rotbraun.

Alnus glutinosa ist einhäusig – männliche und weibliche Blüten wachsen auf ein und demselben Baum – und wird vom Winde bestäubt, »anemophil« ist der Fachausdruck dafür: dem Wind ein Freund. Im Sommer, wenn die Blätter dunkel und trocken werden, sind die Früchte da, eiförmige schuppenbedeckte Zapfen von intensivem Grün. An einem heißen Augusttag messe ich den Umfang des Schwarzerlen-Giganten am Rissener Elbufer. Ein Zwirnsfaden, an einer Nadel befestigt, die ich auf 1,30 Meter Höhe in die Rinde gesteckt und um den Stamm herumgelegt habe, deckt am Bandmaß knapp zwei Meter ab.

Ich lese, dass Schwarzerlen 120 Jahre alt und 30 Meter hoch werden können. Unter den heimischen Bäumen erscheinen sie als Pioniere, denn ihre Stärke liegt darin, dass sie sich an das einst vorherrschende Sumpfland anzupassen und es für alle möglichen Folgepflanzen aufzuschließen verstehen.

Über den Sommer bleiben die grünen Früchte des Baumes geschlossen, schwer wie Murmeln, aber elastisch zwischen Daumen und Zeigefinger. Im Herbst werden sie ihre Verschlüsse öffnen und die Samen aus dem Gehäuse entlassen, winzige rotbraune kissenförmige Gebilde, von denen Tausend auf eineinhalb Gramm gehen. Freund Wind wird sie zum Fluss hinunterwehen, und sie werden auf dem Wasser davontreiben. Die geöffneten Zapfen aber verholzen und bleiben als schwarze Kugeln an den Zweigen, bis auch sie – vielleicht erst nach zwei Wintern – herabgeweht werden.

Erlenblüte

Moritz von Schwind: Elfentanz im Erlenhain

Mit seinem ins Auge fallenden machtvollen Auftritt möchte man den Erlensolitär am Rissener Elbhang kaum für einen typischen Repräsentanten von Alnus halten. Wir haben ein anderes Bild von Erlen vor Augen, da erscheinen sie stets im Plural, nicht als Solitäre, und sie sind von schlanker Vielstämmigkeit, ein Gebüsch, eine Prozession entlang den Ufern von Bächen und Flüssen und Seen und Sümpfen. In ihrem buschigen Laubwerk könnten sich Elfen verbergen, die einen Reigen um die Erlenzweige tanzen, wenn der Nebel über dem Wasser aufsteigt: So hat der Maler Moritz von Schwind den *Elfentanz im Erlenhain* dargestellt, ein Gemälde, auf dem das mythenverbundene und irgendwie weibliche Wesen dieses kleinen Baums zum Ausdruck kommt.

Bei der Recherche nach einem Ort, der unseren Vorstellungen von einem typischen Erlenwald oder Erlenbruch entspricht, taucht der Name des Flüsschens Wakenitz immer wieder auf. Ein Redakteur der *Lübecker Nachrichten* soll die Bezeichnung *»Amazonas des Nordens«* ins Spiel gebracht haben. Obgleich offensichtlich eine Übertreibung, wurde die sprachliche Wendung populär, es gibt Luftbilder mit Ausschnitten von Wasser- und Waldflächen, die tatsächlich an Aufnahmen des Regenwaldes erinnern.

Die Wakenitz verbindet den Ratzeburger See mit der Stadt Lübeck, wo sie in die Trave mündet, auf ähnlich gerader, wenn auch viel kürzerer Strecke (etwa 15 Kilometer), wie der Jordan den See Genezareth mit dem Toten Meer.

Und wie der Jordan war die Wakenitz bis zur Wiedervereinigung ein Grenzfluss, der die DDR von der Bundesrepublik trennte. Deshalb, so wird mit einiger Plausibilität behauptet, seien die Bruchwälder mit den alten Erlenbeständen auf der DDR-Seite der Grenze in eine Art Urzustand zurückgefallen. Um den Erlenwald so zu sehen, wie er dieses Land einmal geprägt haben mag, erscheint die Wakenitz als ideales Ziel für eine Exkursion.

An einem Sommernachmittag besteigen wir am Haltepunkt Absalonshorst die *Melanie Quandt*, ein Schiff der *Wakenitz-Schifffahrt*, die für »Romantikfahrten auf dem Amazonas des Nordens« wirbt. Wir fahren den Fluss hinauf bis 23
nach Rothenhusen am Ratzeburger See und zurück nach Absalonshorst. Der Kapitän, Herr Quandt, verwickelt uns, Hans-Helmut Poppendieck und mich, in ein Gespräch über Bäume. Er ist ein großer, massiger Mann, der mit gleichbleibender Stimme von der Geschichte des Flusses erzählt, dessen Ufer vorbeigleiten. Während er mit einer Hand unablässig am Steuer den Kurs korrigiert, weist er mit der andern nach links:

> **Die lückenlose Wand von Schwarzerlen ist nur auf der ehemaligen DDR-Seite zu sehen, rechts ist der Baumbestand gemischt, hier gibt es neben Erlen Korbweiden, Kätzchenweiden, Eschen und Birken.**

Kapitän Quandt erzählt, die Schwarzerlen seien in den Jahren 1958 bis 1962 allesamt von der Müritz herübergeschafft und als Uferbefestigung angepflanzt worden. Er zeigt auf einen erlenbestandenen Damm, hinter dem an dieser Stelle eine weite Wasserfläche liegt, die ganz von grünen Wänden umschlossen ist: Dort sei bis 1910 Schwarztorf gestochen worden, jene ältere, unter dem Brauntorf gelegene Schicht, die in Formen gepresst als Kohleersatz gebraucht wurde und mit dem Blasebalg auf hohe Temperaturen erhitzt werden kann, wie sie der Brauntorf nie schaffen würde. Deshalb war Schwarztorf das favorisierte Heizmittel der Schmiede und Glockengießer. Natürlich wurde der Torfabstich nach dem Krieg wieder aufgenommen, sodass das Land mit wassergefüllten Gruben übersät ist. Noch etwas anderes gab es am östlichen Ufer, Fischerhorste, kleine Siedlungen mit Namen wie Stovershorst, Gutenhorst, Brunshorst, zwischen denen Ferienkolonien entstanden waren, Neu Brasilien und Neu Kalifornien. Die Gebäude seien in den 50er Jahren alle abgetragen worden, berichtet Herr Quandt, dafür seien dann die Schwarzerlen gekommen.

An diesem heißen Tag ist die Fahrt auf dem Wasser ein besonderes Vergnügen; im bräunlichen Wasser sind die breiten Blätter von Unterwasserpflanzen zu sehen, wir fahren an weißen Teichrosenblüten vorüber, die Zweige der Erlen mit ihren runden und herzförmigen Blättern bilden einen Vorhang, der wenige Zentimeter über der spiegelnden Oberfläche des Wassers beginnt und sich auf immer neue Weise verzweigt. Häufig sind die Äste mit Hopfenranken drapiert, deren weinförmigen Blätter reihenweise die Lücken zwischen den runden Erlenblättern verdecken. Meist läuft ein halbes Dutzend Stämmchen oder mehr aus einem Wurzelknoten am Ufer nach oben, das Wurzelgeflecht darunter liegt offen wie eine Hand über dem Land und hält den Uferboden wie in einem Korb zusammen.

»Da ist jetzt rechts ein Eisvogel«, sagt Herr Quandt über den Lautsprecher, und 30 Passagiere drehen den Kopf und äußern Bewunderung über das blauglitzernde Vögelchen auf dem Weidenzweig. Die alten Griechen glaubten, dass dieser Vogel ein Glücksbringer sei, und mit der Wendung *halcyon days* – die halkyonischen, dem Eisvogel zugeschriebenen Tage – werden im Englischen noch immer die glücklichen Tage der Jugend bezeichnet. Auf der Wasseroberfläche sind hier und da ein paar Enten zu sehen, dann zwei Säger, bräunliche Tauchvögel mit flachen Köpfen und spitzen Schnäbeln, aber sonst keine wild lebenden Tiere, keine Schildkröte – sie sind längst ausgerottet, kein Otter, kein Biber, nicht einmal eine Bisamratte.

> **Es gibt wenig Wildnisartiges, ich sehe keinen einzigen toten Baum, auch nicht auf der östlichen Seite, wo die Erlen alle im gleichen Zeitraum angepflanzt wurden und einen immer noch jungen Bestand gleichen Alters bilden. Ein zahmer Amazonas.**

Dann aber, völlig überraschend, auf der westlichen Seite zwei Nandus, südamerikanische Strauße, im hügeligen Grasland, das hinter den Uferbäumen emporsteigt; auf den vergilbten Wiesen strecken die massigen Vögel reglos ihre langen nackten Hälse empor.

Wakenitz ist ein slawisches Wort, das »Barsche-Bach« bedeutet. Ursprünglich war es ein rasch fließendes, tief ins Gelände geschnittenes Bächlein, das die Schmelzwasser nach der Eiszeit aus dem Ratzeburger See abführte. Im Jahre 1188 nahmen die Lübecker eine erste Aufstauung vor, um den Fluss schiffbar zu machen, mit weitreichenden Folgen, weil auch die Wasserstände von Ratzeburger See und Schaalsee davon beeinflusst wurden. Im Lauf der Jahrhunderte danach kam es zu Auseinandersetzungen mit den Lauenburgern, den Dänen, den Schweden, den Franzosen, es gab Streitigkeiten, Käufe, Verträge und einen ausgedehnten Handel. Noch bis 1957 brachten Lastkähne mit Dampfschleppern Getreide aus Mecklenburg über die Wakenitz nach Lübeck. Erst danach riss man die Siedlungen auf der östlichen Seite ab, legte den Schwarztorf-Abbau still und brachte die Schwarzerlen von der Müritz heran, um das Ufer zu befestigen und jenes menschenleere Grenzgebiet einzurichten, das heute als »Amazonas des Nordens« vermarktet wird.

Auch ich bin in der heimlichen Hoffnung hierhergekommen, Ursprünglichkeit und naturbelassene Landschaft zu finden. Stattdessen stoße ich überall auf Spuren der gesellschaftlichen Nutzung des Landes.

Das Ursprüngliche gibt es vielleicht nur noch als Inszenierung, die das Idealbild einer Natur ohne menschlichen Eingriff vor Augen führen möchte oder sich ungewollt einstellt,

als Folge eines für den menschlichen Zutritt gesperrten Bereichs, etwa des Todesstreifens entlang der DDR-Grenze. Auf jeden Fall haben wir es mit einem politisch bestimmten Verhältnis gegenüber der Natur zu tun. Mit einer Art Politik, die die Natur einschließt und das Bild der Landschaft herstellt; von solchen Entscheidungen hängt die Erscheinung der Bäume nicht viel anders ab, als wäre sie von Architekten geplant worden. So wäre die Gestalt des Landes am Ende auch geformt durch ein vielleicht eher individuelles Verhaltensmuster von Menschen, als Einflussgröße ökonomisch kaum treffend zu fassen, aber doch konkret greifbar in der Art und Weise, in der eine Person über das Land spricht, wie sie über die Geschichte der Bäume erzählt: Die Genauigkeit der Rede belegt die intime Kenntnis des Landes, ein Sich-Einlassen, das nicht ohne Zuneigung zustande kommt.[1]

In der Wissenschaft wiederholt sich ein analoges Verhältnis gegenüber den Gegenständen der Forschung. Die Botanik zum Beispiel wird für die Erkenntnis von Zusammenhängen in Anspruch genommen, die für wirtschaftliche Zwecke nutzbar zu machen sind. Es geht um die Steigerung land- und forstwirtschaftlicher Erträge, die Entwicklung von Medikamenten, um genetische Manipulationen. Derartige Zweckbindungen formen das Geschäft der wissenschaftlichen Forschung, aber deshalb sind sie noch lange nicht das ausschließliche Motiv der Einzelnen, die in der Forschung tätig sind. Unter vielen Botanikern ist die alte Tradition, Gegenstände um ihrer selbst willen zu verfolgen, immer noch lebendig. Dabei kann eine Art Zuneigung oder Besessenheit entstehen, deren Lohn in der Beschäftigung mit den Pflanzen liegt.

Ein Beispiel gibt Carl von Linné selbst, der im Tagebuch seiner lappländischen Reise von der Begegnung mit einer schönen Pflanze berichtet. Am 12. Juni 1732 durchquert er in der Nähe der Stadt Umeå ein Sumpfgelände, findet dort blühendes Heidekraut und notiert dazu:

»Erica palustris pendula, flore petiolo purpureo stand nun in ihrer schönsten Pracht und gab den Mooren einen herrlichen Zierat. Ich sah, wie sie, ehe sie ausschlägt, ganz blutrot ist, aber wenn sie zu blühen anfängt, vollkommen rosafarbene Blätter hat. Ich bezweifle, dass ein Maler imstande ist, auf das Bild einer Jungfrau solche Anmut zu übertragen und ihren Wangen solche Schönheit als Schmuck zu verleihen. Keine Schminke hat das je erreicht. Da ich sie zum ersten Mal sah, stellte ich mir Andromeda vor, wie sie von den Poeten abgebildet wird. Je

mehr ich an sie dachte, desto mehr wurde sie mit dieser Pflanze eins. Denn wenn sich der Poet vorgenommen, sie mystice zu beschreiben, hätte er sie auf diese Art nicht besser treffen können.«[2]

Auf diese Weise ist also der Name Andromeda für die Rosmarinheide entstanden: Als metaphorische Anspielung auf jene Perfektion weiblicher Schönheit, von der die Andromeda-Sage berichtet. Es wäre interessant, derartige Beispiel botanischer Namengebung zu sammeln. Was Andromeda angeht, so fährt Linné in seinem Tagebuch fort, Einzelheiten der alten griechischen Sage mit dem Standort des Krauts in Beziehung zu bringen, die Meeresungeheuer, denen Andromeda geopfert werden sollte, mit Kröten und Fröschen zu vergleichen, und diese Ausführungen mit einer Skizze zu illustrieren.

Einer der Begründer der Wissenschaft der Botanik wandte sich seinen Forschungsgegenständen offenbar mit Freude zu. In der Beschäftigung mit ihnen fand er eine erquickliche Tätigkeit. Möglicherweise liefert diese Seite ihrer Arbeit Botanikern auch heute noch beste Voraussetzungen dafür, glückliche Menschen zu sein.

Im Jahr 98 beschrieb Gaius Cornelius Tacitus in Rom die Landschaften Germaniens mit den Worten: *»Das Land, obgleich in der besonderen Erscheinung etwas verschieden, ist doch im Allgemeinen entweder durch Wälder schauerlich oder durch Sümpfe wüst.«*[3] Noch plastischer und irgendwie abschreckender klingt die lateinische Formulierung: *»Aut silvis horrida aut paludibus foeda.«* Das Land muss über heute kaum noch vorstellbar weite Flächen Sumpf und Moor gewesen sein, ein sozusagen ideales Erlengebiet. Als Drusus, der Sohn des Kaisers Augustus, im Jahre 9 v. Chr. die Mittelelbe erreichte, kehrte er um, statt den Strom wie geplant zu überqueren. Die Elbe war damals in diesem Bereich zwei bis vier Kilometer breit. In ihrem Urstromtal suchten viele kleine miteinander verflochtene Flüsschen von Jahr zu Jahr wechselnde Betten, es war in ganzer Breite von einem kaum zu durchdringenden Dickicht aus Weiden, Pappeln und Erlen bedeckt. Im Lauf der Jahrhunderte wurde das Land Stück um Stück mithilfe von Kanälen entwässert und trockengelegt. Aber eine Karte für Norddeutschland aus dem Jahr 1912 zeigt immer noch eine angesichts dieser ausgiebigen Trockenlegungsbemühungen überraschende Menge verstreuter Moore von zum Teil enormer Ausdehnung.

Heute sind die Landschaften Norddeutschlands nicht mehr durch Sumpf und Moor geprägt,

aber es ist nicht schwer, zumal in abgelegenen Gegenden, einen Erlenbruch zu finden, in dem ein Trupp dieser Bäume trotz der Austrocknung des Landes weiter ihre Funktion als Pioniergewächse wahrnimmt und damit fortfährt, den Boden für nachfolgende Pflanzen fruchtbar zu machen.

Auf Ratzeburger Gebiet, in der Nähe des Dörfchens Salem, nördlich von Dargow, finden wir einen Erlenbruch, der dem Bild vom ursprünglichen Zustand der sumpfigen Gebiete der norddeutschen Ebene entspricht: eine wassergefüllte Senke, die aus der Entfernung wie eine Waldinsel in Gestalt des Buckelschilds einer sehr großen Schildkröte erscheint. Eine Krähe würde den Baumhügel in weniger als zwei Minuten quer überfliegen, von dem Rapsfeld auf der einen Seite zum Brachland auf der anderen. Zu Fuß brauchen wir für den Weg längs um den Bruch fast eine Stunde, aber wir lassen uns Zeit, gehen den sandigen Feldweg zwischen den raschelnden reifen Rapsschoten und dem Knick entlang, der den Zugang zum Wald durch einen kniehohen Wall aus lehmigem Sand mit starken Hainbuchen abgrenzt. Dahinter fällt der Boden rasch zur wassergefüllten Senke ab, man sieht die Stämme von Erlen und Eschen, Hopfenlianen und Schilfgras. Das hügelige Brachland, das die Senke von der anderen Seite umschließt, erscheint wie der Bauch eines Hasen mit weißem Fell überzogen: schulterhohe Eselsdisteln bevölkern das Gelände in Massen und überschatten mit ihren weißflauschigen, zerzausten Fruchtknoten Johanniskraut und Rainfarn. Als wir unseren Weg durch diesen Distelwald suchen, geraten wir unvermittelt an einen kreisrunden Tümpel, der aus der weißen Wolle heraus wie ein Auge in den Himmel hinaufzublicken scheint. Zwei Kraniche schlagen hörbar mit den Flügeln, heben aus dem Wasserloch ab, rudern dicht über die Distelköpfe und ziehen mit raschen Schlägen über die Kimm des Hügels davon.

1912, Die norddeutschen Moore

Es ist heiß, der Wald verspricht Kühlung. Kaum haben wir den äußeren Ring der Bäume – Hainbuchen, Eichen – passiert, stehen wir vor einer Fläche schwarzen Wassers, die den hellen Himmel spiegelt.

Darin die Stämme von Bäumen, ein paar Eschen mit ausgelichteten Kronen, eine Eiche mit windigen Ästen, alle kränklich, aber die Schwarzerlen, dicht an dicht, in voller grüner Pracht mitten im Wasser. Der dunkle Spiegel ist vollkommen klar, zwischen den aus dem Wasser ragenden Stämmen und ihren Spiegelbildern gibt es keinen Unterschied an Präzision und Klarheit. Aber ab und zu läuft eine Bewegung über den Wasserspiegel, als ob er an einem Punkt von innen mit einem spitzen Objekt berührt würde, die perfekte Ruhe ist dann punktuell gebrochen, konzentrische Kreise laufen nach außen, bis sich das Schwanken verliert und der Eindruck vollkommener Unberührtheit sich wieder einstellt.

Durchstoßen wird der dunkle Spiegel vom Gestänge der Bäume und von Inselchen weiterer Stämme, die drapiert sind mit Lianen von Hopfen und süßem Nachtschatten und besetzt mit Versammlungen säbelförmiger Blätter der Iris und florettförmiger der Winkelsegge.

Die Vegetation mutet irgendwie tropisch an, sodass man kaum überrascht wäre, an der Peripherie ein Krokodil zu sehen, das reglos wie einer der Baumstämme dort liegen könnte, oder wenigstens eine Sumpfschildkröte, wie sie hier noch in historischer Zeit heimisch war.

Aber die Tiere, die den Prozess der anthropogenen Transformation des Landes überstanden haben, sind viel kleiner. Auf dem feuchten Sumpfboden wimmeln Massen von dunkel glänzenden Fröschen umher, jeder kaum größer als ein Daumennagel, und die Luft ist vom singenden Geräusch der Mücken erfüllt. Ein Biss durchzuckt wie Feuer die Nervenbahnen, als Reflex ein Schlag nach der Schnake auf dem Unterarm; unter den Fingern das Gefühl, etwas Weiches mit härteren Teilen zu fassen, und die Anmutung eines kurz knirschenden Geräusches; diese Sinnesempfindungen sind auf einen Schlag wieder so gegenwärtig wie die Mischung aus Genugtuung und Bedauern, die sie begleiten.

Dass Schwarzerlen mitten im Wasser leben und gedeihen können, hängt damit zusammen, dass sie nicht darauf angewiesen sind, über die Wurzeln aus dem Boden Stickstoff aufzunehmen. Sie leben in Symbiose mit einem Bakterium, *Frankia alni*, das viele Knollen an den oben liegenden Wurzeln der Erle bildet. Dieses Bakterium bindet Stickstoff aus der Luft – 78 Prozent der Luft bestehen aus Stickstoff – in Knollen, die klein sein können wie ein Stecknadelkopf oder groß wie eine Kartoffel. Ein einträgliches Geschäft, finde ich, nachdem ich einmal die Knollengirlanden und Knollenvorhänge im Netzwerk einer Erlenwurzel gesehen habe. Der Baumorganismus greift den Stickstoff dort einfach ab und nimmt ihn in sich auf. Im Gegenzug versorgt die Erle das Bakterium mit Kohlenstoff, den sie mittels Fotosynthese herstellt. In der Fachliteratur schwanken die Angaben über den geschätzten Stickstoffgewinn zwischen 125 und 200 Kilogramm pro Hektar, was jedenfalls einer landwirtschaftlichen Volldüngung ziemlich nahekäme.

Der Baum selbst ist derart reichlich mit Stickstoff versorgt, dass er es nicht nötig hat, daran zu sparen. Andere Laub abwerfende Bäume trennen sich im

Herbst von ihren Blättern, indem sie am unteren Rand der Blattstiele jeweils eine feine Korkschicht bilden, die das Blatt von den Versorgungsleitungen abschneidet. Der Wind bricht das Blatt an dieser vorvernarbten Stelle vom Ast. Vorher aber entziehen die Bäume über ebendieselben Versorgungsleitungen ihren eigenen Blättern den Stickstoff. Deshalb die gelbe und rote Färbung: Die Farben sind gewissermaßen schon immer da, verborgen unter der grünen Chlorophyll bildenden Schicht, die vom Organismus des Baums vor dem kleinen Tod des Winters wieder zurückgenommen wird, weil der darin enthaltene Stickstoff von überlebensnotwendiger Kostbarkeit ist. Wahrscheinlich besteht ein Zusammenhang zwischen der Stickstoffarmut des Bodens und der Herbstfärbung der Bäume. Je ärmer der Boden, umso bunter die Farben. Die Ahornwälder auf den armen Granitböden Neuenglands zeigen jedenfalls allherbstlich gelbe und rote Farbtöne von einer Intensität, die uns Europäer geradezu irreal anmutet.

Erlenbruch bei Salem

Der Ahorn entzieht seinen Blättern auch das letzte Restchen Grün, bevor er sie dem Wind überlässt.
Die Schwarzerle hingegen kann es sich leisten, auf derart kleinliche Rücknahmeaktionen zu verzichten.

Ihre Blätter fallen vollkommen grün, und sie sind immer noch voller Stickstoff. Die kleinen Organismen im Boden, die ihr Leben damit fristen, dass sie die Laubstreu zersetzen – Collembolen (Springschwänze), Enchyträen (Wenigborster), Mückenlarven, Asseln, Ringelwürmer und vieles andere – finden in den Erlenblättern das reichste Nahrungsangebot und machen sich sofort über den Leckerbissen her. Deshalb findet man im Winter unter Erlen keine Blätter mehr, sie sind alle bereits gefressen und in fruchtbaren Boden umgewandelt worden.

Wahrscheinlich stammen Pflanzen, die auf hohe Stickstoffgaben angewiesen sind, ursprünglich aus Erlenbruchwäldern. Das gilt für Hopfen, Brennnessel und für den Löwenzahn: Der Löwenzahn, in diesen Zeiten des Düngemittel- und Stickstoffüberflusses die Allerweltspflanze schlechthin, ist ein Auswanderer vom Erlenbruch! Aber auch seltene Pflanzenarten sind an dieser alten Quelle immer noch in größerer Zahl versammelt als an irgendwelchen anderen Orten des Landes. Es gibt 70 Großpilzarten, die im erlengeprägten Raum zu finden sind, ausschließlich dort zum Beispiel der Erlen-Schillerporling; auf den Stämmen der Bäume siedeln Moose und Flechten, von denen einige nur hier gedeihen; für mehr als 150 Insektenarten, die Hälfte davon Schmetterlinge, ist dieses Gelände der angemessene Lebensraum. Die ökologische Wirtschaft der Erle umfasst mehr symbiotische Verhältnisse als die anderer Bäume, es sind allein 47 verschiedene Pilzarten gezählt worden, die zu ihrer Mykorrhiza gehören. Hierbei geht es um den Austausch von solchen Nährstoffen, die einer der beiden Organismen – Erle oder Pilz – allein nicht zu produzieren vermag.

Der besondere Raum, der dort entsteht, wo stagnierendes Wasser von Schwarzerlen bewachsen wird, ist der artenreichste Lebensraum in unseren Breiten.

Wem bei dem Wort »Regenwald« vor allem die Artenvielfalt in den Sinn kommt, wird die Bezeichnung »Amazonas des Nordens« für diese Bruchwälder vielleicht doch nicht völlig abwegig finden: Übertrieben ganz sicher, denn die Artenvielfalt der Tropen ist ja ungeheuer, aber im Vergleich zum Rest unseres Landes ist der relative Reichtum auf markante Weise bezeichnet, den dieser Baum um sich herum entfaltet hat.

Fotografierend habe ich mich am Ufer des stehenden Wassers entlang durch den Erlenbruch bewegt, ich finde immer neue faszinierende Blickwinkel des Spiels aus dunklem Wasser und hellem Licht, durchbrochen von der Kalligrafie der Stämme und den hingetüpfelten grünen Blättern. Der Wald fällt aus dem Rahmen der Wälder, die ich kenne, so weit heraus, er entzieht sich dem forstwirtschaftlichen Kalkül so vollkommen, dass ich ihm den Namen Zauberwald gebe. An einer Stelle führte vor Jahren ein aufgeschütteter Damm durch das Wasser. Der Ansatz der Aufschüttung ist an der Wasserkante zu sehen, Bruchstücke von Ziegelsteinen und Mörtelresten liegen auf dem schwarzen Schlamm, gleich dahinter die Wasserfläche, die den Rest des Weges verschluckt hat. Dass sich der Zauberwald hier etablieren konnte, hängt womöglich mit den Regenmassen der Vergangenheit zusammen, so vermute ich: Die feuchte Senke ist vollgelaufen, und jetzt, nachdem Eschen und Eichen im aufgestauten Wasser absterben, bestimmt die Schwarzerle das Bild und richtet den Erlenbruch ein. Aber dann stoßen wir auf der gegenüberliegenden Seite auf eine Linie älterer Erlen. Sie sind gleichen Alters, vielleicht 50, vielleicht 60 Jahre alt, offenbar angepflanzt und später zur gleichen Zeit gekappt, sie haben aus der Mitte unter dem Stumpf herum stangenartige Stämme ausgetrieben, die eine Art Nest bilden. Ich zähle beim ersten Baum acht Stangen von ganz unterschiedlichem Umfang, beim zweiten zehn, beim dritten neun. Ihre Wurzeln liegen an der Kante bloß und halten den lehmigen Sand darunter wie ein korbartiges Geflecht. Die Kante liegt einen ganzen Meter oberhalb des Wasserspiegels. Sie muss aber, so nehme ich an, die alte Uferlinie dieses Gewässers markieren. Das Wasser, das vor vielleicht 40 oder 50 Jahren bis zu dieser Höhe stand, war damals ein ziemlich tiefer Teich oder Tümpel. Kein Baum konnte darin wurzeln, auch nicht die Erlen, die zum Überleben wenigstens mit dem oberen Wurzelbereich an die Luft reichen müssen. Am Ufer, vielleicht auch auf ein paar verlandeten Stellen inmitten des Teiches, wuchsen damals neben den Erlen auch Eschen und Eichen. Später fiel der Wasserspiegel, wahrscheinlich ein Trockenlegungs- und Landgewinnungs-Projekt, ein Weg wurde aufgeschüttet, und die Bäume wanderten in das trockengefallene Land ein. Dann der erneute Anstieg des Wasserspiegels, bei dem nur die Erlen überleben können, vielleicht eine sogenannte Renaturierungsmaßnahme.

Erlen an der Wakenitz

Um die Sumpfgebiete trockenzulegen, die in Deutschland ursprünglich vorherrschten, und dadurch neue Flächen für die Landwirtschaft zu gewinnen, wurden im Lauf der Jahrhunderte in immer neuen Anläufen Entwässerungskanäle angelegt.

In der Nähe meines Wohnorts im Wendland liegt die Lucie, ein 1800
Hektar großes Naturschutzgebiet, ein alter, wegen des Stauwassers 85
ehemals kaum zugänglicher Bruchwald.

Das Netz schnurgerader Kanäle, das – vermutlich im 19. Jahrhundert – angelegt wurde, war bis vor zwei Jahren zur Sommer- wie zur Winterzeit mit schwarzem Wasser bis zum oberen Saum der Gräben gefüllt. Die Reste der Moore, wo früher Torf abgebaut worden war, bildeten Tümpel im Wald, dessen Name Lucie wohl noch von den wendischen Bewohnern stammt. Das Gelände war einst, so stelle ich es mir vor, ein ausgedehnter Erlenbruch, ähnlich wie der Spreewald mit seinen sorbischen Bewohnern, der auch heute noch als riesiges Erlenbruchgelände erscheint. Derartige einst für die gesamte norddeutsche Tiefebene charakteristischen Geländeformen aus Moor, Sumpf und von Wasseradern durchzogenen Bruchwäldern sind innerhalb des Urstromtals der Elbe immer noch zu finden. Selbst nach den über Jahrhunderte vorangetriebenen Eindeichungen und Kanalanlagen gibt es in dieser Talebene Altarme und Seen und Wasserlöcher. Oft sind sie zu Erlenbrüchen mutiert und aus der Ferne mit ihrer typischen Buckelform zu erkennen. Vielleicht letzte Reste einer in diesen Jahren im Verschwinden begriffenen Bruch- und Sumpflandschaft, denn Dürre und Austrocknung greifen rasch um sich, rascher, als man es noch vor zwei Jahren für möglich gehalten hätte. So haben beispielsweise die beiden Jahre 2018/19 die Entwässerungskanäle in der Lucie völlig austrocknen lassen. Die Forstverwaltung hat inzwischen veranlasst, dass diese Kanäle und die trockengefallenen Gräben etwa in dem in der Nähe gelegenen Seybruch und an vielen anderen sumpfigen Geländestellen im Urstromtal zugeschüttet und eingeebnet werden, damit die Wurzeln der Bäume eher wieder nassen Boden erreichen.

Erlen mit einem »Käfig« aus neuen Stubben

Seit Anfang des 21. Jahrhunderts breitet sich eine neuartige Krankheit aus, die von einem pilzähnlichen Organismus namens *Phytophthora* herrührt und zumal entlang den fließenden Gewässern an Bächen und Flüssen zu einem Erlensterben führt, dessen Symptome zuerst am unteren Ende des Stamms sichtbar werden, wo sich schwarzbraune Flecken stammaufwärts ausdehnen und in kurzer Zeit zu großen, stark nässenden Teerflecken anwachsen. Die Blätter befallener Bäume sind klein und vergilbt, die Zweige entlauben sich, sodass erkrankte Erlen schon von Weitem an den toten Ästen zu erkennen sind.

Einzelne Bäume sterben binnen Monaten ab, andere kümmern jahrelang vor sich hin. Der Schaden ist stellenweise enorm, in Berichten taucht die Angabe auf, dass bis zu 80 Prozent der Bäume in bestimmten Beständen befallen seien.[4]

Phythopthora alni ist unter den sogenannten Eipilzen eine neue Erscheinung, beobachtet zuerst Anfang der 1990er Jahre in Südengland. Die Sporen dieses Organismus bewegen sich mithilfe von Geißelhärchen im Wasser und sind in der Lage, aktiv feine Wurzeln oder wunde Stellen am unteren Stammende von Erlen aufzusuchen. Dort treiben sie schlauchartige Keime und wachsen dann ins Gewebe des Baumes. Das Myzel breitet sich aus, und *Phythophthora alni* beginnt, den Wirtsbaum von innen zu zerstören. Natürliche Feinde dieses Eipilzes – etwa ein Virus oder ein Bakterium – sind nicht bekannt und wahrscheinlich noch nicht in der Welt. So beschränkt sich die Bekämpfung des Erlensterbens auf das Ausräumen befallener Bäume und die hygienische Überwachung von Neupflanzungen. Eine bessere Chance davonzukommen haben Bäume an rasch fließenden oder stehenden Gewässern und Bäume in Lagen mit frostigen Wintern. Der *Phythophthora*-Befall hat aber auch nach zwei bis drei Jahrzehnten, seit der Pilz zum ersten Mal beobachtet wurde, nicht zur Einstufung der Erle als gefährdeter Baum geführt. Ich hoffe, dass weder dieser Pilz noch die fortschreitende Austrocknung der nassen Landschaftsteile *Alnus glutinosa* den Garaus machen wird – Restbestände, allemal an den Ufern von Gewässern, werden bleiben.

Als ich sieben und acht Jahre alt war, führte mein Schulweg an zwei großen Teichen vorbei, die in dem Park zwischen der Außenseite der alten Stadtmauer und der Nordschule in Bad Hersfeld lagen.

Im Wasser, nur ein paar Meter vom Ufer entfernt, war ein Inselchen, das aus lauter aufstrebenden Erlenstämmen bestand und nur von ihren Wurzeln zusammengehalten wurde.

Ich hockte oft am Ufer und sah den Enten zu, die zwischen diesen Wurzeln mit ihren Schnäbeln herumsuchten. Die dunkle verwurzelte Schicht zwischen Wasseroberfläche und Grasnarbe faszinierte mich. Wahrscheinlich trat dort etwas zutage, das mich anlockte als Zugang zu einer verborgenen Welt. An dieser Stelle wurden nicht nur die Wurzeln der Erlen sichtbar, sondern etwas anderes, Geheimnisvolles. Heute meine ich dies offenbare Geheimnis als eine Aufschluss des »Wilden« verstehen zu können. Es begegnet mir immer wieder an der amphibischen Grenze zwischen dem nassen und dem trockenen Element. Dort markiert es den Bereich des Wilden, das selbst dann jenseits unseres menschlichen Einflusses besteht, wenn das Gewässer von Menschen angelegt und die Reihe Erlen von Menschen gepflanzt wurde, um das Ufer zu befestigen.

Der Baum drückt eine besondere Form des Wilden aus, er hat die Organismen in seiner Nachbarschaft von der Stickstoffdüngung profitieren lassen, lange bevor wir darauf kamen, die Erträge unseres Landbaus mit entsprechenden Düngemitteln zu steigern.

An den Rand gedrängt durch die Trockenlegung der Landschaft und neuerdings durch die ebenfalls von Menschen verursachte Veränderung des Klimas erinnern seine Bestände an vergangene Zeiten.

Aber überall, wo ich den Baum finde – ob in einem ausgetrockneten ehemaligen Erlenbruchwald oder entlang den Feldwegen an den Wasserlöchern und Altarmen hier im Urstromtal oder an der Pferdebucht eines rasch fließenden Bachs in der Heide, entlang der Wakenitz bei Lübeck oder hoch am Elbhang des Falkensteiner Ufers bei Hamburg – finde ich auch ein Abbild jener anderen, geheimnisvollen Welt, der ich als Junge am Ententeich in Bad Hersfeld begegnet bin. *»In Wildness is the Preservation of the World«*, lautet einer der am häufigsten zitierten Sätze Thoreaus. Dass die Rettung, der Fortbestand der Welt im Wilden liege, dass demzufolge die Hoffnung für unsere Zivilisation darin besteht, das Andere der Natur, das Wilde, zu erhalten: Wem erschiene diese Sicht der Dinge nicht attraktiv? Dass die Zivilisation damit fortfährt, die Erde für wilde Pflanzen und Tiere und am Ende in einer Art ungewollten Selbstmords auch für uns Menschen selbst unbewohnbar zu machen, ist die dunkle Seite der gleichen alten Münze.

Vielleicht hängt die seltsam melancholische Stimmung über Erlenwäldern weniger mit Elfentänzen, Erlkönigen und der amphibischen Atmosphäre über den Wassern zusammen als damit, dass wir den Anspruch der ursprünglich wilden Welt vernehmen und wissen, dass er vergeblich ist.

Frau Holles Medizin: HOLUNDER

Von Helmut Schreier

Wer sich an eine Kindheit draußen erinnert – stets auf der Suche in der Welt der Dinge und Pflanzen –, hat vielleicht den Geruch des Holunders noch in der Nase: den aufwölkenden, bittersüßlichen Duft, sobald du auch nur die Blätter eines Zweigs streiftest, *das* Kennzeichen dieses besonderen Strauchs und Bäumchens. Auf seinem krummen Stamm und den verwinkelten Ästen standen kerzengerade zum Himmel strebende Zweige, und es war verlockend, aus dieser Serie eigens zugerichteter Angebote einen Pfeil herauszuschneiden, die graue, warzige Rinde in langen Streifen abzuziehen und den weißen, gewichtslosen Schaft als Pfeil vom selbst gebauten Bogen (aus Haselnussrute und Bindfaden) abzuschießen. Doch er zerbricht gleich. Unbrauchbar als Pfeil ist er als Blasrohr bestens geeignet. Man muss nur mithilfe schmalerer Zweige das weiße, an Watte erinnernde Mark herausschieben, mit dem der Hohlraum im Innern ausgefüllt ist. Rasch hatten wir es heraus, wie solch ein Blasrohr zu benutzen ist: Eine Handvoll von noch grünen Holunderbeeren in den Mund genommen und einzeln mit einem Luftstoß ähnlich wie beim Spucken durch das Rohr gepresst ließ uns im Handumdrehen zu Amazonas-Indianern werden, die mit ihren Blasrohren in Curare getränkte Bolzen auf feindliche Eindringlinge schießen.

Dass man die Holunderbeeren nicht verschlucken sollte, weil sie Sambunigrin enthalten, eine Substanz, aus der sich Blausäure abspalten kann, erfuhren wir erst später. Wir fanden den Geschmack ohnehin widerlich und hätten sie höchstens aus Versehen verschluckt.

Die gesamte Erscheinung des Holunders war, so scheint mir, Kindern damals besonders nahe, näher jedenfalls als den meisten Erwachsenen. Selbst der ausgewachsene Strauch mit fünf oder sieben Meter Höhe war für uns leicht zu beklettern, der direkt an der Hauswand wie der beim Komposthaufen am Gartenzaun, der am verlassenen Hühnerstall oder der gleich neben der Feldscheune, und auch die Holunderbäumchen in den Buschreihen und Baumgruppen entlang des Waldrands. Oft trifft man das Gewächs genau an solchen Stellen, an denen sich Kinder herumzutreiben pflegen – damals jedenfalls, in den Nachkriegsjahren. Dabei muss sich dann bei mir jene Vertrautheit eingestellt haben, die immer wieder im Juni einen heimatlichen Moment hervorruft, sobald ich von der Autobahn aus durchs Seitenfenster unter all der Vegetation blühenden Holunder sehe.

Die weißen Blütenteller inmitten des kräftig-buschigen Grüns machen attraktive Gebinde, die bei einer Landpartie zwischen Himmelfahrt und Pfingsten an überraschend vielen Stellen erscheinen wie Blumensträuße. Uns erinnern sie an Illustrationen aus der Zeit des Jugendstils, aber auch an die demnächst bevorstehende Freude des Blütensammelns. Die Blütenteller, mit denen Holunder von oben bis unten bestückt ist, geben sich – aus der Nähe betrachtet – als Ansammlungen winziger Blüten mit jeweils fünf Blütenblättchen zu erkennen. Auf manchen Bäumen sind sie strahlend weiß wie frisch gefallener Schnee, auf anderen cremefarben wie Vanilleeis. Mal erscheinen sie schmächtig und ausgedünnt, mal breit und voll (und diese pflücken wir am liebsten, um sie mitzunehmen).

Immer bilden sie Muster von fünfstrahligen Schirmrispen, die bei den jungen Blüten in der Form eines umgedrehten Tellers aufrecht stehen, bei älteren wie erschlafft nach unten hängen.

Die doldenartige Erscheinung wird von Botanikern auch Trugdolde genannt. Im Unterschied zur Dolde, bei der die Hauptachse an einem Punkt in viele Seitenachsen einmündet, läuft die Hauptachse bei der Trugdolde noch ein Stück weiter und trägt selbst auch noch eine Blüte, die tatsächlich als erste des gesamten Blütentellers aufblüht.

Aus den mitgebrachten, zart- und wohlduftenden Blütentellern bereiten wir einen köstlichen Holunderblütensirup, der – gemischt mit Wasser – ein Erfrischungsgetränk mit raffiniertem Geschmack, oder – gemischt mit Sekt – den bekannten »Hugo« ergibt. Auf einen Liter abgekochtes und noch heißes Wasser kommen der Saft von zwei Zitronen und zwei in Scheiben geschnittene Biozitronen, obendrauf und eingetaucht 25 schöne, frisch geerntete Dolden vom Holunder. 24 Stunden ziehen lassen. Ich helfe Elisabeth, der ich schon beim Sammeln der Blüten zur Hand gegangen bin, bei dem anschließenden Durchseihen der Flüssigkeit durch ein zwischen vier Stuhlbeinen aufgespanntes Tuch in einen Topf. Dabei kommt mir der Gedanke, dass »Hugo« vielleicht deswegen so beliebt ist, weil der Geschmack des Holunders viele an ihre Kindheit erinnert und obendrein den Bonus des seinerzeit unerreichbaren Sekts enthält. In den Topf füllt Elisabeth anschließend ein ganzes Kilogramm Zucker – keinen Gelierzucker, kocht den Sirup auf und befüllt drei oder vier kleinere, verschließbare Flaschen mithilfe eines Trichters. Wahrscheinlich würde der Sirup länger als ein ganzes Jahr unverdorben halten, würden wir ihn nicht vorher verbrauchen.

Trugdolden

»Flieder« hat man den Holunder auf Deutsch genannt, bis dieser Name auf Syringa übertragen wurde, den Blütenstrauch, der sich seit dem 18. Jahrhundert in deutschen Gärten rapide verbreitete. *Fläder* heißt Holunder im Schwedischen immer noch, und Fliedertee heißt der Holundertee hierzulande. Und Norddeutschen ist die Fliederbeersuppe aus Holunderbeeren bestens vertraut. Das lateinische *Sambucus* soll aus einem griechischen Wort hervorgegangen sein, das »Flöte« bedeutet. Elisabeth erklärt, dass sie sich als Kind aus dem gleichen Schaft eine Holunderflöte baute, den wir Jungen kriegerisch als Blasrohr nutzten. Aus den alten Bezeichnungen Holler, Holder, Huskolder klingt allerdings ein Echo von Holunder, und man mag es auch im englischen *elder* vernehmen.

Die Gattung mit Namen Holunder umfasst zwei Dutzend verschiedene Arten und gehört zur Familie der Geißblattgewächse.

Die verschiedenen Arten sind in Europa, Asien und Amerika weitverbreitet, kommen aber sogar in Afrika und Australien vor. Die nordamerikanischen Indianer sollen den amerikanischen Holunder, *Sambucus canadensis*, als Heilmittel gegen Erkältungskrankheiten genutzt haben, unser europäischer Schwarzer Holunder, *Sambucus nigra*, wurde hierzulande wahrscheinlich schon vor 3000 Jahren von Ackerbauern gehegt, die seine Blüten und Früchte als Medizin haben wollten. Sie müssen die schweißtreibende, entzündungshemmende, schmerzlindernde, gegen Erkältung vorbeugende Wirkung der Blüten und Früchte gekannt haben, deshalb pflanzten sie den Baum an. Vielleicht kochten sie die Beeren in irdenen Töpfen über einem Feuer und seihten die Brühe durch ein Tuch, um die Steine zu entfernen, vielleicht trockneten sie die Beeren und brühten sie mit heißem Wasser auf, um den Tee zu trinken.

Darauf deuten Funde von Holundersamen in der Nähe menschlicher Behausungen der Jungsteinzeit hin, die in der Schweiz und in Oberitalien ausgegraben wurden. Die Heilanwendungen, die Hippokrates im 4. vorchristlichen Jahrhundert zu dieser Pflanze gab, oder die Aufzeichnungen des Theophrast aus dem 3. vorchristlichen Jahrhundert lagen da noch in der Zukunft.

Die Trugdolden der Blüten gehen Anfang September – bestäubt von Hautflüglern, obgleich auch durch Selbstbestäubung – in Fruchtstände über, und die schweren Rispen mit den Holunderbeeren ziehen die Zweiglein nach unten.

Die Beeren sind kleine Steinfrüchte, glänzend schwarze Kugeln von etwas mehr als einem halben Zentimeter Durchmesser und mit jeweils drei winzigen Samensteinen. Roh kann man sie nicht essen, enttäuschend damals für das Kind, das beim Sammeln mit Mutter und Geschwistern draußen an der Holunderhecke mithalf. Die Himbeeren, die Heidelbeeren hatten ihm noch vor Kurzem, so schien es, ihre Köstlichkeiten zum Zugreifen und Essen angeboten, aber Holunderbeeren sind nicht nur ungenießbar, sie geben auch zu tun: Man muss darauf achten, die grünen auszulesen, weil sie noch unreif sind, und später müssen die groben Stiele von den Rispen abgezupft werden. Wohlbegründete mütterliche Vorsichtsmaßnahmen: Das Mindeste, was die grünen Teile im Bauch auslösen würden, wäre ein heftiger Durchfall. Aber dann kommt die Saftherstellung mit dem Dampfentsafter, aufwendig und ziemlich abfärbend und auch nicht ganz ungefährlich, aber so interessant! Der Wasserdampf bringt die Beeren zum Platzen, und der herausfließende Saft wird über einen Gummischlauch mit Glasrohr und Klemme abgelassen und in Flaschen gefüllt. Man muss den richtigen Zeitrahmen abpassen, der Dampf muss sehr heiß sein, aber das Bedampfen der Beeren darf nicht zu lange dauern, um eine gute Qualität zu erhalten. Der Saft, der aus dem Gummischlauch quillt, ist kochend heiß, ich erinnere, dass ab und zu eine Flasche beim Abfüllen zersprang.

Fruchtstände

Die Erhitzung der Holunderbeeren durch den Dampf ist enorm, ähnlich wie die Zubereitung von Kaffee in einer Espressomaschine. Diese Hitze zerstört das giftige Sambunigrin, und wenn die Flaschen gefüllt sind, hat man einen Vorrat, um den Winter über die gesündeste und wohlschmeckendste Fliederbeersuppe zu kochen. Was ist da nicht alles drin: Vitamin A, Vitamin B, Riboflavin, Niacin, Vitamin C und der schwarze Farbstoff Sambucyanin, ein Flavonoid, das Krebs, Diabetes und verschiedenen Herz-Kreislauf-Erkrankungen vorbeugen soll; hohe Mengen Aminosäuren und Phenylacetaldehyd, ein ätherisches Öl, das die Schleimhäute pflegt; auffallend viele Mineralstoffe wie Calcium, Magnesium, Kalium.

Frische oder getrocknete Holunderblüten, einfach mit heißem Wasser übergossen, ergeben übrigens ebenfalls einen wohlschmeckenden Tee, dessen Vitamingehalt weit über dem der Beeren liegt. Eine Antwort darauf, wie das Wissen über die Zerstörbarkeit des Pflanzengifts durch Erhitzen in die Welt gekommen ist, wird man kaum ermitteln können. Aber die Ambivalenz des Schwarzen Holunders muss schon vor langer Zeit von den Menschen durchschaut worden sein:

Er ist wirklich giftig, und er heilt tatsächlich, beides ist in ihm, das heilende und das zerstörende Element.

Andere Pflanzen wie die Eibe enthalten ein starkes Gift, das zum Tode führen kann, das aber durch noch so viel Kochen nicht in ein Heilmittel zu verwandeln ist. Der Holunder dagegen ist giftig und heilend in einem.

Es gibt einen wohlbekannten Text, dessen innere Struktur der Doppelwertigkeit des Holunders – schwarz und weiß, giftig und heilend zugleich – auf überraschende Weise entspricht, wie sich bei genauer Betrachtung herausstellt. *»Eine Witwe hatte zwei Töchter, davon war die eine schön und fleißig, die andere hässlich und faul«*

– mit diesem programmatischen Satz beginnt das Märchen von Frau Holle in der von den Brüdern Grimm niedergeschriebenen Fassung. Seltsam, dass der Holunder in diesem Text an keiner Stelle erwähnt wird, wo er doch der mit Frau Holle verbundene Baum ist – schon der Name des Baumes deutet diese Verbindung an. Stattdessen kommt ein Apfelbaum voll reifer Äpfel vor, der geschüttelt sein will. Die erste der beiden Töchter findet sich nach ihrem verzweifelten Sprung in den Brunnen – möglicherweise ein misslungener Selbstmordversuch – auf einer Wiese wie in einer anderen Welt, die hinter den Spiegeln liegt, schüttelt den Baum und trägt die Äpfel auf einem Haufen zusammen. Die zweite, die ihr mit Berechnung nachstrebt, nachdem die Schwester goldbedeckt zurückgekommen ist, geht dem Baum mit den Äpfeln aus dem Weg: »Es könnte mir einer auf den Kopf fallen.« In dem Fleißtest spielt der Baum eine ähnliche Rolle wie der Backofen mit den ausgebackenen Broten: *»Tut was!«*, scheint er den Passanten zuzurufen. Ich stelle mir das Märchen mit den vier Frauen – der Witwe, ihren beiden so unterschiedlichen Töchtern und Frau Holle – als einen Webteppich vor, der nach den einzelnen Phasen der Geschichte mit Brunnen, Ofen und Apfelbaum einen großen Holunder sichtbar werden lässt, der die einfache Idee des Ganzen zum Vorschein bringt, dies »Sowohl als auch«, das die naheliegende didaktische Interpretation etwas verwischt.

Auffällig an dem Märchen ist vor allem der erhobene Zeigefinger: Es mahnt uns Zuhörer, stets fleißig zu sein und das zu tun, was die Chefin verlangt oder auch das, was getan werden muss. Dies aber setzt voraus, dass man es versteht, den Anspruch der Dinge zu vernehmen, die danach verlangen, dass dies oder jenes gleich zu tun ist, so wie die ausgebackenen Brote im Backofen oder die reifen Äpfel am Apfelbaum.

Eugen Drewermann entfaltet in seiner Deutung einen noch tieferen Sinn, das Faulenzen ist ihm zufolge die sündhafte Weigerung, das Leben selbst anzunehmen mit dem, was es an Verzweiflung und Abgründigkeit für uns bereithält.[1] Aber man fragt sich auch bei seiner Lesart, ob die Wahrnehmung der alten Erzählung durch die Ansprüche von Didaktik und Moralerziehung nicht getrübt sein könnte.

Eine mögliche andere Sichtweise stellt die strukturelle Analogie zum Holunder als dem Baum der Frau Holle in den Mittelpunkt:

> So, wie der Holunder erst die leuchtend weißen Blüten
> und dann die pechschwarzen Beeren trägt, ruft der Hahn zuerst:
> *»Unsere goldene Jungfrau ist wieder hie«*, und danach:
> *»Unsere schmutzige Jungfrau ist wieder hie.«*

Wohin kommt man auf diese Weise, wenn man sich also nicht moralisierend in die Unterschiedlichkeit der beiden Schwestern vertieft, sondern ihre Ähnlichkeit aufgreift? Beide sind Töchter einer Mutter; ein wenig rätselhaft heißt es von der späteren Pechmarie, sie sei *»die rechte«*, denn eine Stiefmutter – diese typische Figur der Grimm'schen Märchen – taucht hier gar nicht auf. Beide heißen Marie, und die Geschichte erzählt, wie Marie B Punkt für Punkt das Gleiche begegnet wie Marie A, und jede reagiert ihrem Naturell entsprechend vollkommen anders als die andere. A ist eben *»schön und fleißig«* und B *»hässlich und faul«*; *»Tu was!«* ist das Motto der einen, *»Tu nix!«* das der andern; am Ende ist A mit Gold und B mit Pech bedeckt. Der Verlauf erweist sich als absehbar im Sinne einer hermetischen Sache, bei der beide das tun, was sie tun müssen. Unter dieser Perspektive gewinnt die Geschichte ein eher tragisches Moment als das auf den ersten Blick naheliegende didaktische Muster; tragisch im ursprünglichen Sinn des alten griechischen Theaters, als schuldlos schuldig.

Der Verzicht auf ein Didaktisieren öffnet den Ausblick auf einen Horizont, in dem Frau Holle Gold und Pech womöglich nach eigenem Gutdünken verteilt, sie hat die Macht, zu heilen und zu vernichten, ganz ähnlich, wie dies ja auch im Holunder mit seiner heilsamen und krank machenden Kraft angelegt ist. Und diese Ambivalenz, die mit der heidnischen Quelle der Überlieferung zusammenhängen mag, bleibt auch in der christlichen Auseinandersetzung erhalten: Hulda, die venusgleiche Gottheit, wird von manchen Interpreten mit dem Wort Hölle in Verbindung gebracht, und gleichzeitig erkennen sie in der auf die Heilige Maria bezogenen Redeweise von »unserer lieben Frau«

ihre ins Christliche übertragene Gestalt. So umschließt diese changierende Gestalt beides, das Glück der Liebe und das Pech des Leidens, und von den Trugdolden der Holunderblüten rieseln im Frühsommer schneeweiße und cremefarbene Blütenblättchen, und die schwarzvioletten Beeren aus den Kloaken der Vögel bekleckern im September die Blätter des Baums und die Steine unter den Ästen. Aber der pechfarbene Farbstoff Sambucyanin enthält die wichtigsten heilsamen Substanzen, die Pechmarie ist mit der Goldmarie aufs Engste verwandt. Frau Holles Huld erscheint, ein Lächeln im Holunderbaum.

Holunder

In der Chinesischen Medizin wird der Holunder übrigens beiden Elementen, Yin und Yang, zugeordnet: *»Yin-Elemente sind die Früchte im Herbst, die dunklen Beeren, der bittere Beerensaft und die graubraune Rinde. Yang-Elemente sind die Blüten im Frühjahr, die hellen Blüten, die süßlichen Blüten und das weiße Mark.«*[2]

Der moderne kommerzielle Anbau ist vielleicht nur die Verstärkung eines uralten Aspekts der Wechselseitigkeit von Mensch und Holunder.

Während des Übergangs vom Jäger- und Sammlerleben zum Ackerbau in der sogenannten neolithischen Revolution – in unseren Breiten vor 3000 Jahren – ist der Holunder absichtlich angepflanzt worden. Vielleicht ist die Form von *Sambucus nigra*, die wir heute in Europa kennen, schon ein altes Züchtungsergebnis. Es gibt neben dem Schwarzen Holunder andere Formen wie den ebenfalls verbreiteten Attich, den Zwergholunder, der aber nur als Strauch vor- kommt und dessen Früchte besonders giftig sind. Könnte nicht die Aufhebbarkeit der toxischen Wirkung durch Erhitzen bei *Sambucus nigra* von Züchtungen beeinflusst sein?

Könnte die enorme Fruchtbarkeit dieser Art nicht mit behutsamer Zuchtwahl durch interessierte Menschen zusammenhängen?

Die Erträge anderer »wilder« Formen bleiben jedenfalls hinter der des Schwarzen Holunders zurück. Der amerikanische Holunder, *Sambucus canadensis*, entspricht dem Erscheinungsbild des europäischen aufs Genaueste, aber die Ernte fällt vergleichsweise mager aus. Die Zahl der fruchttragenden Dolden (Rispen) und Gewicht und Größe der einzelnen Holunderbeeren sind geringer als bei der europäischen Form, die folgerichtig in amerikanischen Gärten verbreitet wird.

Nur europäische Züchtungen übertreffen die europäische Wildform.

Am weitesten verbreitet ist die österreichische Sorte Haschberg, eine Auswahl aus Wildformen des Holunders in den Donauauen um Klosterneuburg. Die Zucht wurde 1965 auf den Markt gebracht und beherrscht den Holunderanbau mit einem Anteil von mehr als 90 Prozent.

Haschberg liefert hohe Erträge von bis zu 40 Kilogramm Beeren pro Baum und bei einer Pflanzdichte von 500 Bäumen etwa 200 Doppeltonnen pro Hektar. Die einzelnen Beeren sind eher klein, tragen einen charakteristischen weißen Stempelpunkt und liefern mehr Vitamin C, Calcium, Magnesium und Kalium als der wilde Holunder. Sie enthalten auch mehr von dem purpurfarbenen, fast schwarzen Farbstoff Sambucyanin, nach dem der Holunder »schwarz«, *Sambucus nigra*, genannt wird, als der wilde Holunder und als andere Zuchtsorten – 7 bis 9 Prozent gegenüber 2 bis 3 Prozent.

Der Marktwert dieses schwarzen Farbstoffs ist enorm gestiegen, ein Ergebnis der verschärften Umweltgesetzgebung, die Lebensmittelproduzenten zur Färbung von Säften, Marmeladen, Quark, Eiscreme, Joghurt, Konserven, Süßigkeiten und anderen Nahrungsmitteln mit organischen Lebensmittelfarben verpflichtet. Der intensive Farbstoff eignet sich sogar zum Färben von Textilien.

Derartige Anwendungsmöglichkeiten in der Lebensmittelproduktion, aber auch in der Medizin eröffnen interessante kommerzielle Aspekte für den Holunderanbau in der Landwirtschaft. Vermutlich kein Zufall, dass die ersten Versuche zur Neuzüchtung während der 20er Jahre in den USA (Ohio) unternommen wurden. In Europa begann man 1954 in Dänemark (Hornum) mit Züchtungen, erst um 1960 wandten sich österreichische Züchter in Klosterneuburg der Entwicklung neuer Sorten zu. Inzwischen gibt es Dutzende von Neuzüchtungen, die alle bestimmte Stärken und Schwächen aufweisen, mit Namen wie Weihenstephan, Hamburg, Haidegg, Bergmann, Mammut, Sambu, Korsör oder Pregarten.

Die Tatsache, dass die ertragreiche Sorte Haschberg in wenigen Jahren aus einer Selektion von Wildformen erzüchtet wurde, passt nicht nur ins aktuelle Bild des naturverbundenen Umgangs mit dieser alten Kulturpflanze, sondern belegt die Möglichkeit, dass Formen des Schwarzen Holunders, die heute als Wildformen gelten, selbst das Ergebnis uralter Züchtungen sein könnten. Offenbar gibt es zwischen Wildformen und Züchtungen fließende Übergänge. Und doch führt die Plantagenwirtschaft zu unübersehbaren Veränderungen des Erscheinungsbildes dieses Baums.

Die Holunderbäume, die sich häufig an Hauswände regelrecht anschmiegen, wurden früher als lebende Hausapotheken genutzt und sind wahrscheinlich als Pflänzchen gesetzt worden.

Man wusste, dass der Holunder nährstoffreiche, lockere und feuchte Böden bevorzugt, am besten gedeiht er in der Nähe von Abfallgruben oder dort, wo sich der Abfluss von Misthaufen sammelt. Draußen im Feld gab es die prächtigsten Holunder an den Stellen, an denen die Abfälle des Gartenbaus aufgehäuft wurden, an den Rändern, bei den Grenzen. Es war, als suchte dieser kleine Baum die Nähe von Menschen, die Ackerbau und Viehzucht betrieben. Er gehörte zur unmittelbaren Umgebung der Leute, als wäre er selbst ein Teil ihrer Behausung.

Jeder einzelne Holunder entwickelt sich zum pflanzlichen Äquivalent einer eigenen Persönlichkeit mit unverwechselbarer Gestalt. Im Lauf der Jahre wächst jedes Bäumchen zu einem besonderen Individuum heran. Auf kurzem, knorzigem Stamm, der auf jeweils eigene Weise abgewinkelt und gedreht erscheint, tritt eine mehr oder weniger große Zahl von Ästen hervor, die ihre eigenen Wege finden und der Gestalt des Baums ihre Akzente aufsetzen. Im Winter greisenhaft mit tief gefurchter, grauer Rinde und vielen Bruchstellen, im Sommer voller blaugrüner Blätter mit weißen Doldentellern scheinen diese individuellen Holundergestalten den Jahresrhythmus in verstärkten Formen vor Augen zu führen. Man schaut den Baum an und nimmt den Lauf der Zeit wahr. Was der Baum bietet, wird von den Menschen genommen. Die Blüten sind so begehrt wie die Früchte. Wie chemische Analysen gezeigt haben, enthalten die Blüten übrigens ein Vielfaches des Gehalts der Früchte an Vitamin C, Calcium und Kalium.

Beim kommerziell betriebenen Anbau geht es aber einzig um den Ertrag an Früchten. In den Plantagen gehen die individuellen Charakteristika der einzelnen Baumwesen verloren. Es sind Anbaugebiete von beträchtlicher Ausdehnung. Pro Hektar rechnet man je nach Abstand der Holunderbäume mit 417 bis 570 Bäumen. Man achtet darauf, dass die Bäume nicht zu hoch werden, mit Blick auf eine rasche, möglichst effektive Ernte, und beschneidet sie entsprechend. Holunderplantagen werden mit Stickstoff gedüngt und kommen mit vergleichsweise wenigen Pestiziden aus, darunter Schwefelpräparate gegen Spinnmilben und Insektizide vor allem gegen die Schwarze Holunderblattlaus. Zu hohe Stickstoffdüngung kann zur Stiellähme führen, einer Krankheit, die durch Pilze hervorgerufen wird wie die Doldenwelke. Manche dieser Krankheiten lassen sich einfach dadurch vermeiden, dass Bäume anstelle von Sträuchern gezogen werden oder dass der Abstand zwischen den Pflanzen der Plantage vergrößert wird. Die steirischen Holunderbauern halten sich an einen Pflanzabstand von sechs mal vier Meter. Im Lauf der zweiten Dekade des neuen Jahrhunderts stieg die Nachfrage derart, dass die Anbaufläche in der Steiermark auf derzeit 1400 Hektar vergrößert wurde. Der Holunder ist dort inzwischen – nach dem Apfel – zum zweitwichtigsten Obstprodukt geworden. In Deutschlands Norden pflanzte das Holundergut Kühlungsborn in Mecklenburg 1900 Jungpflanzen der Sorte Sampo auf acht Hektar Land.

Es ist schwer, die Schönheit von blühendem Holunder in Sprache zu fassen, ohne vorgegebenen Klischees anheimzufallen.

Klischees bringen die Besonderheit der Erscheinungen zum Verschwinden, selbst wenn sie als Nettigkeit gemeint sind und eher aus einer Art Hilflosigkeit als aus Absicht hervorgehen, nehmen sie dem Bezeichneten seine Würde. Vielleicht ist das Mittel der Verfremdung dazu geeignet, die Wahrnehmung zu schärfen und in der eigenen Sprache – wenn auch mit einer Umschreibung – das auszudrücken, was sonst im Klischee verschwinden würde. Kazuo, ein japanischer Freund, erklärt mir verschiedene Schönheitsbegriffe: die stil- und geschmackvolle, feine und bewusst verfeinerte Eleganz namens *miyabe*; die Schönheit des Alltäglichen, Simplen, etwa des Stoffes von Arbeitskleidung: *Jime*, und dessen Gegenstück *hade*, der prachtvolle Glanz, das Herrliche, der Prunk eines Feuerwerks. Aber schließlich dann das auf den Holunder zutreffende, die verhaltene Eleganz von *shibui*, wie sie beim Zusammentreffen von Menschenwerk und Natur erscheint: ein Farn an der verwitterten Mauer, die Patina an einem Teekessel und der blühende Holunderbaum vor der hölzernen Wand einer Feldscheune. Die grausilbernen Bretter und die dunkelgrüne Wolke mit den spannenbreiten Tellerflecken aus Blütenschnee.

Auch in Japan gibt es Holunder, aber die Bäumchen wachsen draußen im Wald, man nutzt weder Blüten noch Früchte, es gibt keine besondere Nähe zu menschlichen Behausungen. Wenn wir die Auffächerung der Begrifflichkeit des Schönen auf diesen Baum anwenden, so ist es eine Übertragung, die im Japanischen jedenfalls nicht naheliegt. Auch unsere Sprache bietet Spielarten der Bezeichnung des Schönen, die der Besonderheit des Gewächses entsprechen könnten.

> **Hold und huldvoll – die Wörter drängen sich auf, sind sie nicht der Schönheit des Holunders auf eine präzise Weise angemessen? Spielen sie doch auf Hulda an, die alte Gottheit weiblicher Zuwendung, und sind der guten Frau Holle nah.**

Und doch ist in ihnen ein störender, gewissermaßen feudaler Beiklang zu vernehmen – die Geste der huldvollen Gabe aus der Hand des gnädigen Fräuleins liegt dem Holunder aber fern. Eher scheint sich das Gewächs uns doch anbieten zu wollen, mit einem Lächeln, das in *jimi* und *shibui* besser aufgehoben wäre.

So ruft die Erscheinung des Holunders verschiedene Bilder und Symbole aus dem Vorrat der Sprache ab und bringt sie vor den Augen des Betrachters zum Leben. Sprachwelt und Dingwelt berühren und befruchten einander. Dies geht hin und her, und es ist nur naheliegend, dass auch der Holunder seinerseits als metaphorisches Zeichen für Zusammenhänge zu gebrauchen ist, die anders kaum auszudrücken sind. Ein Beispiel ist die Mahnung an die Notwendigkeit des Erinnerns, die in einem der Holundergedichte aus der Nachkriegszeit vorgetragen worden ist.

Der Dichter Johannes Bobrowski war ein Erinnerungskünstler. Aus Sammelstücken und Textbelegen rekonstruierte er die vergangene Utopie eines im Osten Europas gelegenen Landes, in dem längst untergegangene Völker wie die Pruzzen und vor Kurzem untergegangene wie die Ostjuden Stimme und Gegenwart finden. Beim Lesen seiner Gedichte sieht man sich als Mitteleuropäer oft an die Bilder des Malers Marc Chagall erinnert, an die traumhafte Magie von Tanzenden über den Dächern der sogenannten Realität. Der Dichter Bobrowski übertrug diesen Zauber in eine Poesie, wie sie nach ihm keiner mehr schreibt.

Holunderblüte

Es kommt
Babel, Isaak.
Er sagt: Bei dem Pogrom,
als ich Kind war,
meiner Taube
riß man den Kopf ab.

Häuser in hölzerner Straße,
mit Zäunen, darüber Holunder.
Weiß gescheuert die Schwelle,
die kleine Treppe hinab –
Damals, weißt du,
die Blutspur.

Leute, ihr redet: Vergessen –
Es kommen die jungen Menschen,
ihr Lachen wie Büsche Holunders.
Leute, es möcht der Holunder
Sterben
an eurer Vergesslichkeit.[3]

Isaak Babel beschreibt in Bobrowskis Gedicht jenen Pogrom in der Stadt Nikolajew auf knappe und melancholische Weise. Der Taubenschlag, den er sich als Neunjähriger gewünscht hatte wie nichts später in seinem Leben, war schon gezimmert, er hatte die Tauben gerade auf dem Markt für 40 Kopeken erstanden und trug sie nach Hause, da brach das große Plündern los. Ein Krüppel namens Makarenko, der den Raubzug auf seinem Wägelchen verpasst hatte, entriss dem Kind den Beutel mit den Tauben und schlug ihm die Vögel ins Gesicht, dass Blut und Federn der toten Tauben an ihm haften blieben.[4]

Es war der Sommer des Jahres 1905, die Stadt Nikolajew, nicht weit von Odessa gelegen, mag voll »hölzerner Straßen« gewesen sein, Babel erwähnt es nicht. Auch das Wort Holunder kommt in Isaak Babels Text nicht vor. Es ist eine Zutat Bobrowskis, wie die Blutspur auf der weiß gescheuerten Schwelle. Aber all diese Bilder sind gleichwohl Zitate: Aus einem universalen Metaphernvorrat herausgegriffen und in den Kontext so hineingepasst, dass eine klare Aussage vernehmbar wird. Der blühende Holunder ist eben kein Symbol für die Kulmination neuen Lebens, das die vergangenen Leiden überdeckt und irgendwie wegwischt, sondern selbst ein Gedenkzeichen, ein Merkposten der Erinnerung: der Erinnerung an die Kindheit wie der Erinnerung schlechthin. Zu den vielen körperbezogenen, medizinischen Anwendungen des Holunders tritt gewissermaßen die seelische Wirkung eines Heilmittels gegen Vergesslichkeit.

Neben dem Schönen erscheint ein Bitteres, neben der Freiheit des Erinnerns die Pflicht, nicht zu vergessen. Medizin und Gift sind zwei Seiten ein und derselben Frucht, die weiße Blüte, die schwarzen Beeren. *Shibui* habe ursprünglich den Geschmack der unreifen Persimmon-Frucht gemeint, erklärt mein Freund Kazuo: Das Herbe,

Bittere der Unreife und das Süße, Volle der Reife sei beides mit der Zunge auszumachen, und eben darin liege die Raffinesse dieses Schönheitsideals.

Blühender Holunder vor einer Holzwand: Das Bild führt mir die Erinnerung an eine gute Kindheit vor Augen. Dazu fällt mir die berühmte Wendung aus Ernst Blochs *Das Prinzip Hoffnung* ein: *»Was jedem in die Kindheit scheint und worin noch keiner war: Heimat.«* Aber dann auch, ein ganz anderer Rhythmus, synkopenartig, Bobrowskis Mahnung, mit unverkennbar jiddischem Akzent: *»Leute, es möcht der Holunder sterben an eurer Vergesslichkeit.«*

Dass da beides zusammenkommt, hat mit Botanik nichts mehr zu tun. Ich betrete das Gebiet, auf dem die poetische Bedeutung von Bäumen zum Vorschein kommt.

Können wir Bäume verstehen?

Von Helmut Schreier

I.

Bäume verstehen« – das sagt sich leicht, ist aber im Sinn von Austausch und Kommunikation nicht zu haben. Die Redewendung bereits erscheint fragwürdig, wie will man denn Wesen verstehen, die derart anders sind als wir selbst, wo wir doch schon Schwierigkeiten damit haben, einander als Menschen zu verstehen? Unser schönes deutsches Wort »verstehen« meint zwar mehr als die Fähigkeit, eindeutige Signale wie Wörter oder Handzeichen zu erkennen. Seine Bedeutung schließt die Fähigkeit ein, mehrdeutige Botschaften interpretieren zu können. Tiere wenden sich hin, sie zeigen sich zugewandt, den Bäumen aber geht das ganz ab. So sehen wir beispielsweise an der Körpersprache einer Katze, dass sie gestreichelt werden will, und wir vernehmen auf sehr direkte Art die Bedrohlichkeit im Knurren eines Hundes. Solch einfache Beobachtungen bilden gewissermaßen das Abc der Verstehenskompetenz für Tiere, wie sie Pferdeflüsterer und Kuhversteherinnen zur Meisterschaft entfalten.

Aber Bäume sind anders. Sie reagieren auf das, was ist und was wir ihnen antun, indem sie verkümmern oder aufblühen, aber sie wenden sich uns nicht so zu, dass der Begriff des Verstehens gerechtfertigt wäre. Kein Wunder, denn im Stammbaum der Lebewesen sind sie nur weit entfernte Verwandte mit gemeinsamen Ahnen, während wir uns mit den Säugetieren Onkel und Tanten teilen und deswegen auch über ähnliche Lebensmuster und einen vergleichbaren Körperbau verfügen, was uns gestattet, ein Verhalten spontan als gefährlich oder freundlich zu deuten.

Und doch ist es trotz aller evolutionsbedingter Distanz möglich, zu einem besseren Verständnis der fernen Baum-Verwandten zu kommen, solange man das Wort »verstehen« nicht wortwörtlich auffasst im Sinne einer Lesefähigkeit für direkt gesendete Signale. Durch geduldiges, präzises Beobachten, durch Vergleichen und Austauschen von Daten und von Deutungen, also durch »Vernunft und Wissenschaft« können wir dahin kommen, diese seltsamen und wunderbaren Lebewesen zwar indirekt, aber doch immer genauer und klarer zu sehen. Das vieldeutige Wort *verstehen* scheint auf den Besitz von Einsichten hinauszulaufen, auf eine Art intimer Bekanntheit, die wahrscheinlich nur als Illusion erreichbar ist. In der Wissenschaft sind endgültige Erkenntnisse stets vorläufig, ihr Programm ist vielmehr die Anstrengung zu andauernder Verbesserung. Und tatsächlich erscheint auch diese Bedeutung durch ein Verstehen gedeckt: Wer in das Wort hineinhört, vernimmt den Anspruch des Immer-weiter-Bohrens.

II.

Täglich habe ich eine Eberesche vor Augen. Ihre sechs schlanken Stämme begrenzen die Terrasse. Im Wechsel der Jahreszeiten verändert sie ihr Erscheinungsbild und bleibt dabei immer schlank und elegant. Ich habe den Baum vor elf Jahren sozusagen gerettet, als ich hierhergezogen bin. Damals war er nur ein Stummel, stümperhaft über dem Boden abgesägt, im Schatten einer großen Kiefer, die gleich daneben in den Himmel ragte und das Hausdach mit Zentnermassen von Nadeln bedeckte. Ich ließ die Kiefer fällen und gestattete der Eberesche, sich zu entfalten. Jetzt ist sie zu einem sechsstämmigen Kandelaber von an die zehn Meter Höhe emporgewachsen. Die Blüten bedecken die Zweige im Frühjahr wie weißer Schaum, die feinen Fiederblätter werfen den Sommer über einen eigenartigen, angenehmen, lichtdurchlässigen Schatten auf die Terrasse, und Jahr für Jahr bildet sie mehr als 100 Dolden roter Beeren, die sich als dralle Äpfelchen aneinanderdrängen und manchmal schon im Spätsommer von zwei Dompfaffen geplündert werden, die die Kerne aus den Beeren hervorholen und das Fruchtfleisch mit den roten Schalen auf Tisch und Bänke herunterwerfen. Ein hübsches Bild. Hübscher vielleicht noch das der schwarzen Amseln an den roten Dolden im weißen Januarschnee. Mir fällt dazu ein poetischer Text von Else Lasker-Schüler ein, der mit dem Satz anhebt: »*Wenn ich ein Stückchen Land besäße, ich würde mir ein kleines Wäldchen von Ebereschen pflanzen.*« Die Schwarzdrosseln im Winter hatten es ihr angetan, sie selbst will Schwarzdrossel sein und Eberesche zugleich.

So oder so ähnlich, meine ich, nehmen viele Gartenfreunde ihren Favoriten unter den Bäumen wahr: wohlwollend, freundlich beobachtend, vielleicht skizzierend, wahrscheinlich eher noch fotografierend, assoziierend, im besten Sinne dilettierend.

Wir sind da noch weit entfernt von dem tiefen Anspruch des Wortes *verstehen*, und doch tritt in der Hinwendung und der Langzeitbeobachtung ein Interesse zutage, dem vielleicht genug Schwung innewohnt, um weiter auf der Suche zu bleiben, eine Neugier, die womöglich zu einem rigoroseren Studium führt. Dann wäre dies ein Anfang, ein versteckter Zugang zur Höhle voller Reichtümer oder einladendes Portal zur Kathedrale.

Wie viel botanisches Wissen gehört zum Verstehen von Vogelbeerbäumen? Was man in Bestimmungsbüchern nachschlägt oder bei Wikipedia aufruft, führt womöglich dazu, die Merkmale von *Sorbus aucuparia* genauer zu betrachten und die Art von Unterarten zu unterscheiden, etwa von *Sorbus aucuparia glabrata*, die in den Alpenländern vorherrscht und an den kahlen Blütenachsen zu erkennen ist (die sonst behaart erscheinen). Oder man ist sogar fähig, Hybridformen zu identifizieren, etwa Kreuzungen mit der Variante der Mährischen Vogelbeere (moravica), die kaum noch etwas von der Parasorbinsäure enthält, die *Sorbus aucuparia* einen bitteren Geschmack gibt, der erst im Lauf des Winters verschwindet oder durch Kochen oder beim Brennen des teuren Vogelbeerschnapses. Gewiss ist: Botanisches Bestimmungs- und Unterscheidungswissen ist die Grundlage für komplexe Studien.

Eberesche mit Vogelbeeren

Zwei Beispiele für solche Studien: Ein chemischer Auszug der Eberesche namens Sorbit wird (mittels Spritze) verabreicht, um den Druck im Innern des Augapfels zu reduzieren und dadurch Menschen, die an Grünem Star leiden, Linderung zu verschaffen. Innerhalb dieses chemo-medizinischen Projekts spielt unsere Eberesche als Sorbit-Lieferant eine zentrale Rolle, und sie wird bei allem, was den Gewinn dieses Auszugs betrifft, genau untersucht werden. Dabei wird Erfahrungswissen gewonnen, anders, aber doch ähnlich dem des Schnapsbrenners oder dem der Person, die eine Ebereschen-Plantage zwecks Marmeladenherstellung betreibt: Es wäre nicht fair, denen, die sich dem Baum auf diese Weise zuwenden, ein besonderes Verstehen der Spezies abzusprechen, aber es bleibt ein partielles Verstehen, das zustande kommt durch die Verbindung von Sorbus aucuparia mit einem einzigen menschlichen Nutzungsinteresse.

Die Berechnung ökologischer Dienstleistungsäquivalente der Eberesche setzt ein genaues Studium des Bäumchens innerhalb seines ökologischen Umfelds voraus. Was ist mit Dienstleistungsäquivalenten gemeint? Der ursprüngliche Terminus *service equivalents* klingt im Englischen weniger sperrig als im Deutschen: Bäume leisten einen berechenbaren Beitrag zum Leben und Überleben der menschlichen Gesellschaft, indem sie die Luft von Staub und Schadstoffen reinigen, Sauerstoff erzeugen, im Fall der Eberesche vielleicht auch in Gebirgsgegenden hier und da als Lawinenschutz dienen. Indirekt helfen sie womöglich auch als Wirtspflanzen für bestimmte Pilze, Vögel, Insekten, die ihrerseits eine wichtige (in Geldeswert berechenbare) Funktion für den Fortbestand der Menschen haben. Die Berechnung derartiger Äquivalente ist als Tätigkeitsbereich seit etwa 30 Jahren in ökologischen Instituten zunehmend verbreitet. Es ist eine Übung, die neben der genauen Kenntnis der jeweiligen Spezies, ihres Habitus und ihrer Ökologie auch die Kenntnis der für Menschen nützlichen Wirkungen umfasst. Damit kommt ein neuer Aspekt des Begriffes *Verstehen* ins Spiel.

Der kritische Einwand liegt nahe, dass die Freude, die viele Menschen angesichts einer natürlichen Erscheinung – zum Beispiel eines Vogelbeerbaums – empfinden, kaum mit einem Preisschild (und einem angemessenen Preis) bestückt werden kann, selbst dann nicht, wenn außer dieser Freude kein anderes Dienstleistungsäquivalent festzustellen wäre. So neigt man als jemand, der die Berechnung von Dienstleistungsäquivalenten zu verstehen sucht, zwar zur Anerkennung der Absicht, den Wert der Naturdinge denjenigen durch klare und genaue Preisangaben vor Augen zu führen, die keinen anderen Wertvorstellungen zugänglich sind. Aber wenn dies bedeutet, dass manche Dinge – der Gesang der Singvögel, die Buntheit der Schmetterlinge – ganz aus dem Universum der Werte verschwänden, dann bliebe diese Sicht der Dinge (und die dabei zum Vorschein kommende Art von »Verstehen«) ein Holzweg.

III.

Beim Betrachten von Bäumen finde ich manchmal einen Blickwinkel, der eine ungewohnte Perspektive öffnet und ein offenbares Geheimnis preisgibt, also etwas, das keineswegs verborgen ist, aber von uns übersehen wird und das, sobald wir es wahrnehmen, als Sensation erscheint.

Die Eberesche, die mir die Ehre erwiesen hat, sich bei der Terrasse zu entfalten, hat – wie alle Bäume – Wurzel, Stamm (sechs Stämme) und Krone. Jedenfalls entspricht dies dem Urtyp des Baums, der auch dem psychologisierenden »Baumtest» zugrunde liegt: *»Zeichnen Sie bitte einen Baum!«* Bei Anwendung der simplen Analogie von Baum und Mensch entlarven sich Menschen, die eine übertrieben große Krone malen, sozusagen als Luftmenschen oder als Narzissten; solche, die den Stamm betonen, als bodenständige Charaktere und solche, die das Wurzelgeflecht breit und tief ausführen, als triebhaft veranlagte Typen; wahrscheinlich sind diejenigen, welche die Wurzeln einfach abschneiden, in ebendieser Hinsicht deformiert. Was meine Eberesche betrifft, so hatte ich sie als kümmerlichen Stubben gefunden, ohne Stamm und ohne Krone, ganz anders als dem Baum-Urtyp entsprechend.

Im *Buch Hiob* der Bibel heißt es:

»Ein Baum hat Hoffnung, wenn er schon abgehauen ist, dass er sich wieder erneue, und seine Schösslinge hören nicht auf. Ob seine Wurzel in der Erde veraltet und sein Stamm in dem Staub erstirbt, so grünt er doch wieder vom Geruch des Wassers und wächst daher, als wäre er erst gepflanzt. Aber der Mensch stirbt und ist dahin; er verscheidet, und wo ist er?« (Hiob 14, 7–10)

Dieses »Ein Baum hat Hoffnung« war angesichts des Stubbens in meinem Garten nur eine vage Erinnerung – und ein deutliches Risiko. Inzwischen sind die Ausläufer der Wurzeln weiter unter der Oberfläche des Rasens vorgedrungen und haben, zwei Meter von dem Kandelaberstamm entfernt, einen ellenlangen Vogelbeerschössling emporgeschoben, gleich neben der Vogeltränke.

An dieser Stelle muss nun erwähnt werden, dass die Aspen von Colorado und entlang des gesamten Gebirgszugs der Rocky Mountains, also von Utah im Südwesten der USA bis hinauf nach British Columbia im Westen Kanadas, dass all diese Millionen und Millionen von Aspen-Bäumchen mit ihren cremefarbenen Stämmen und ihren im Herbst golden zitternden Blättern aus Wurzelteppichen hervorgewachsen sind – als genetische Klone, die seit dem Ende der letzten Eiszeit keine für sie passenden Bedingungen zur geschlechtlichen Fortpflanzung mehr gefunden haben. *Populus tremoluides* wandert also unter der Erde über das Land. Die Wurzeln finden die besten Böden und schieben Stämmchen empor, die als Bäume ein Alter von höchstens 200 Jahren erreichen, während das Ende der Eiszeit in Utah mindestens eine Million Jahre zurückliegt. Botaniker haben angesichts dieser Verhältnisse den Ausdruck *theoretical immortality*[1] ins Spiel gebracht, »theoretische Unsterblichkeit«. Solange der Wind wehe und solange das Gras wachse, heißt es in den Verträgen der Prärieindianer mit dem Präsidenten in Washington, *»so lange soll dies Land uns gehören«*. Als ob die Ureinwohner für die Bäume verhandelt hätten.

Man begreift an einem solchen Punkt der Begegnung mit dem offenbaren und durch geduldige Beobachtungen und Untersuchungen weiter offengelegten Geheimnis, dass es nicht möglich ist, Bäume von Angesicht zu Angesicht zu verstehen, dass es aber möglich ist, das Repertoire der ihnen verfügbaren Potenziale zu erahnen.

(Fortsetzung S. 337)

Holunder vor toter Eiche

Alter Holunder mit Blüte

Holunder vor dem Gutshaus Groß Zecher am Schaalsee

Allee im Hasbruch

Totholz im Hasbruch

Rotbuche im Hamburger Stadtpark

Schwarzerlen am Elbufer bei Wulfsahl

Abendstimmung am Schaalsee – im Hintergrund Silhouetten von Schwarzerlen

 Schwarzerle am Elsensee

IV.

Einen fruchtbaren Moment in diesem Bildungsprozess bieten uralte Bäume. In ihnen kommt die faszinierend schöne Fremdheit der Baumwesen – oder ist es eher ihre fremdartige Schönheit, die uns in ihren Bann schlägt? – auf besonders ansprechende Weise zum Vorschein.

Am Ufer der Elbe finde ich mächtige Weidenbäume, viele mit zwei auseinanderstrebenden Stämmen, jeder davon mit dem Umfang einer Litfaßsäule. Zusammengenommen ergibt sich ein Traufbereich mit einer Fläche von wahrscheinlich 300 Quadratmetern. Schätzungsweise ein Zehntel ihres enorm dicht gewebten Wurzelgeflechts ragt an der Kante des Ufers über den Sandstrand in die Luft hinein wie die Zehen eines Fußes. Der Sand leuchtet weiß, der Boden im Traufbereich aber ist schwarz und mulchig. Hier wachsen Kräuter, die ich auf der angrenzenden Wiese nicht sehe. Um die Stämme herum ist ein Schattenbereich, von dem ein leichter Pilzgeruch ausströmt. Bruchstücke von Totholz verschiedener Größe liegen umher, stellenweise ist Holzmehl auf das Erdreich gehäuft. Mit vielleicht 120 Jahren sind diese Weiden so alt, dass sie zur Kategorie der uralten Bäume zählen. Die Trennung zwischen »alt« und »uralt« ist im Englischen – *old* und *ancient* – sprachlich vielleicht plausibler. Wie alt ein Baum sein muss, um als Uralt-Baum zu gelten, hängt ganz von der Langlebigkeit der Art ab (als Baumgestalt, nicht als Wurzelgeflecht). Das *Ancient Tree Forum*, ein englischer Verband von Uralt-Baum-Enthusiasten, nennt als Faustregel für Birken 150, für Eichen 400 und für Eiben 800 Jahre.

Das Forschungsinteresse hat sich erst seit wenigen Jahrzehnten den uralten Bäumen zugewandt. Verständlich bei einer wirtschaftlich geprägten Forstwissenschaft, die der maximalen Ausbeute des Waldes verpflichtet ist. Die Perspektive der Baumwissenschaft dagegen nimmt den gesamten Lebenslauf eines Baums in den Blick – also über das Auspflanzen aus der Baumschule und das Fällen bei Hiebreife hinaus. Sie untersucht seine gesamte Gestalt, also das Zusammenspiel zwischen Krone und Stamm mit dem unterirdischen Wurzelraum, den sich der Baum im Lauf der Jahrzehnte, Jahrhunderte oder bei den Ältesten uralter Bäume, im Lauf der Jahrtausende anverwandelt. Generationen von Wurzeln treiben den Austausch mit Mikroben wie Bakterien und Pilzen voran, bei dem sie Zucker, Eiweiß und andere Botenstoffe einsetzen, um das Zusammenwirken mit den assoziierten Pilzen, dem Wurzelwerk anderer Bäume und den Mikroorganismen im gesamten Bereich zu steuern. Die Zahl der Mikroben konzentriert sich unter uralten Bäumen bis zum Hundertfachen derer im Boden des Umfelds. Der *Ancient-Tree*-Experte Neville Fay nennt für ein Gramm Boden aus dem Wurzelraum von *Ancient*-Bäumen folgende Zahlen: 106 Pilze, 107 fadenförmig verflochtene Bakterien *(Actinomyzeten)*, 109 Bakterien, 103 Urtierchen *(Protozoen)*.[2] Das vom Management der Wurzeln angestoßene Miteinander dient nicht nur den Bedürfnissen des Baums, die sich im Lauf des langen Baumlebens ändern, sondern entwickelt sich als eigenständige Lebenswelt. Zusammengenommen bilden Baum und Wurzelbereich mitsamt den Mikrobenmassen einen Superorganismus, bei dem unterschiedliche Arten für den Erhalt des Ganzen kooperieren. Baumwissenschaftler nehmen dieses Ganze in den Blick und machen, gerade bei den Baumgreisen in der letzten Phase ihres Uralt-Baumlebens, erstaunliche Beobachtungen.

Zum Beispiel kann die Uralt-Lebensphase ein paar Jahrzehnte oder auch ein paar Jahrhunderte dauern, wie Neville Fay ausführt. Unsere Schwierigkeit, diese Zeiträume vorherzusagen, hängt einerseits mit unserer menschlichen und im Vergleich kurzen Lebensspanne zusammen, die einfach nicht ausreicht, um das gesamte Leben etwa einer Eiche zu verfolgen. Andererseits legt sich ein Baum durch Verletzungen, Krankheiten oder Dürren Überlebensmuster zu, die ihm auch im Alter verfügbar sind. Da gibt es Nebenstämme, Triebe und Knospen für Verjüngungsanläufe. Vor allem aber ist der Baumorganismus in voneinander nicht völlig abhängige Bereiche geteilt, die man als miteinander konkurrierende Kolonien betrachten kann und aus denen sich der Baum gleichsam ungestraft zurückzuziehen vermag. Da steht ihm jene »Teile und herrsche«-Strategie zur Verfügung, die nicht nur den herbstlichen Abwurf des Blattwerks gestattet, sondern auch Provinzen der Krone mitsamt ihren Ästen, die absterben, stilllegt – ein sichtbarer Vorgang, der vom unsichtbaren Absterben eines entsprechenden Wurzelbereichs begleitet wird. Dabei werden Versorgungsansprüche zurückgeschraubt, und Versorgungswege verkürzt. Uralt-Bäume haben deshalb meistens reduzierte Kronen und ein untersetztes Erscheinungsbild.

Noch erstaunlicher ist, dass Baumgreise am Ende der zehnten und letzten Phase, in welche die Wissenschaft die Lebensspanne der Bäume unterteilt hat, neu austreiben können: Wenn es ihnen aufgrund glücklicher Umstände gelingt, die Verbindung der Gefäße im Kambium mit dem Wurzelgeflecht aufrechtzuerhalten, sodass sie wie Phoenix aus der Asche aus den von Pilzen und Insekten kolonisierten und verwüsteten Teilen ihres eigenen Organismus wieder auferstehen, um einen neuen Lauf ihres Baumlebens zu beginnen. Von staunenden Baumwissenschaftlern werden diese Wesen darum Phoenix-Bäume genannt.

Häufiger geschieht es beim Absterben uralter Bäume, dass aus ihrem Stamm viele kleine Bäumchen herauswachsen, Klone, die anfangs in einem

Kooperations- und Konkurrenzverhältnis zum Organismus des Elternbaums stehen, bis ihre Lebenskraft stark genug für eine Trennung geworden ist. Es sind Beobachtungen wie diese, in denen eine unüberwindbare Fremdartigkeit zum Vorschein kommt.

Darstellungen von Bäumen als Wesen, die nach menschlicher Art kooperieren, erscheinen da verkürzt, so auch der Gemeinplatz »mein Freund, der Baum« – wie wollten wir im Wortsinn Freunde werden können, wenn die Idee der Freundschaft nur von einer der beiden an dieser vorgeblichen Freundschaft beteiligten Spezies bestimmt wird? Das Kumpelhafte, das bei der Annäherung von Menschen an Bäume zutage tritt, verrät das herablassende Gebaren eines Wesens, das sich selbst immer noch als Krone der Schöpfung versteht. Aber Bäume haben die Welt bewohnbar gemacht, während die menschliche Zivilisation das Projekt der Unbewohnbarkeit zu verfolgen scheint. Sie sind die Ersten, wir womöglich die letzten Bewohner der Erde, und dies auch im Sinne einer ökologischen Rangfolge.

V.

Bei der Suche nach Antworten auf wichtige Fragen können Überlegungen von Experten helfen. Ein Buch des italienischen Philosophen und Botanikers Emanuele Coccia fand ich sehr anregend, und als ich den Verfasser kennenlernte, fand ich ihn derart sympathisch, dass ich sein Buch noch einmal gelesen habe. In einer Zeit, die sich ganz auf die menschengemachte Welt des Anthropozäns konzentriert, spricht er für die Pflanzen und plädiert für ein Weltbild nach Pflanzenart. Wie ein Weltbild nach Pflanzenart aussieht, versuche ich hier kurz anhand von Coccias Essay zu skizzieren. Ich bin nicht sicher, wie weit diese Metaphysik, die das Konkrete mit dem Geistigen in eins setzt und den Sinn des Lebens im Eintauchen und Austauschen begreift, als Beitrag zum Versuch eines Bäume-Verstehens plausibel erscheint. Hier wird ja nun ein neuer Weg beschritten. Aber es liegt in der Konsequenz jeder Untersuchung, vom individuellen Einzelfall zu allgemein gültigen Einsichten fortzuschreiten.

»Nie werden wir eine Pflanze verstehen können, solange wir nicht verstanden haben, was die Welt ist«, schreibt Coccia in seiner aufsehenerregenden Philosophie der Pflanzen.[3] Er verfolgt ein Verstehen, das ganz frei ist von menschlichen Herrschaftsallüren und einen Standpunkt vertritt, der die Verhältnisse von außerhalb der Erde zu betrachten sucht. Da wird die Agenda nicht länger von den Angelegenheiten der Menschen bestimmt, aus Sicht des Tiers, das wir sind,

bis hin zu jener Anthropozentrik, die Coccia als *»metaphysische Arroganz«* bezeichnet.

Stattdessen tritt die fundamentale und maßgebliche Rolle der Pflanzen wie von selbst ins Blickfeld. Sie bilden den Ursprung allen Lebens auf der Erde. Die anderen Lebewesen zehren von der Substanz, die sie schaffen, und atmen im Fluidum, das die eigentliche Biosphäre bildet. Deshalb sind sie folgerichtig Ausgangspunkt und Mitte einer Untersuchung des Lebens.

Die Trennung zwischen Pflanzen – und damit Bäumen, die in Coccias Text häufig als Beispiele auftauchen – einerseits und uns andererseits ist total, weil sie im Stoffwechsel gründet. Pflanzen verstehen sich als Einzige auf das Wunder der Photosynthese.

Das macht sie unabhängig von anderen Lebewesen, und es macht Tiere abhängig von Pflanzen und anderen Tieren. Für uns bedeutet Leben: vom Leben anderer leben. Der Unterschied ist dramatisch. Ich erinnere einen Ausspruch Coccias bei seinem Vortrag im Hamburger Literaturhaus: *»Wir sind alle miteinander verwandt, aber gezwungen, ständig einander zu essen.«*

Zentrum des Pflanzenwesens ist das Blatt mit seinen Chloroplasten, die Sonnenstrahlen aufnehmen und umwandeln in Energieformen, von denen die Biosphäre der Erde lebt:

> *»Die kleinen grünen Blätter, die den Planeten bevölkern und die Sonnenenergie einfangen, sind das kosmische Bindegewebe, das es seit Millionen von Jahren den verschiedensten Lebensformen erlaubt, sich ineinander zu verschlingen und sich zu mischen, ohne jeweils miteinander zu verschmelzen«,*

schreibt Coccia. Wir sehen hier den Ursprung des Lebens, nicht als weit zurückliegendes mystisches oder historisches Ereignis, sondern in der Gegenwart als einen andauernden Schöpfungsprozess. Die Beobachtung eines Blattes wird zur Beobachtung des Beginns unserer Welt.

Die Gestalt eines Baums ist vom Stamm gekennzeichnet, und der Stamm ist ein Mittel der Pflanze, möglichst viele Blätter ins Licht hineinzuwenden. Ein Baum strebt zu gleichen Teilen ins Licht wie zur Erde, er ist zugleich heliotrop und geotrop, ein amphibisches Gewächs, das in der feuchten Erde und in der Luft zugleich lebt. *»Eine Pflanze«*, sagt Coccia, *»ist eine Maschine, die die Erde an den Himmel bindet.«*

Die schwerste metaphysische Fracht bürdet Coccias Argumentation dem pflanzlichen Vermögen auf, eine Atmosphäre zu schaffen, in der sich das Leben entfaltet. Die allmähliche Anreicherung der Luft mit dem für das Atmen notwendigen Sauerstoff, die im Lauf des Kambriums vor 541 bis 485 Millionen Jahren von den das Land kolonisierenden Pflanzen ausging, brachte das Fluidum in die Welt, in dem sich das Leben von uns Atmosphärenbewohnern abspielt. Wir Lebewesen tauchen atmend darin ein und nehmen atmend an einem physischen, aber auch geistigen Prozess teil, in einem uns ähnlich dem Hören von Musik durchfließenden Medium, das Austausch und Durchmischung fördert und danach verlangt. Diese Wechselwirkung ist das Muster, die Bedingung, die Spielregel, die innere Struktur, die allen Lebewesen von den Pflanzen auferlegt worden ist. Im Atemvorgang kommt sie physisch und sinnbildhaft zugleich zum Vorschein. Und so schreibt Coccia:

> *»Nur deshalb können Organismen dank des Lebens der Anderen ihre Identität definieren, weil jedes Lebewesen von vornherein schon im Leben der Anderen lebt.«*

Atmen veranlasst die gegenseitige Durchdringung der Dinge und der Lebewesen selbst. Und dieser unendliche Austausch, dies Hin und Her zwischen dem Organischen und dem Anorganischen ist zugleich der Sinn der Welt. Coccia erklärt, dass es sich um eine gesteigerte, eine aufgipfelnde Form von Immanenz handle. Immanenz, die alte Idee der pantheistischen Einheit von Gott und Welt, derzufolge Gott in allen Dingen wohnt, wird ersetzt durch eine Immanenz, die ohne Gott auskommt und einen neuen Begriff von Welt findet:

> *»Die Immanenz ist nicht mehr die Beziehung zwischen einem Ding und der Welt, sondern die Beziehung, die die Dinge untereinander verbindet. Sie ist genau diese Beziehung, die die Welt konstituiert.«*

VI.

Im Fluidum eines böigen Winds bewegen sich die Zweige der Eberesche mit ihren roten Fruchtständen auf und ab wie die Signalarme eines Lotsen; die Zweige der Felsenbirne beben und werfen eine Spur verwelkter Blätter ins Gras; die Hainbuche, über und über drapiert mit gelblich-beigen Fruchtquasten, schüttelt sich; die beiden mächtigen Kiefern schwingen lange Äste; der Nussbaum hält sich zurück, und selbst die Buchsbaumgruppe, bei aller Unbewegtheit, scheint sich zu mokieren. Ich hatte diesen Text in ihrem Beisein aufgeschrieben und fürchte, dass sie davon Wind bekommen haben. Jetzt, ich sehe es doch, machen sie sich über mich lustig. Wie sehr ich wünschte, dass in all ihrem Spott über unsereinen auch eine Spur pflanzlichen Wohlwollens für uns Menschen enthalten sein möchte!

Anmerkungen

Im grünen Schatten der LINDEN

1 Der Begriff Landschaftskino wird in jüngster Zeit im Naturtourismus vor allem in Bayern verwendet zur Vermarktung besonders erlebnisreicher Spazierwege: »Die Natur als Kinoleinwand« https://www.onetz.de/oberpfalz/teublitz/natur-kinoleinwand-id2528392.html
2 Friederike Drinkuth; Silke Kreibich: Schloss Bothmer. Amtlicher Schlossführer. Staatliche Schlösser und Gärten Mecklenburg-Vorpommern. 2016.
3 Wolf Karge: Schlösser und Herrenhäuser in Mecklenburg. Rostock 2018. Die Darstellung folgt im wesentlichen Christa Reichardt et al.: Die Große Straße in Ahrensburg gestern – heute – morgen. Ahrensburger Hefte Nr. 2, 1986.
4 Zitiert nach Reichardt et al.
5 Hans Walden: Stadt – Wald. Untersuchungen zur Grüngeschichte Hamburgs. Hamburg 2002.
6 Burkhard von Hennigs: Der Jersbeker Garten im Spiegel von Stichen und Zeichnungen aus dem 18. Jahrhundert, ein Beitrag zur Geschichte des Jersbeker Barockgartens. Stormarner Hefte 11. Neumünster 1985; Burkhard von Hennigs: Jersbek. In: Adrian von Buttlar; Margita Marion Meyer (Hrsg.): Historische Gärten in Schleswig-Holstein. Heide 1996, S. 328–337.
7 Alexandre Le Blond: Die Gärtnerey sowohl in ihrer Theorie oder Betrachtung als Praxi oder Übung. Augsburg 1731. Reprint Leipzig 1986.
8 Theodor Rümpler: Illustriertes Gartenbau-Lexikon. Berlin 1882.
9 Richard Maatsch (Hrsg.): Pareys Illustriertes Gartenbaulexikon. 2 Bände. Berlin 1956.
10 Hegis Illustrierte Flora von Mitteleuropa 1906 ff.; Oskar von Kirchner; Ernst Loew; Carl Schröter (Hrsg): Lebensgeschichte der Blütenpflanzen Mitteleuropas: spezielle Ökologie der Blütenpflanzen Deutschlands, Österreichs und der Schweiz. Stuttgart 1904 ff.
11 Leonhard Fuchs: Das Kräuterbuch von 1543. Basel 1543. Reprint Köln 2001.
12 Vgl. dazu Walter Gröll: Lindenschirme als barocke Hauszier. In: Walter Gröll: Rund um die Bauerngärten der Lüneburger Heide. Ehestorf 1998; Lisbet Edinger: Stammehække i danske købstæder. Dansk dendrologisk årsskrift 5: S. 15–27. 1981.
13 Walter Gröll: Grüne Lauben auf dem flachen Lande. In: Walter Gröll: Rund um die Bauerngärten der Lüneburger Heide. Ehestorf 1998.
14 Clemens Alexander Wimmer: Bäume und Sträucher in historischen Gärten. Muskauer Schriften 5. Dresden 2001. Diesem Buch sind auch die folgenden Zitate entnommen.

15 Verhandlungen der Gesellschaft über die Untersuchung der Vortheile und Nachtheile des Kappens der Bäume auf den Hamburgischen Wällen und Landstraßen. In: Verhandlungen und Schriften der Hamburgischen Gesellschaft zur Beförderung der Künste und nützlichen Gewerbe, 2. Band. Hamburg 1792, S. 194–213.
16 Hans-Helmut Poppendieck: Barock als Banalität. Linden in der Kulturlandschaft. S. 45–57. In: Brita Reimers (Hrsg.): Gärten und Politik. München 2010.
17 https://szene-ahrensburg.de/iweb/Blog/Eintrage/2011/5/22_Ahrensburgs_Innenstadt_verwildert.html
18 https://www.kn-online.de/Lokales/Rendsburg/Vor-einem-Jahr-brach-das-Naturdenkmal-Linde-in-Bordesholm-zusammen
19 Heinrich Fr. Wiepking: Umgang mit Bäumen. München, Basel, Wien 1963.

Neu im Land – die SUMPFZYPRESSE

1 Vgl. Kapitel 1 »Der Apfel« in Michael Pollan: Die Botanik der Begierde. Vier Pflanzen betrachten die Welt. München 2002.
2 W. H. Auden: Bucolics, II Woods. In: Ders., Selected Poems. New York 1989. Das Gedicht »Woods«, dem die beiden Zeilen entnommen sind, stammt vom August 1952. Es endet mit der Zeile: »A culture is no better than its woods«.
3 Hans-Joachim Fröhlich: Wege zu alten Bäumen. Band 9: Mecklenburg-Vorpommern. Kuratorium »Alte liebenswerte Bäume in Deutschland e.V.« Wiesbaden o.J.
4 https://www.shz.de/3335976
5 https://neobiota.bfn.de/
6 Barry Lopez: Horizon. New York 2019; S. 397 ff.; die einschlägigen Passagen finden sich übrigens im Kapitel »Port Arthur to Botany Bay«, in dem es um die in Australien eingeschleusten bzw. eingedrungenen neuen Arten mit ihren bisweilen verheerenden Folgen für die in Australien etablierte Tier- und Pflanzenwelt geht.

Der EICHENSOLITÄR

1 Isabella Tree: Wilding. The Return of Nature to a British Farm. London: Picador 2018.
2 Hans-Joachim Fröhlich: Wege zu alten Bäumen. Band 9: Mecklenburg-Vorpommern. Kuratorium »Alte liebenswerte Bäume in Deutschland e.V.«, Wiesbaden o.J.

Die GURLITT-EICHE am Großen Binnensee

1 Ulrich Schulte-Wülwer: Schleswig-Holstein in der Malerei des 19. Jahrhunderts. Heide 1980 (zu Hirschfeld vor allem S. 6–7); Adrian v. Buttlar: Christian Cay Lorenz Hirschfeld (1742–1792) In: Adrian v. Buttlar; Margita Marion Meyer (Hrsg.): Historische Gärten in Schleswig-Holstein. Heide 1996, S. 657–658; Wolfgang Kehn: Christian Cay Lorenz Hirschfeld 1742–1792. Worms 1992.

2 Deert Lafrenz: Die ostholsteinische Gutslandschaft als historische Kulturlandschaft. In: DenkMal! 4, 1997, S. 33–42.
3 Ukleisee bei Eutin um 1800 von Ludwig Philipp Strack; holsteinische Knicklandschaft 1827 von Adolph Vollmer; Steilküste an der Ostsee in den 1830er Jahren von Hermann Kauffmann und von Jacob Gensler. Die Landschaft von Stöfs nahe dem Gut Waterneverstorf um 1860 von Friedrich Loos.
4 Ulrich Schulte-Wülwer; Bärbel Hedinger (Hrsg.): Louis Gurlitt 1812–1897. Porträts europäischer Landschaften in Gemälden und Zeichnungen. Ausstellungskatalog. München 1997. Darin speziell zum vorliegenden Gemälde Bärbel Hedinger: Die große Holstein-Landschaft. S. 145–160.
5 Andreas Roloff: Baumkronen. Stuttgart 2001.
6 Oliver Rackham: The History of the Countryside. London 1995, https://www.forestresearch.gov.uk/tools-and-resources/pest-and-disease-resources/oak-decline/oak-decline-dieback-the-facts/ aufgerufen am 8.12.2019
7 Bernd Heydemann: Neuer Biologischer Atlas von Schleswig-Holstein. Neumünster 1997; Uwe Riecken; Josef Blab: Biotope der Tiere in Mitteleuropa. Greven 1989
8 Hans-Jürgen Otto: Waldökologie. Stuttgart 1994
9 Franz von Waldersee: Bereisung Kossautal 27.09.1993. Illustriertes Faltblatt.
10 Kreis Plön: Kreisverordnung über das Landschaftsschutzgebiet »Ostseeküste auf dem Gebiet der Gemeinden Behrensdorf und Hohwacht, des Großen Binnensees, des Unterlaufs der Kossau und Umgebung« vom 30. März 1999
11 Erik Christensen: Die Flora des Naturschutzgebietes »Kossautal«. Rundbrief zur botanischen Erfassung des Kreises Plön (Nord-Teil), Jahrgang 18. Heft 1/2: S. 1–44. 2009/2010.

Feurigrot im Frühjahr, schwarzbraun im Herbst: die BLUTBUCHE

1 Jacob Jäggi: Die Blutbuche zu Buch am Irchel. In: Neujahrsblatt Nr. 96 der Naturforschenden Gesellschaft Zürich auf das Jahr 1894.
2 Neuer Zürcher Zeitung: Sturm enthauptet legendäre Blutbuche. 5.7.2007.
3 Der Landbote: Ein kaputter Baum mit großer Geschichte. 23.11.2015. https://www.landbote.ch/region/andelfingen/Ein-kaputter-Baum-mit-grosser-Geschichte-/story/27854418
4 Alfred Lichtwark: Was der Gärtner und der Gartenbesitzer wissen muss. Jahrbuch der Gesellschaft Hamburgischer Kunstfreunde 15: S. 1–13. 1909.
5 Dieser Abschnitt beruht auf der umfassenden Studie von Clemens Alexander Wimmer: Geschichte der Blutbuche – Beiträge zur Gehölzkunde 1997, S. 71–81. Ihr sind auch die Zitate von Siesmayer, Beissner und Pniower entnommen. Vgl. auch Clemens Alexander Wimmer: Bäume und Sträucher in historischen Gärten. Muskauer Schriften 5. Dresden 2001.
6 Jörgen Ringenberg: Analyse urbaner Gehölzbestände am Beispiel der Hamburger Wohnbebauung. Hamburg 1994.
7 Wolfgang Dickhaut, Annette Eschenbach (Hrsg.): Entwicklungskonzept Stadtbäume. HafenCity Universität Hamburg, 2018.

Für ihn muss der Himmel offen sein: der WACHOLDER

1 Oskar von Kirchner; Ernst Loew; Carl Schröter (Hrsg.): Lebensgeschichte der Blütenpflanzen Mitteleuropas. Stuttgart 1904.
2 John R. Cronin; Sandra Pizzarello: Enantiometric Excesses in Meteoritic Amino Acids. Science 14, Feb 1997, Vol. 275, Issue 5302, S. 951–955.
3 Kerstin Michalik: Kindsmord. Pfaffenweiler 1997.

Loki Schmidt und ihr junger URWALD am Brahmsee

1 Loki Schmidt: Von der Brache zum Eichen-Birkenwald. Naturwissenschaftliche Rundschau 50, S. 394–397. 1997.
2 Hermann Remmert: Naturschutz. Berlin, Heidelberg, New York 1988; Knut Sturm: Prozeßschutz – ein Konzept für naturgerechte Waldwirtschaft. Zeitschrift für Ökologie und Naturschutz 2, S. 181–192. 1993; Ursula Ziegler: Prozessschutz vor dem Hintergrund der Ideengeschichte des Naturschutzes. Diplomarbeit, TU München/Weihenstephan 2002.
3 Hermann Ellenberg: Warum und mit welchen Folgen tragen Eichelhäher Garrulus glandarius Eicheln oft über große Strecken? Corax 18, S. 444–447. 2002.
4 Ingo Kowarik: Biologische Invasionen: Neophyten und Neozoen in Mitteleuropa. Stuttgart 2003.
5 Als Neophyten oder Neubürger bezeichnet man Pflanzenarten, die in einem Gebiet nicht heimisch sind und erst durch das Wirken des Menschen nach 1500 eingeführt wurden, also nach Einsetzen des transkontinentalen Schiffsverkehrs; vgl. Herbert Sukopp: Neophyten. Bauhinia 15, S. 19–37. 2001.
6 Homepage des Bundesamts für Naturschutz zum Thema Wildnisgebiete: https://www.bfn.de/themen/biotop-und-landschaftsschutz/wildnisgebiete.html
7 Nationale Strategie zur biologischen Vielfalt: https://biologischevielfalt.bfn.de/fileadmin/NBS/documents/broschuere_biolog_vielfalt_2015_strategie_bf.pdf
8 Wildnis als naturphilosophischer Grundbegriff: Thomas Kirchhoff: Wildnis. 2013 [Version 1.4]. In: Thomas Kirchhoff (Redaktion): Naturphilosophische Grundbegriffe. www.naturphilosophie.org; Wildnis vs. Ökosystem: Voigt, A.: Was soll der Naturschutz schützen? – Wildnis oder dynamische Ökosysteme? Laufener Spezialbeiträge 2010, S. 14–21.

Über TRAUERBÄUME oder: Auch in der Trauer ist Vergnügen

1 Clemens Alexander Wimmer: Kurze Geschichte der Säulenpappel. Zandera 16, S. 10–14. 2001.
2 Raoul H. Francé, Das Land der Sehnsucht. Reisen eines Naturforschers in den Süden. Berlin 1925.
3 Wikipedia »Asklepios« und »Hades«, aufgerufen am 12.12.2019
4 Raoul H. Francé 1925, siehe oben

5 Friedrich Gottlieb Klopstock: An Giseke. Hamburg 1771, http://www.deutsches-textarchiv.de/book/view/klopstock_oden_1771?p=81
6 Eduard Lorenz Lorenz-Meyer und E. Janda: Breitfenster und Hecke: Ein Bilderbuch alter hamburgischer Häuser und Gärten. Einleitung von Alfred Lichtwark. Hamburg 1906. Tafel S. 17 oben
7 Otto von Münchhausen: Der Hausvater. Fünfter Teil. Hannover 1770, S. 231. Abrufbar unter https://books.google.de/books?id=tzo7AAAAcAAJ&dq=M%C3%BCnchhausen+Verzeichnis+aller+B%C3%A4ume+und+Stauden&hl=de&source=gbs_navlinks_s
8 Clemens Alexander Wimmer 2004 siehe oben.
9 https://www.bibleserver.com/text/EU/Psalm137
10 Clemens Alexander Wimmer: Die Geschichte der Trauerweide. Zandera 8, S. 65–79. 1993..
11 https://www.jstor.org/stable/44695974?seq=1#metadata_info_tab_contents
12 Ausführlicher dazu: https://napoleonswillow.weebly.com/the-real-napoleons-willow.html, dem ich hier folge
13 https://www.seattletimes.com/seattle-news/it-has-a-story-to-tell-how-a-descendant-of-napoleons-willow-tree-took-root-on-a-seattle-hillside/
14 Hamburger Abendblatt 9.6.2014, https://www.abendblatt.de/ratgeber/wissen/ article131968457/Ein-botanischer-Streifzug-vom-Hauptbahnhof-zur-Alster.html
15 Michael Zohary: Pflanzen der Bibel. Stuttgart 1983.

Uralt, toxisch, im Schatten hausend: die EIBE

1 »Der Holzstaub verursacht Schleimhautreizungen sowie Kopfschmerzen« www.Schreiner-Seiten.de/Eibe
2 Michael Jordan: A Guide to Wild Plants. The Edible and Poisonous Species of the Northern Hemisphere. Millington 1976.
3 Anand Chetan/Diana Brueton: The Sacred Yew. Arkana 1994.
4 Johannes Bobrowski: »Seestück«. In: Ders., Schattenland, Ströme. Berlin 1966, S. 39.

Von KRATTS und krummen Bäumen

1 Bodenlehrpfad Boberg: https://www.hamburg.de/bodenlehrpfad-boberg/
2 Johann Wolfgang von Goethe: Kurze Schriften zu Kunst und Literatur 1792–1797, Kapitel 10: Über Laokoon https://www.projekt-gutenberg.org/ goethe/ks92-97/chap010.html. Aufgerufen am 12.1.2020.
3 Beispielsweise Claus Mattheck: Die Baumgestalt als Autobiographie. Thalacker, Braunschweig 1992; Claus Mattheck: Stupsi erklärt den Baum. Karlsruher Institut für Technologie, 2010.

4 Walter Schoenichen: Naturschutz – Heimatschutz. Ihre Begründung durch Ernst Rudorff, Hugo Conwentz und ihre Vorläufer. Stuttgart 1954, S. 43.
5 J. Heydorn: Die Rissener Waldungen und das Moor. In: Altonaer Schulmuseum (Hrsg.): Vor den Toren der Großstadt. Band 3. 1930. S. 63
6 Postkarte aus: Mein Blankenese, Wochenkalender 2019, herausgegeben von Jochen Engel, Hamburg 2018, Blatt 46. Woche,
7 Justus Schmidt: Die Vegetation der »Kratts« in Schleswig-Holstein. Deutsche Botanische Monatsschrift 15, S. 120–122. 1902
8 Bernd Sonnberger: Apology for Quercus eurocentica. BSBI-News 92: 48. 2003.
9 https://studylibde.com/doc/2254686/geh%C3%B6lze-ein-gestaltungselement-im-landschaftspark
10 Udo Hanstein: Der Stühbusch in der historischen Heidelandschaft. Jahrbuch des Naturwissenschaftlichen Vereins des Fürstentum Lüneburg 43, S. 9–34. 2004. Herrn Peter Wendt vom Forstamt Sellhorn danke ich für seine Auskünfte über Udo Hanstein.
11 Karl-Ernst Behre: Landschaftsgeschichte Norddeutschlands. Neumünster 2008
12 Peter Prahl: Eine botanische Excursion durch das nordwestliche Schleswig nach der Insel Röm im Sommer 1874. Schrift. des Naturwiss. Vereins Schleswig-Holstein. Bd. 2, S. 15ff. 1876
13 Populus tremula = Zitterpappel, Rhamnus Frangula = Faulbaum, Rubus sp. = Brombeere, Salix sp., = Weide Sorbus Aucuparia = Vogelbeere
14 Albert Christiansen: Vom schleswig-holsteinischen Kratt und seiner Pflanzenwelt. Heimat 22, S. 173–178, 199–201. Mit 2 Abb. 1909.
15 Justus Schmidt: Zwei botanische Funde im nordwestlichen Schleswig. Heimat 20, S. 202. 1910.
16 K. Gram, C.A. Jørgensen og M. Køie: De jydske Egekrat og deres flora. – Det kongelige danske videnskabernes selskab. Biologisker skrifter, Bind 3, Nr. 3. 1944
17 Udo Hanstein 2004 siehe oben.

Eine problematische Natur und ein offenbares Geheimnis: die MISTEL

1 Johann Peter Eckermann: Gespräche mit Goethe in den letzten Jahren seines Lebens. Bd. 1. Leipzig, 1836, S. 382 (8. Oktober 1827). In: Deutsches Textarchiv <http://www.deutschestextarchiv.de/eckermann_goethe01_1836/402>, abgerufen am 9.1.2020
2 Thomas Kaiser: Die Laubholz-Mistel (Viscum album L. subsp. album) an ihrem nordwestlichen Arealrand in Niedersachsen mit einem Beitrag zur Klärung der Gründe für die nordwestliche Verbreitungsgrenze. Braunschweiger Naturkundliche Schriften 13, S. 57–83. 2015; Johannes Iversen: Viscum, Hedera and Ilex als Climate Indicators. Geologiska Föreningen i Stockholm Förhandlingar, 66 (3), S. 463–483. 1944. Eine klassische, sehr lesenswerte Arbeit!
3 Eine sehr gute Anleitung zur Ansiedlung von Mistel bietet die englische Seite

http://mistletoe.org.uk/homewp/wp-content/uploads/2012/07/Mistletoeinfosheet_5_growingmtoe.pdf

4 Hans-Helmut Poppendieck, Juliane Petersen: Ein ausbreitungsbiologisches Langzeitexperiment: Die Einbürgerung der Mistel (Viscum album L.) in Hamburg und Umgebung. Abhandlungen des Naturwissenschaftlichen Vereins Bremen 44/2-3 (Kuhbier-Festschrift): S. 377-396. 1999. Dort ist fast die gesamte für dieses Kapitel verwendete weiterführende Literatur angegeben.

5 https://www.nabu-muenster.de/projekt-obstwiesenschutz/aktuelles/mistel-streuobstwiesen-gef%C3%A4hrdet/
https://www.giessener-allgemeine.de/kreis-giessen/misteln-gruene-apfelbaeume-12225353.html

6 »Streuobstwiese« Wikipedia, aufgerufen am 27.11.2019

7 https://www.teckbote.de/startseite_artikel,-misteln-saugen-die-baeume-aus-_arid,208997.html

8 Sehr schön beispielsweise http://tctop.org.uk

9 Zur Ausbreitung durch Vögel siehe die sehr informativen Webseiten
http://mistletoe.org.uk/homewp/wp-content/uploads/2012/07/Mistletoeinfosheet_6_biodiversityvalue.pdf;

10 http://biologie.ens-lyon.fr/ressources/Biodiversite/Documents/la-plante-du-mois/le-gui-une-plante-parasite-dispersee-par-les-oiseaux
sowie auch http://biologie.ens-lyon.fr/ressources/Biodiversite/Documents/la-plante-du-mois/le-gui-une-plante-parasite-au-cycle-de-vie-original

11 Josef H. Reichholf: Stadtnatur: Eine neue Heimat für Tiere und Pflanzen. München 2007

12 Richard Mabey: Flora Britannica. London 1996, S. 239 ff.

13 Mistletoe Matters:http://www.mistletoe.org.uk/mmatters/ Jonathan Briggs, A little book about the mistletoe. Stonehouse, Gloucestershire, UK. 2013.

Eine Geschichte von zwei NUSSBÄUMEN

1 Wilhelm Steffens: Augenblicksfänger. Bergen 1997.

2 Schweizer Maler. 100 ausgewählte Bilder des Schweizerischen Beobachters. Glattbrugg 1983, S. 16

3 »Umtriebszeit« ist der forstwirtschaftliche Begriff für den Zeitraum zwischen der Anpflanzung, der »Begründung« und der Ernte eines Waldes bei »Hiebreife« der Bäume. Beim Nussbaum wird dieser Zeitraum mit 50 bis 70 Jahren berechnet. Die Lebensdauer von Bäumen umfasst in der Regel sehr viel längere Zeiten. Die Seltenheit von sehr alten Bäumen in unseren Wäldern und Fluren ist auf den rein wirtschaftlich bestimmten, frühen Zeitpunkt zurückzuführen, an dem sie hierzulande gefällt werden.

4 https://www.hausjournal.net/nussbaumholz

5 Deutscher Nußkatalog 1960 - Richtlinien für den Wal- und Haselnußanbau. Land- und Hauswirtschaftlicher Informationsdienst. Bonn/Bad Godesberg 1960.

6 Hansjörg Lüthy: Nachzucht und Anbau des Nussbaums als Waldbaum. Wald und Holz 6, S. 49–53. 2005.
7 Vgl. Peter Ford: Inside the World's Largest Walnut-Forest. In: Roads and Kingdoms. June 14, 2017, https://roadsandkingdoms.com/2017/inside-the-worlds-largest-walnut-forest/
8 Michael Pollan: Botanik der Begierde. Vier Pflanzen betrachten die Welt. München 2002.

Überlebende des URWALDES

1 Dieser Wald ist heute durch die FFH-Richtlinie (92/43/EWG) unter dem Namen »Wälder im Süderhackstedtfeld« und der Nummer DE-1421-303 bei der EU-Kommission als gesetzlich geschütztes Gebiet von gemeinschaftlicher Bedeutung eingetragen.
2 Oliver Phillips; James S. Miller: Global Patterns of Plant Diversity. Alwyn H. Gentry's Forest Transect Data Set. St. Louis (MO). 2002.
3 Friedrich Mager: Entwicklungsgeschichte der Kulturlandschaft des Herzogtums Schleswig in historischer Zeit. Band I: Entwicklungsgeschichte auf der Geest und im östlichen Hügelland des Herzogtums Schleswig bis zur Verkoppelungszeit. Breslau 1930. Band II: Entwicklungsgeschichte auf der Geest und im östlichen Hügelland des Herzogtums Schleswig seit der Verkoppelungszeit. Breslau 1937. (= Schriften der Baltischen Kommission zu Kiel, Band 17/1 und 2).
4 Norddeutsche Naturschutzakademie (Hrsg.); Bedeutung historisch alter Wälder für den Naturschutz NNA-Berichte 7, Heft 3, S. 2. Vgl. dazu unter anderem: Oliver Rackham: Ancient woodland, its history, vegetation and uses in England. London 1980; G.F. Peterken; M. Game: Historical factors affecting the number and distribution of vascular plant species in the woodlands of central Lincolnshire. Journal of Ecology 72, 1984, S. 155–182; Monika Wulf: Auswirkungen des Landschaftswandels auf die Verbreitungsmuster von Waldpflanzen. Dissertationes Botanicae 392. Stuttgart 2004.
5 Siehe Anmerkung 3.
6 http://www.museum-albersdorf.de/riesewohld/index.htm
7 Willi Christiansen: Pflanzenkunde von Schleswig-Holstein. Neumünster 1955.
8 Katrin Romahn: Hotspots der Gefäßpflanzenartenvielfalt in Wäldern Schleswig-Holsteins. Bestand, Gefährdung, Schutz. Mitteilungen der AG Geobotanik in Schleswig-Holstein und Hamburg 68, S. 17–96. 2015.
9 Jacob Burckhardt: Über das Studium der Geschichte. München 1982, S. 84.
10 Siehe Anmerkung 1.
11 Daniel H. Janzen: Herbivores and the number of tree species in tropical forests. The American Naturalist 104, S. 501–528. 1970. Eine neuere Arbeit dazu ist beispielsweise Marco Pautasso et al.: Susceptibility to Fungal Pathogens Differing. In: Tree Diversity. Ecological Studies 176, S. 263–289. 2006.
12 Kurt Tucholsky: Die fünfte Jahreszeit. Ursprünglich publiziert unter dem Namen

Kaspar Hauser in Die Weltbühne, 22.10.1929, Nr. 43, S. 631. Zitiert nach https://www.textlog.de/tucholsky-jahreszeit.html

13 Georg Volquardts: Die Esche in Schleswig-Holstein. 129 S. Dissertation Universität Göttingen, Forstliche Fakultät 1958.

14 Oliver Rackham; O.: The Ash Tree. Toller Fratrum, Dorset. 2014. Berthold Metzler et al.: Handlungsempfehlung beim Eschentriebsterben. AFZ-Der Wald 5/2013, S. 17–20. 2013.

15 Wikipedia »Chestnut blight« aufgerufen am 12. November 2019.

16 Informationen dazu https://biologischevielfalt.bfn.de/bundesprogramm/projekte/projektbeschreibungen/bedeutung-des-eschentriebsterbens-fuer-die-biodiversitaet-von-waeldern-und-strategien-zu-ihrer-erhaltung-fradiv/
Und: https://www.hov.de/Forstwirtschaft/Aktuelles-Projekt-Eschenprojekt-Fradiv/

17 Martin Lüderitz: Die Folgen des Eschentriebsterbens für die Biodiversität der Pilze in Schleswig-Holstein. In: Jahresbericht zur biologischen Vielfalt 2017, Jagd und Artenschutz des Landes Schleswig-Holstein, S. 39–43. 2017. Abrufbar unter http://www.ag-geobotanik.de/-eschenprojekt-.html

Bruchlandschaft mit SCHWARZERLEN

1 In diesem Zusammenhang ist interessant, dass der Ökonom Ernst Friedrich Schumacher (»Small is Beautiful«) in den 70er Jahren den Begriff »TLC Factor« in agrarökonomische Überlegungen eingebracht hat. TLC = Tender Loving Care. »It has been documented, again and again in various parts of the world, that if you bring back the human hand and care you can, on a very economic basis, obtain yields per acre that are a high multiple of what the best run agriculture can do.« http://www.alan-chadwick.org/ html%20pages/ books_articles/ next_thirty_years.html

2 Carl von Linné: Lappländische Reise. Aus dem Schwedischen von Hans Carl Artmann. Frankfurt a. M.: 2. Auflage 1977, S. 88 f.

3 Die Germania des Tacitus. Deutsche Übersetzung von Anton Baumstark. Freiburg i. B. 1876.

4 Thomas Cech, Marianne Schreck: Erlensterben durch Phythophthora vermutlich aufgrund von Fischimporten ausgelöst. In: Waldwissen.net. Informationen für die Forstpraxis; Spreewald droht Katastrophe: Aggressiver Pilz tötet Erlen. In: »Tagesspiegel« Berlin 24.5.2004.

Frau Holles Medizin: HOLUNDER

1 Eugen Drewermann: Frau Holle. Grimms Märchen tiefenpsychologisch gedeutet. Zürich 2003.

2 vgl. www.samuelhahnemannschule.de/biblioth/holunder

3 Johannes Bobrowski: Holunderblüte In: Ders., Schattenland Ströme. Berlin 1966, 29.
4 Isaak Babel: Die Geschichte meines Taubenschlags. In: Ders., Geschichten aus Odessa. München 1987, S. 9–24.

Können wir BÄUME VERSTEHEN?

1 David Lukas: Aspens. In: Orion. People and Nature. Spring 1997.
2 Neville Fay, Nigel de Berker: Ancient trees and their value. S. 103–131. In: Kamil Witkos-Gnach, Piotr Tyszko-Chmielowiec (Hrsg.), Trees – a Lifespan Approach. Contributions to arboriculture from European practitioners. Wrocław 2016.
3 Emanuele Coccia: Die Wurzeln der Welt. Eine Philosophie der Pflanzen. München, 3. Aufl. 2018.

Literatur

Auden, W. H.: Selected Poems. New York 1989.

Babel, Isaak: Geschichten aus Odessa. München 1987.

Behre, Karl-Ernst: Landschaftsgeschichte Norddeutschlands. Neumünster 2008.

Bobrowski, Johannes: Schattenland, Ströme. Berlin 1966.

Briggs, Jonathan: A little book about the mistletoe. Stonehouse, Gloucestershire, UK. 2013.

Burckhardt, Jacob: Über das Studium der Geschichte. München 1982.

Buttlar, Adrian v.; Margita Marion Meyer (Hrsg.): Historische Gärten in Schleswig-Holstein. Heide 1996.

Cech, Thomas; Marianne Schreck: Erlensterben durch Phythophthora vermutlich aufgrund von Fischimporten ausgelöst. In: Waldwissen.net. Informationen für die Forstpraxis. https://www.waldwissen.net/waldwirtschaft/schaden/pilze_nematoden/bfw_erlen_phytophtora_import/index_DE.

Chetan, Anand; Diana Brueton: The Sacred Yew. Arkana 1994.

Christensen, Erik: Die Flora des Naturschutzgebietes Kossautal. Rundbrief zur botanischen Erfassung des Kreises Plön (Nord-Teil), Jahrgang 18. Heft 1/2: S. 1–44. 2009/2010.

Christiansen, Albert: Vom schleswig-holsteinischen Kratt und seiner Pflanzenwelt. Heimat 22, S. 173–178, 199–201. 1909.

Christiansen, Willi: Pflanzenkunde von Schleswig-Holstein. Neumünster 1955.

Coccia, Emanuele: Die Wurzeln der Welt. Eine Philosophie der Pflanzen. München, 3. Aufl. 2018.

Cronin, John R.; Sandra Pizzarello: Enantiometric Excesses in Meteoritic Amino Acids. Science Vol. 275, S. 951–955. 1997.

Der Landbote (Winterthur) 23.11.2015: Ein kaputter Baum mit grosser Geschichte.

Deutscher Nußkatalog 1960 – Richtlinien für den Wal- und Haselnußanbau. Land- und Hauswirtschaftlicher Informationsdienst. Bonn/Bad Godesberg 1960.

Dickhaut, Wolfgang; Annette Eschenbach (Hrsg.): Entwicklungskonzept Stadtbäume. HafenCity Universität Hamburg, 2018.

Drewermann, Eugen: Frau Holle. Grimms Märchen tiefenpsychologisch gedeutet. Zürich 2003.

Drinkuth, Friederike; Silke Kreibich: Schloss Bothmer. Amtlicher Schlossführer. Staatliche Schlösser und Gärten Mecklenburg-Vorpommern. 2016.

Eckermann, Johann Peter: Gespräche mit Goethe in den letzten Jahren seines Lebens. Bd. 1. Leipzig, 1836, S. 382 (8. Oktober 1827). In: Deutsches Textarchiv <http://www.deutschestextarchiv.de/eckermann_goethe01_1836/402>, abgerufen am 09.01.2020.

Edinger, Lisbet: Stammehække i danske købstæder. Dansk dendrologisk årsskrift 5, S. 15–27. 1981.

Ellenberg, Hermann: Warum und mit welchen Folgen tragen Eichelhäher Garrulus glandarius Eicheln oft über große Strecken? Corax 18, S: 444–447. 2002.

Fay, Neville; Nigel de Berker: Ancient trees and their value. S. 103–131. In: Kamil Witkos-Gnach; Piotr Tyszko-Chmielowiec (Hrsg.): Trees – a Lifespan Approach. Contributions to arboriculture from European practitioners. Wrocław 2016.

Francé, Raoul H.: Das Land der Sehnsucht. Reisen eines Naturforschers in den Süden. Berlin 1925.

Fröhlich, Hans-Joachim: Wege zu alten Bäumen. Band 9: Mecklenburg-Vorpommern. Kuratorium »Alte liebenswerte Bäume in Deutschland e.V.« Wiesbaden o.J.

Fuchs, Leonhard: Das Kräuterbuch von 1543. Basel 1543. Reprint Köln 2001.

Goethe, Johann Wolfgang von: Kurze Schriften zu Kunst und Literatur 1792–1797, Kapitel 10: Über Laokoon. https://www.projekt-gutenberg.org/goethe/ks92-97/chap010.html. Aufgerufen am 12.1.2020.

Gram, K.; C.A. Jørgensen; M. Køie: De jydske Egekrat og deres flora. – Det kongelige danske videnskabernes selskab. Biologisker skrifter, Bind 3, Nr. 3. 210 S. 1944.

Gröll, Walter: Grüne Lauben auf dem flachen Lande. In: Walter Gröll: Rund um die Bauerngärten der Lüneburger Heide. Ehestorf 1998.

Gröll, Walter: Lindenschirme als barocke Hauszier. In: Walter Gröll: Rund um die Bauerngärten der Lüneburger Heide. Ehestorf 1998.

Hanstein, Udo: Der Stühbusch in der historischen Heidelandschaft. Jahrbuch des Naturwissenschaftlichen Vereins des Fürstentum Lüneburg 43, S. 9–34. 2004.

Hegis Illustrierte Flora von Mitteleuropa 1906 ff.

Kirchner, Oskar von; Ernst Loew; Carl Schröter (Hrsg.): Lebensgeschichte der Blütenpflanzen Mitteleuropas: spezielle Ökologie der Blütenpflanzen Deutschlands, Österreichs und der Schweiz. Stuttgart 1904 ff.

Hennigs, Burkhard v.: Der Jersbeker Garten im Spiegel von Stichen und Zeichnungen aus dem 18. Jahrhundert, ein Beitrag zur Geschichte des Jersbeker Barockgartens. Stormarner Hefte 11. Neumünster 1985.

Heydemann, Bernd: Neuer Biologischer Atlas von Schleswig-Holstein. Neumünster 1997.

Heydorn, J.: Die Rissener Waldungen und das Moor. S. 63 ff. In: Altonaer Schulmuseum (Hrsg.): Vor den Toren der Großstadt. Band 3. 1930.

Iversen, Johannes: Viscum, Hedera and Ilex als Climate Indicators. Geologiska Föreningen i Stockholm Förhandlingar, 66 (3), S. 463–483. 1944.

Jäggi, Jacob: Die Blutbuche zu Buch am Irchel. In: Neujahrsblatt Nr. 96 der Naturforschenden Gesellschaft Zürich auf das Jahr 1894.

Janzen, Daniel H.: Herbivores and the number of tree species in tropical forests. The American Naturalist 104, S. 501–528. 1970.

Jordan, Michael: A Guide to Wild Plants. The Edible and Poisonous Species of the Northern Hemisphere. Millington. 1976.

Kaiser, Thomas: Die Laubholz-Mistel (Viscum album L. subsp. album) an ihrem nordwestlichen Arealrand in Niedersachsen mit einem Beitrag zur Klärung der Gründe für die nordwestliche Verbreitungsgrenze. Braunschweiger Naturkundliche Schriften 13, S. 57–83. 2015.

Karge, Wolf: Schlösser und Herrenhäuser in Mecklenburg. Rostock 2018.

Kehn, Wolfgang: Christian Cay Lorenz Hirschfeld 1742–1792. Worms 1992.

Klopstock, Friedrich Gottlieb: An Giseke. Hamburg 1771. http://www.deutschestext-archiv.de/book/view/klopstock_oden_1771?p=81.

Kowarik, Ingo: Biologische Invasionen: Neophyten und Neozoen in Mitteleuropa. Stuttgart 2003.

Kreis Plön: Kreisverordnung über das Landschaftsschutzgebiet »Ostseeküste auf dem Gebiet der Gemeinden Behrensdorf und Hohwacht, des Großen Binnensees, des Unterlaufs der Kossau und Umgebung« vom 30. März 1999.

Lafrenz, Deert: Die ostholsteinische Gutslandschaft als historische Kulturlandschaft. DenkMal! 4, 33–42. 1997.

Le Blond, Alexandre: Die Gärtnerey sowohl in ihrer Theorie oder Betrachtung als Praxi oder Übung. Augsburg 1731. Reprint Leipzig 1986.

Lichtwark, Alfred: Was der Gärtner und der Gartenbesitzer wissen muss. Jahrbuch der Gesellschaft Hamburgischer Kunstfreunde 15, S. 1–13. 1909.

Linné, Carl von: Lappländische Reise. Aus dem Schwedischen von Hans Carl Artmann. Frankfurt a. M., 2. Auflage 1977.

Lopez, Barry: Horizon. New York 2019.

Lorenz-Meyer, Eduard Lorenz und E. Janda: Breitfenster und Hecke. Ein Bilderbuch alter hamburgischer Häuser und Gärten. Einleitung von Alfred Lichtwark. Hamburg 1906.

Lüderitz, Martin: Die Folgen des Eschentriebsterbens für die Biodiversität der Pilze in Schleswig-Holstein. In: Jahresbericht zur biologischen Vielfalt 2017, Jagd und Artenschutz des Landes Schleswig-Holstein, S. 39–43. 2017. Abrufbar unter http://www.ag-geobotanik.de/-eschenprojekt-.html.

Lukas, David: Aspens. In: Orion. People and Nature. Spring 1997.

Lüthy, Hansjörg: Nachzucht und Anbau des Nussbaums als Waldbaum. Wald und Holz 6, S. 49–53. 2005.

Maatsch, Richard (Hrsg.): Pareys Illustriertes Gartenbaulexikon. 2 Bände. Berlin 1956.

Mabey, Richard: Flora Britannica. London 1996.

Mager, Friedrich: Entwicklungsgeschichte der Kulturlandschaft des Herzogtums Schleswig in historischer Zeit. Band I: Entwicklungsgeschichte auf der Geest und im östlichen Hügelland des Herzogtums Schleswig bis zur Verkoppelungszeit. Breslau 1930. Band II: Entwicklungsgeschichte auf der Geest und im östlichen Hügelland des Herzogtums Schleswig seit der Verkoppelungszeit. Breslau 1937. (= Schriften der Baltischen Kommission zu Kiel, Band 17/1 und 2).

Mattheck, Claus: Die Baumgestalt als Autobiographie. Thalacker, Braunschweig 1992.

Mattheck, Claus: Stupsi erklärt den Baum. Karlsruher Institut für Technologie, 2010

Metzler, Berthold et al.: Handlungsempfehlung beim Eschentriebsterben. AFZ-Der Wald 5/2013, S. 17–20. 2013.

Michalik, Kerstin: Kindsmord. Pfaffenweiler 1997.

Münchhausen, Otto von: Der Hausvater. Fünfter Teil. Hannover 1770. S. 231. Abrufbar unter https://books.google.de/books?id=tzo7AAAAcAAJ&dq=M%C3%BCnchhausen+Verzeichnis+aller+B%C3%A4ume+und+Stauden&hl=de&source=gbs_navlinks_s

Neue Zürcher Zeitung 5.7.2007: Sturm enthauptet legendäre Blutbuche.
Norddeutsche Naturschutzakademie (Hrsg.): Bedeutung historisch alter Wälder für den Naturschutz NNA-Berichte 7, Heft 3. 1994.
Otto, Hans-Jürgen: Waldökologie. Stuttgart 1994.
Pautasso, Marco et al.: Susceptibilityto Fungal Pathogens Differing. In: Tree Diversity. Ecological Studies 176, S. 263–289. 2006.
Peterken, G. F.; M. Game: Historical factors affecting the number and distribution of vascular plant species in the woodlands of central Lincolnshire. Journal of Ecology 72, S. 155–182. 1984.
Phillips, Oliver; James S. Miller: Global Patterns of Plant Diversity. Alwyn H. Gentry's Forest Transect Data Set. St.Louis (MO). 2002.
Pollan, Michael: Die Botanik der Begierde. Vier Pflanzen betrachten die Welt. München 2002.
Poppendieck, Hans-Helmut: Barock als Banalität. Linden in der Kulturlandschaft. S. 45–57. In: Brita Reimers (Hrsg.): Gärten und Politik. München 2010.
Poppendieck, Hans-Helmut; Juliane Petersen.: Ein ausbreitungsbiologisches Langzeitexperiment: Die Einbürgerung der Mistel (Viscum album L.) in Hamburg und Umgebung. Abhandlungen des Naturwissenschaftlichen Vereins Bremen 44/2–3, S. 377–396. 1999.
Prahl, Peter: Eine botanische Excursion durch das nordwestliche Schleswig nach der Insel Röm im Sommer 1874. Schrift. desNaturwiss. Vereins Schleswig-Holstein. Bd. 2, S. 15 ff. 1876.
Rackham, Oliver: Ancient woodland, its history, vegetation and uses in England. London 1980.
Rackham, Oliver: The Ash Tree. Toller Fratrum, Dorset. 2014.
Rackham, Oliver: The History of the Countryside. London 1995.
Reichardt, Christa, et al.: Die Große Straße in Ahrensburg gestern – heute – morgen. Ahrensburger Hefte Nr. 2, 1986.
Reichholf, Josef H.: Stadtnatur: Eine neue Heimat für Tiere und Pflanzen. München 2007
Remmert, Hermann: Naturschutz. Berlin, Heidelberg, New York 1988.
Riecken, Uwe; Josef Blab: Biotope der Tiere in Mitteleuropa. Greven 1989.
Ringenberg, Jörgen: Analyse urbaner Gehölzbestände am Beispiel der Hamburger Wohnbebauung. Hamburg 1994.
Roloff, Andreas: Baumkronen. Stuttgart 2001.
Romahn, Katrin: Hotspots der Gefäßpflanzenartenvielfalt in Wäldern Schleswig-Holsteins – Bestand, Gefährdung, Schutz. Mitteilungen der AG Geobotanik in Schleswig-Holstein und Hamburg 68, S. 17–96. 2015.
Rümpler, Theodor: Illustriertes Gartenbau-Lexikon. Berlin 1882.
Schmidt, Justus: Die Vegetation der »Kratts« in Schleswig -Holstein. Deutsche Botanische Monatsschrift 15, S. 120–122. 1902.
Schmidt, Justus: Zwei botanische Funde im nordwestlichen Schleswig. Die Heimat 20, S. 202. 1910.
Schmidt, Loki: Von der Brache zum Eichen-Birkenwald. Naturwissenschaftliche Rundschau 50, S. 394–397. 1997.

Schoenichen, Walter: Naturschutz – Heimatschutz. Ihre Begründung durch Ernst Rudorff, Hugo Conwentz und ihre Vorläufer. Stuttgart 1954.

Schulte-Wülwer, Ulrich: Schleswig-Holstein in der Malerei des 19. Jahrhunderts. Heide 1980.

Schulte-Wülwer, Ulrich; Bärbel Hedinger (Hrsg.): Louis Gurlitt 1812–1897. Porträts europäischer Landschaften in Gemälden und Zeichnungen. Ausstellungskatalog. München 1997.

Schweizer Maler. 100 ausgewählte Bilder des Schweizerischen Beobachters. Glattbrugg 1983.

Sonnberger, Bernd: Apology for Quercus eurocentica. BSBI-News 92, S. 48. 2003.

Steffens, Wilhelm: Augenblicksfänger. Bergen 1997.

Sturm, Knut: Prozeßschutz – ein Konzept für naturgerechte Waldwirtschaft. Zeitschrift für Ökologie und Naturschutz 2, S. 181–192. 1993.

Sukopp, Herbert: Neophyten. Bauhinia 15, S. 19–37. 2001.

Tacitus, Publius Cornelius: Die Germania des Tacitus. Deutsche Übersetzung von Anton Baumstark. Freiburg i. B. 1876.

Tagesspiegel (Berlin) 24.5.2004: Spreewald droht Katastrophe: Aggressiver Pilz tötet Erlen.

Tree, Isabella: Wilding. The Return of Nature to a British Farm. London: Picador 2018

Tucholsky, Kurt: Die fünfte Jahreszeit. Ursprünglich publiziert unter dem Namen Kaspar Hauser in Die Weltbühne, 22.10.1929, Nr. 43, S. 631. Zitiert nach https://www.textlog.de/tucholsky-jahreszeit.html

Verhandlungen der Gesellschaft über die Untersuchung der Vortheile und Nachtheile des Kappens der Bäume auf den Hamburgischen Wällen und Landstraßen. In: Verhandlungen und Schriften der Hamburgischen Gesellschaft zur Beförderung der Künste und nützlichen Gewerbe, 2. Band. Hamburg 1792, S.194–213.

Voigt, A.: Was soll der Naturschutz schützen? – Wildnis oder dynamische Ökosysteme? Laufener Spezialbeiträge 2010, S. 14–21.

Volquardts, Georg: Die Esche in Schleswig-Holstein. Dissertation Universität Göttingen, Forstliche Fakultät 1958.

Walden, Hans: Stadt – Wald. Untersuchungen zur Grüngeschichte Hamburgs. Hamburg 2002.

Waldersee, Franz von: Bereisung Kossautal. Illustriertes Faltblatt. 27.9.1993.

Wiepking, Heinrich Fr.: Umgang mit Bäumen. München, Basel, Wien 1963.

Wimmer, Clemens Alexander: Bäume und Sträucher in historischen Gärten. Muskauer Schriften 5. Dresden 2001.

Wimmer, Clemens Alexander: Die Geschichte der Trauerweide. Zandera 8, S. 65–79. 1993. https://www.jstor.org/stable/44695974?seq=1#metadata_info_tab_contents.

Wimmer, Clemens Alexander: Geschichte der Blutbuche. Beiträge zur Gehölzkunde 1997, S. 71–81.

Wimmer, Clemens Alexander: Kurze Geschichte der Säulenpappel. Zandera 16, S. 10–14. 2001.

Witkos-Gnach, Kamil; Piotr Tyszko-Chmielowiec (Hrsg.): Trees – a Lifespan Approach. Contributions to arboriculture from European practitioners. Wrocław, 2016.

Wulf, Monika: Auswirkungen des Landschaftswandels auf die Verbreitungsmuster von Waldpflanzen. Dissertationes Botanicae 392. Stuttgart 2004.
Ziegler, Ursula: Prozessschutz vor dem Hintergrund der Ideengeschichte des Naturschutzes. Diplomarbeit, TU München/Weihenstephan 2002.
Zohary, Michael: Pflanzen der Bibel. Stuttgart 1983.

Internetquellen

http://biologie.ens-lyon.fr/ressources/Biodiversite/Documents/la-plante-du-mois/le-gui-une-plante-parasite-dispersee-par-les-oiseaux
http://biologie.ens-lyon.fr/ressources/Biodiversite/Documents/la-plante-du-mois/le-gui-une-plante-parasite-au-cycle-de-vie-original
http://mistletoe.org.uk/homewp/wp-content/uploads/2012/07/Mistletoeinfosheet_6_biodiversityvalue.pdf
http://mistletoe.org.uk/homewp/wp-content/uploads/2012/07/Mistletoeinfosheet_5_growingmtoe.pdf
http://www.alan-chadwick.org/html%20pages/books_articles/next_thirty_years.html
http://www.mistletoe.org.uk/mmatters/
http://www.museum-albersdorf.de/riesewohld/index.htm
https://biologischevielfalt.bfn.de/bundesprogramm/projekte/projektbeschreibungen/bedeutung-des-eschentriebsterbens-fuer-die-biodiversitaet-von-waeldern-und-strategien-zu-ihrer-erhaltung-fradiv/
https://biologischevielfalt.bfn.de/fileadmin/NBS/documents/broschuere_biolog_vielfalt_2015_strategie_bf.pdf;
https://napoleonswillow.weebly.com/the-real-napoleons-willow.html, dem ich hier folge
https://neobiota.bfn.de/
https://roadsandkingdoms.com/2017/inside-the-worlds-largest-walnut-forest/
https://studylibde.com/doc/2254686/geh%C3%B6lze-ein-gestaltungselement-im-landschaftspark
https://szene-ahrensburg.de/iweb/Blog/Eintrage/2011/5/22_Ahrensburgs_Innenstadt_verwildert.html
https://www.abendblatt.de/ratgeber/wissen/article131968457/Ein-botanischer-Streifzug-vom-Hauptbahnhof-zur-Alster.html
https://www.bfn.de/themen/biotop-und-landschaftsschutz/wildnisgebiete.html
https://www.bibleserver.com/text/EU/Psalm137
https://www.forestresearch.gov.uk/tools-and-resources/pest-and-disease-resources/oak-decline/oak-decline-dieback-the-facts/aufgerufen am 8.12.2019
https://www.giessener-allgemeine.de/kreis-giessen/misteln-gruene-apfelbaeume-12225353.html
https://www.hamburg.de/bodenlehrpfad-boberg/

https://www.hausjournal.net/nussbaumholz
https://www.hov.de/Forstwirtschaft/Aktuelles-Projekt-Eschenprojekt-Fradiv/
https://www.kn-online.de/Lokales/Rendsburg/Vor-einem-Jahr-brach-das-Naturdenkmal-Linde-in-Bordesholm-zusammen
https://www.landbote.ch/region/andelfingen/Ein-kaputter-Baum-mit-grosser-Geschichte-/story/27854418
https://www.nabu-muenster.de/projekt-obstwiesenschutz/aktuelles/mistel-streuobstwiesen-gef%C3%A4hrdet/
https://www.onetz.de/oberpfalz/teublitz/natur-kinoleinwand-id2528392.html (Landschasftskino)
https://www.seattletimes.com/seattle-news/it-has-a-story-to-tell-how-a-descendant-of-napoleons-willow-tree-took-root-on-a-seattle-hillside/
https://www.shz.de/3335976
https://www.teckbote.de/startseite_artikel,-misteln-saugen-die-baeume-aus-_arid,208997.html
Wikipedia »Asklepios« und »Hades«, aufgerufen am 12.12.2019
Wikipedia »Chestnut blight« aufgerufen am 12. November 2019
Wikipedia »Streuobstwiese«, aufgerufen am 27.11.2019
www.samuelhahnemannschule.de/biblioth/holunder
www.naturphilosophie.org zu Thomas Kirchhoff: Wildnis. 2013 [Version 1.4]. In: Thomas Kirchhoff (Redaktion): Naturphilosophische Grundbegriffe.

Abbildungsnachweise

Christian Kaiser *Seiten* 27, 27, 34, 49, 50, 52, 54, 54, 58, 59, 60, 62, 64, 77, 92 u., 113, 114, 117, 118, 120, 121, 122, 124, 139, 142, 165, 167, 171, 176, 177, 178, 180, 182, 184, 186, 188, 189, 192, 212, 215 u., 217 o., 217 u., 227, 230, 234, 245, 246, 256, 257, 259, 260,266, 268, 275 u., 278, 299, 312, 312, 314, 321, 322, 324, 326, 328, 330, 334, 336

Uwe Hameyer *Seiten* 78, 10, 12, 332

Hans-Helmut Poppendieck *Seiten* 14, 16, 19, 21, 25, 28, 31, 32, 32, 35, 37, 42, 56, 57, 92 o., 96, 101, 101, 103, 103, 104, 105, 112, 126, 128, 147, 153, 155, 156, 166, 172, 190, 211, 215 o., 224, 255, 262, 264, 275 o., 279 alle, 283, 284, 285, 286, 309,

Archiv Hans-Helmut Poppendieck 219

Helmut Schreier (*Naturdrucke, Fotos) Seiten* 33, 44, 46, 65, 68, 70, 79, 81, 84, 86, 107, 135, 140, 199, 200, 202, 205, 206 o., 207, 240, 248, 251, 270, 272, 288, 290 o., 293, 297, 300, 302, 315, 318

Archiv Helmut Schreier 203, 295

Günther Schlegel *Seite* 111

Bettina Bick *Zeichnungen, Seiten* 130, 132, 144

Lavendelfoto *Seiten* 305, 306

Altonaer Museum in Hamburg – Norddeutsches Landesmuseum: *Seite* 89

Alte Nationalgalerie, Berlin *Seite* 163 (Böcklin)

Bildarchiv Preußischer Kulturbesitz

bpk/Hamburger Kunsthalle / Elke Walford *Seite* 63 (Liebermann)

bpk/Nationalgalerie, SMB / Jörg P. Anders *Seite* 75 (Friedrich

bpk/Bayerische Staatsgemäldesammlungen *Seite* 290 (Schwind)

akg-images/Privatbesitz *Seite* 116 (Gurlitt)

Helmut und Loki Schmidt Stiftung *Seiten* 151, 151

Nationalerbe-Bäume *Seite* 206 u.

100 Orte besonderer Bäume in Norddeutschland

Anmerkungen zur Karte im Vorsatz: Wegbeschreibungen und genaue Orte

Recherchiert von Eva-Lena Stange

In Schleswig-Holstein:

1. Tevring Kratt in Süddänemark. Großes Eichkratt zwischen Tevring und Lovrup. Von Tevring etwa 700 Meter auf dem Tevringsvej Richtung Arrild bis zum Einstieg in den Wald (GPS: 55.13735, 8.87602). Das Kratt liegt von dort aus etwa einen Kilometer nach Osten (> **Kratt**, S. 218).
2. Gespensterwald Meierwik. Zwischen Meierwik und dem Yachthafen Glücksburg. Vom Parkplatz Meierwik an der Uferstraße nach Nordwesten zur Küste gehen. GPS: 54.834839, 9.511569.
3. Gespensterwald in der Geltinger Birk. Vom Seewind zerzauster Buchen- und Eichenwald mit Stechpalmenunterwuchs im Naturschutzgebiet. Der Gespensterwald bei Beveroe ist am besten vom Parkplatz Goldhöftsberg (GPS: 54.783340, 9.905848) zu erreichen.
4. Eichkratt Schirlbusch. Westlich von Kolkerheide bei Bredstedt mit Kratteichen (GPS: 54.621308 9.093703), mit Heideflächen und Wacholder-Lichtung (GPS: 54.62166, 9.095608). Von Kolkerheide über die Alte Landstraße und dann abbiegen in den Wacholderweg.
5. Urwald bei Süderhackstedt. Startpunkt für Expedition ungefähr ein Kilometer südlich von Süderhackstedt, von der Hauptstraße über die L109 am Anfang der Straße Achtern Holt. GPS: 54.585073 9.280503 (> **Überlebende des Urwalds**, S. 253).
6. Gespensterwald Schwedeneck. Oberhalb der Steilküste in der Nähe des Campingplatzes. Von Dänisch-Nienhof, wo im Schulweg auch ein Eichensolitär steht, zunächst am Strand entlang Richtung Westen, von dort führt ein Trampelpfad durch den Buchenwald. GPS: 54.481731, 10.105186.
7. Sumpfzypresse auf dem NordArt-Gelände. Im Skulpturenpark des Ausstellungsgeländes, Büdelsdorf. GPS: 54.311086, 9.668050 (> **Sumpfzypressen**, S. 46).
8. Eiche an der Liebfrauenkirche in Kiel. Nur 50 Meter von der Messstation am Theodor-Heuss-Ring trotzt diese Stieleiche mit knapp fünf Meter Umfang der hohen Stickoxid-Konzentration, an der Liebfrauenkirche im Krusenrotter Weg. GPS: 54.303867, 10.122132.
9. Jahrhunderte alte Eibe in Flintbek. Dorfstraße 5, im Garten der Kirche. GPS: 54.23871, 10.06781 (> **Eiben**, S. 205).
10. Junger Urwald am Brahmsee. Startpunkt für Spaziergang: Langwedel, am Ende der Straße Am Sportplatz links. GPS: 54.211117 9.918077 (> **Lokis Urwald**, S. 146).
11. Überreste der Bordesholmer Linde. Am Lindenplatz in Bordesholm, der gekappte Stamm treibt wieder aus. GPS: 54.177067, 10.011550 (> **Linden**, S. 41).

12. Eichen in Jasdorf. Im kleinen Ort Jasdorf bei Dobersdorf gibt es mehrere alte Solitäre: auf einer Wiese östlich des Geheges Fadenstedt (GPS: 54.305778, 10.304111), an der Straße zum Reiterhof (GPS: 54.307278, 10.310639) und ein Exemplar nördlich des Reiterhofs (GPS: 54.311222, 10.310028).
13. Kattholzeiche bei Perdoel. Mit mehr als zwölf Meter Umfang eine der dicksten Eichen Deutschlands. Am Feldweg zwischen der Perdoeler Mühle und Gut Perdoel. GPS: 54.114083, 10.240583.
14. Bräutigamseiche im Dodauer Forst. Ungefähr 500 Jahre alt. Einer von zwei Bäumen in Deutschland mit eigener Postanschrift für Kontaktanzeigen: Bräutigamseiche, Dodauer Forst, 23701 Eutin. GPS: 54.136136, 10.555830 (> S. 113).
15. Guttauer Gehege bei Kellenhusen. Küstenwald mit alten Eichen. Ein 350 Jahre altes Exemplar war in der Weimarer Republik Vorbild für die damalige Fünfmarkmünze (GPS: 54.200822, 11.048419). Vom Parkplatz an der Waldstraße in Kellenhusen führt ein Rundweg durch den Wald.
16. Fünffingerlinde im Riesewohld. Ungefähr 500 Winterlinden sind im Naturschutzgebiet Riesewohld bei Arkebek zu finden. Das größte mehrstämmige Exemplar steht südöstlich der Infostation. GPS: 54.150343, 9.227656.
17. Reher Kratt. Eichkratt im Naturschutzgebiet Reher Kratt mit Besenheide und Wacholderbeständen, acht Kilometer südwestlich von Hohenweststedt. Von Hohenweststedt nach Reher und dann auf der Vierthstraße zum Wald. GPS: 54.055461, 9.593919.
18. Flatterulme in Oelixdorf. Die mehrstämmige Ulme steht südlich von Oelixdorf bei Itzehoe an der Abzweigung der Straße Charlottenhöhe zum Sternenwald. GPS: 53.915232, 9.567551.
19. Lindenallee Gut Seestermühe. 300 Jahre alte Lindenallee bei Seester nahe Uetersen. Die Straße verbindet das Gut mit dem Altenfeldsdeich. GPS: 53.70767, 9.56782 (> **Linden**, S. 30).
20. Lindenalleen im Barockpark Jersbek. Vorschläge für Rundwege durch den Park auf der Website des Fördervereins Jersbeker Park. GPS: 53.744478, 10.22401 (> **Linden**, S. 27).
21. Gut erhaltene Lindenallee in Ahrensburg. Zwei Abschnitte der Hagener Allee: vom Rondeel (GPS: 53.673003, 10.239236) bis zu den Bahngleisen und von der Ladestraße (GPS: 53.669558, 10.238233) bis zur Bushaltestelle Burgweg (GPS: 53.654944, 10.234911) (> **Linden**, S. 26).
22. Schwarzpappelallee bei Bliestorf. Allee mit bis zu 200 Jahre alten Schwarzpappeln. Zufahrtsstraße vom Todenweg zum Gut Bliestorf, das auch einen Landschaftspark mit alten Bäumen besitzt. GPS: 53.769605, 10.574184.
23. Erlen-Dschungel an der Wakenitz. Am besten mit Schiff oder Boot vom Haltepunkt Absalonshorst (GPS: 53.82373, 10.76016) Richtung Süden oder mit dem Kanu (> **Erlen**, S. 291).
24. Wald am Vossberg bei Mölln. Die spontane Blutbuche gibt es nicht mehr, trotzdem ist der Vossberg-Wald ein schönes Ausflugsziel. Von Mölln auf der Ratzeburger Straße nach Norden, dann rechts in den Lankauer Weg und über die Straßen Bullenberg und Am Herzberg zur Stadtziegelei. Nach Norden geht es in den Wald. GPS: 53.64106, 10.66635 (> **Blutbuchen**, S. 104).

25. Billetal im Sachsenwald. Von den Fürsteneichen im Sachsenwald steht nach Blitzeinschlägen nur noch ein Exemplar (GPS: 53.5598, 10.34083), ein Ausflug lohnt trotzdem: Auf der Wanderung von Witzhave in den Bruchwald entlang der Bille lassen sich Eisvögel in den Erlenbeständen beobachten.

In Hamburg:

26. Blutbuchen im Hamburger Stadtpark. Im Kreis um den Pinguinbrunnen gepflanzte Blutbuchen im Osten des Parks. GPS: 53.595373, 10.028602 (> **Blutbuche**, S. 111).
27. Sumpfzypresse im Kellinghusenpark. Zweistämmiges Exemplar mit Graffiti an der Böschung des Weihers, ungefähre GPS-Koordinaten: 53.588227, 9.989302 (> **Sumpfzypressen**, S. 44).
28. Zitterpappelkranz um das Johann-Georg-Büsch-Denkmal. Am Afrika-Asien-Institut neben dem Hauptgebäude der Universität Hamburg an der Ecke Rothenbaumchaussee und Edmund-Siemers-Allee. GPS: 53.562158, 9.989533 (> **Trauerbäume**, S. 165).
29. Wacholder im Alten Botanischen Garten. Auf den Mittelmeerterrassen vor den Tropengewächshäusern des Botanischen Garten am Bahnhof Dammtor. GPS: 53.559697, 9.985683 (> **Trauerbäume**, S. 167).
30. Trauerweide auf Verkehrsinsel an der Außenalster (GPS: 53.557078, 10.002753). Besser erreichbar sind die Weiden am Ufer direkt vor dem Hotel Atlantic (> **Trauerbäume**, S. 1712).
31. Misteln im Altonaer Volkspark. Auf einem Ahorn auf halber Strecke zwischen Rosengarten und Ausgang Schulgartenweg. GPS: 53.57772, 9.90156 (> **Misteln**, S. 231) .
32. Kratteichen in der Wittenbergener Heide. Eichenmischwald mit Traubeneichen im Naturschutzgebiet Wittenbergener Heide oberhalb der Elbe im Hamburger Stadtteil Rissen. GPS: 53.568172, 9.748922 (> **Kratt**, S. 209).
33. Misteln im Botanischen Garten Klein Flottbek. Im Botanischen Garten kommen Misteln auf mehr als 30 Bäumen vor. Der größte bewachsene Baum ist ein Silberahorn (GPS: 53.559797, 9.862053) (> **Misteln**, S. 230).
34. Lindenterrasse Hotel Louis C. Jacob. Die mit Linden bestandene und von Max Liebermann gemalte Terrasse des Hotelrestaurants in der Elbchaussee 401–403 liegt unmittelbar an der Elbe von Hamburg-Nienstedten. GPS: 53.55045, 9.84381 (> **Linden**, S. 36).
35. Misteln an der Elbchaussee. An der Bushaltestelle Liebermannstraße (Richtung Innenstadt) wachsen mehrere Misteln auf einer Linde. GPS: 53.54582, 9.89897 (> **Misteln**, S. 225).
36. Misteln am Bubendey-Ufer. Auf den Schwarzpappeln am Bubendey-Ufer östlich des gleichnamigen Anlegers. GPS: 53.53975, 9.88867 (> **Misteln**, S. 233).
37. Vollhöfner Wald. In Altenwerder, Zugang über die Straße Vollhöfner Weiden. GPS: 53.505622, 9.895297 (> **Silberweiden-Hain**, S. 17).
38. Alte Eibe am Neuländer Deich. Hamburgs ältester Baum. Steht neben der Bus-

haltestelle »Alte Schule«. GPS: 53.47036, 10.02662 (> **Eiben**, S. 175).

39. Stühbusch und Heide am Falkenberg. Mehrstämmige Eichen nahe der Bergkuppe. Über den Bredenbergsweg in Hamburg-Neugraben geht es in den Wald. GPS: 53.460539, 9.879519 (> **Kratt**, S. 221).

In Mecklenburg-Vorpommern:

40. Eichenpaar im Schlosspark Putbus auf Rügen. Beide Exemplare haben fast sieben Meter Umfang (GPS: 54.351525, 13.470456). Im Schlosspark stehen weitere markante Bäume sowie eine Linden- und eine Kastanienallee. (> **Eichensolitär**, S. 78)
41. Silberweidenallee auf Rügen. Ungefähr 80 Silberweiden säumen im Abstand von jeweils zwei Metern die Straße vom Ortskern Neuendorf Richtung Wreechen, direkt am Strand entlang. GPS: 54.335287, 13.483017.
42. Urwald auf der Insel Vilm. Die kleine Insel Vilm im Südosten von Rügen mit ihren alten Buchen- und Eichenbeständen ist ein sogenanntes Totalreservat und darf nur von März bis Oktober im Rahmen einer geführten Tour betreten werden. Informationen unter vilmexkursion.de.
43. Reinberger Linde. Ungefähr 1000 Jahre alte Sommerlinde auf dem Friedhof in Reinberg. GPS: 54.211283, 13.251030.
44. Spitzahorn und Blutbuche am Jagdschloss Quitzin. Einer der stärksten Ahornbäume Deutschlands (GPS: 54.115734, 12.973075) und eine fast 200 Jahre alte Blutbuche mit riesiger Krone (GPS:54.115846, 12.973786) stehen im Park fast nebeneinander.
45. Schwarzpappel in Greifswald. Mehr als sechs Meter dicke Pappel im Norden des Nexö-Platzes an der Anklamer Straße (GPS: 54.093871, 13.387779). Eine weitere Schwarzpappel in der Hans-Fallada-Straße wurde 2019 auf sechs Meter Höhe gekappt.
46. Lärchengruppe bei Diedrichshagen. Ein Bestand aus mehr als 30 Meter hohen Europäischen Lärchen nahe der Försterei Diedrichshagen. GPS: 54.05234, 13.51362
47. Murchiner Seeholz. 1819 begann Gutsbesitzer Friedrich von Homeyer, am Küchensee verschiedene exotische Baumarten anzubauen. Unter anderem finden sich dort ein Mammutbaum und eine Riesen-Küstentanne. Ein Lehrpfad beginnt am Ortsausgang Murchin in Richtung Anklam. GPS: 53.903033, 13.739067.
48. Gespensterwald Nienhagen. Im unmittelbar an der Ostsee gelegenen Buchenwald in Rostock-Nienhagen wachsen die Bäume kerzengerade in die Höhe. Ausgangspunkt für Erkundungen ist der Parkplatz am Alten Forsthaus. GPS: 54.157750, 11.942972.
49. Lindenallee in Bad Doberan. Startpunkt in Bad Doberan (GPS: 54.11029, 11.90541) der L12 Richtung Heiligendamm. Neben der von 170 Jahre alten Linden gesäumten Straße verläuft auch die Strecke der Schmalspurbahn nach Kühlungsborn.
50. Lindenalleen am Schloss Bothmer. Kurzer Spaziergang vom Parkplatz aus (GPS: 53.958992 11.165307) über die Feston-Allee (GPS: 53.95783, 11.16079) zum

Schloss. Hinter dem Schloss stehen weitere nicht geköpfte Lindenalleen. **(> Linden**, S. 23**)**.

51. Schattiner Zuschlag. Die Lage an der innerdeutschen Grenze verhinderte jahrzehntelang die Bewirtschaftung, mittlerweile wird das artenreiche Waldstück seit mehr als 70 Jahren sich selbst überlassen. Startpunkte für Erkundungen sind ein kleiner Waldparkplatz an der Straße von Schattin nach Utecht (GPS: 53.787134, 10.785209) oder das Dorf Schattin.

52. Sumpfzypresse am Schweriner Schloss. Direkt am Ufer des Schweriner Innensees nördlich der Orangerie. Im Schlosshof steht außerdem eine beeindruckende Platane. GPS: 53.62458, 11.42008 **(> Sumpfzypressen**, S. 46).

53. Kastanienallee bei Warnow. Die von Rosskastanien gesäumte Straße wurde vom BUND zur Allee des Jahres 2019 gekrönt und führt über mehr als fünf Kilometer von Groß Görnow über das Dorf Eickelberg nach Eickhof.

54. Schäferbuche bei Dobbin. Die stärkste Buche in Mecklenburg-Vorpommern kämpft seit einem Jahrzehnt mit Pilzbefall, hält sich aber wacker. Am Feldweg zwischen Dobbin und Neu-Dobbin nahe des Krakower Sees. GPS: 53.630880, 12.326036.

55. Bäume an der Burg Schlitz. Am Skulpturenweg an der Burg Schlitz in der Mecklenburgischen Schweiz steht ein mächtiger Bergahorn (GPS: 53.700459, 12.524314), im Schlosspark mehrere Huteeichen und eine 200 Jahre alte Rotfichte.

56. Eichen im Ivenacker Tiergarten. Die älteste der Eichen im sonst von Buchen geprägten Ivenacker Tiergarten bei Stavenhagen ist wohl 1200 Jahre alt. GPS: 53.7158, 12.94883 **(> Eichensolitär**, S. 80**)**.

57. Tanzlinde in Galenbeck. Knapp 250 Jahre alte Linde mit angebautem Tanzboden. Von der Burgstraße über das Gelände des ehemaligen Gutsparks erreichbar. GPS: 53.620141, 13.703756.

58. Eiche in Löcknitz. Von Löcknitz nach Südosten auf der Retziner Straße fahren, etwa 700 Meter hinter dem Campingplatz rechts. Die angeblich 1128 gepflanzte Eiche steht nahe des Seeufers. GPS: 53.447501, 14.230752.

59. Heilige Hallen bei Lüttenhagen. Deutschland ältester Buchenwald nahe der Feldberger Seen darf auf eigene Faust nicht betreten werden, es gibt aber regelmäßige Führungen vom Forstamt und Naturpark. Außerdem führt ein fünf Kilometer langer Rundweg am Waldrand entlang. Startpunkt ist der Parkplatz am Paradiesgarten. GPS: 53.33397, 13.37282.

60. Silberpappel im Schlosspark Mirow. Über vier Meter dicke Silberpappel mit gestutzter Krone, ungefähr 50 Meter östlich des Schlosses. Im Schlosspark gibt es auch eine Lindenallee. GPS: 53.27705, 12.81159.

61. Waldlewitz. Dieser naturnah bewirtschaftete Mischwald mit Buchen, Erlen und alten Eichen lässt sich über den Wanderweg vom Bahlenhüschener Forsthof über die Gaarzer Brücke nach Jamel erkunden. In Friedrichsmoor gibt es außerdem einen zwölf Kilometer langen Walderlebnispfad mit Holzskulpturen und kulturgeschichtlichen Stationen.

62. Douglasien im Parchimer Stadtforst. Größter Bestand dieser in Nordamerika heimischen Nadelbäume in Mitteleuropa, knapp 70 Meter hoch (GPS: 53.394500,

11.810462). Ein guter Ausgangspunkt für Erkundungen ist der Parkplatz auf dem Sonnenberg.

63. Sumpfzypressen im Schlosspark Ludwigslust. Mehrere Bäume am Kanal um die katholische Kirche St. Helena und St. Andreas im Westen des Schlossparks. In der Nähe steht auch eine große Silberpappel. GPS: 53.32482, 11.48522 (> **Sumpfzypressen**, S. 46).
64. Ur-Schwarzpappelbestand im Elbtal. Am Naturschutzgebiet Tongrube beim ehemaligen Grenzdorf Rüterberg. Vom Ortskern die Klinkerstraße am Höhenzug der Elbaue entlang. Ungefähre GPS-Koordinaten: 53.15108, 11.19045 (> **Sumpfzypressen**, S. 71).

In Bremen:

65. Eiche auf der Eekenhöge. Ungefähr 400 Jahre alte Stieleiche mit mehr als sechs Meter Stammumfang. In der Straße Eekenhöge Ecke Oberstes Fleet. GPS: 53.104378, 8.915393.
66. Linde vor der Horner Kirche. Der älteste Baum Bremens, zwischen 700 und 900 Jahre alt. Direkt vor der Kirche in Bremen-Horn, Ecke Horner Heerstraße und Riensberger Straße. GPS: 53.096726, 8.869555.
67. Bäume in den Wallanlagen. Beim Eingang Doventor wächst eine Lärche liegend am Wegesrand (GPS: 53.08199, 8.79933). In der Nähe steht eine beeindruckende Kanada-Schwarzpappel. Am Eingang Herdentor befindet sich eine der ältesten Haseln Deutschlands.

In Niedersachsen:

68. Eichkratts bei Cuxhaven. An der Nordseeküste zwischen Weser- und Elbe-Mündung liegen mehrere kleine Naturschutzgebiete mit Kratteichen. Von Berensch nach Süden auf der Spieka-Neufelder Straße entweder bis zur Abzweigung zum Deich (GPS: 53.81376, 8.58555) oder bis zum Ende der Straße (GPS: 53.808, 8.59296).
69. Naturwald Braken. Ein Viertel des Staatsforsts südlich von Stade wird komplett sich selbst überlassen. Zum Parkplatz (GPS: 53.41808, 9.46231) am Naturwald-Teil des Braken gelangt man von Ahlerstedt über die Stader Straße Richtung Norden.
70. Stieleichenallee in Varel. 540 Stieleichen säumen die 2,5 Kilometer lange Allee in Varel bei Wilhelmshaven zwischen den Ortsteilen Moorhausen und Wehgast. Start in Moorhausen an der Bushaltestelle Meedenstraße. GPS: 53.4171, 8.13477.
71. Neuenburger Urwald. Naturschutzgebiet zwischen Zetel und Bockhorn mit vielen alten Eichen, umgeben von Buchen und Hainbuchen. Ausgangspunkte für Erkundungen: Parkplätze am Restaurant Urwaldhof östlich von Neuenburg (GPS: 53.392029, 7.963776) oder in der Urwaldstraße am südlichen Ortsausgang von Zetel.
72. Bäume im Schlossgarten Oldenburg. Vielfältiger Bestand mit Winterlinde, Pla-

tane und Schwarzerle sowie einigen exotischen Baumgestalten, wie der Schwarznuss am Eingang Schlosswall/Altstadt. Gehölzplan auf der Website des Parks unter: bit.ly/2sNaL0Y.

73. Urwald Hasbruch mit Friederikeneiche. Die schätzungsweise 1200-jährige Friederikeneiche (GPS: 53.07081, 8.47662) ist die älteste Überlebende der Eichen des ehemaligen Hutewaldes bei Delmenhost. Um den außergewöhnlichen Urwald mit vielen alten Baumbeständen zu erreichen, von der A28 bei Hude abfahren und der Vielstedter Straße bis zum Forstamt folgen (> **Der Eichensolitär**, S. 81).
74. Dicke Linde in Heede. Der Baum mit einem beeindruckenden Stammumfang von 17 Metern wurde 2019 von der Deutschen Dendrologischen Gesellschaft zum ersten Nationalerbe-Baum erklärt. Er steht südlich von Papenburg unweit der Ems, nahe der Bushaltestelle Heede. GPS: 52.993324, 7.295810.
75. Buchenwald Tinner Loh. Zwar ist die mächtigste Buche (GPS: 52.791963, 7.318849) 2018 umgestürzt, aber der ehemalige Hutewald beherbergt noch andere alte Buchen. Aus Tinnen über die Straße Lohkamp geht es in den Wald.
76. Urwald Herrenholz. Vielseitiges Naturschutzgebiet mit Bruchwald, Mischwald mit Stechpalmenunterwuchs und Überresten eines alten Hutewalds. Zugang über Pappelweg (GPS: 52.79796, 8.37822) oder Wildapfelweg (GPS: 52.803658, 8.374131).
77. Krüppeleichen am Holzberg. Eichkratt mit gedrungenen, stark verformten Eichen zwischen Buchholz und Wilstedt, zwei Kilometer nördlich von Buchholz an der Buchholzer Straße. GPS: 53.172007, 9.092935 (> **Kratt**, S. 212).
78. Eichenallee bei Verden (Aller). Zwischen Kirchlinteln und Kükenmoor wird ein 500 Meter langes Stück der mit Kopfsteinen gepflasterten Kükenmoorer Straße von alten Eichen und jüngeren Birken gesäumt. Startpunkt-GPS: 52.94028, 9.31926.
79. Eiche in Haßbergen. Mehr als 300 Jahre alte Eiche am nördlichen Ende der Kapellenstraße in Haßbergen bei Nienburg an der Weser. GPS: 52.73233, 9.22717.
80. Stühbusch Höpen bei Schneverdingen. Heidelandschaft mit Kratteichen, gepflegt von einer Herde Heidschnucken. In der Nähe liegt auch ein Heidegarten. Über den Höpener Weg von Schneverdingen nach Norden. GPS: 53.13413, 9.79768.
81. Eichen am Wulfsberg. Eichkratt zwischen Bispingen und Schneverdingen mit einer achtstämmigen Eiche (GPS: 53.1222, 9.902179). Start am Hof Tütsberg (GPS: 53.11279, 9.91584) und dann die gleichnamige Straße hinauf (> **Kratt**, S. 213).
82. Wacholder im Totengrund. Kerngebiet des Wacholder-Bestandes in der Lüneburger Heide (GPS: 53.15488, 9.96787). Startpunkt für Wanderungen ist der Parkplatz in Döhle, von dort aus über Wilsede und dann nach Süden zum Totengrund (> **Wacholder**, S. 129).
83. Flatterulme in Nindorf. Mehr als sieben Meter dicke Ulme am Ulmenhof, Haus Nr. 3 in Nindorf, 25 Kilometer östlich von Lüneburg mit mehreren Höhlen im Stamm. GPS: 53.261574, 10.743574.
84. Königseiche bei Ebstorf. Dieser mehr als 600 Jahre alte Baum steht an der Straße Westerholz zwischen Altenebstorf und Uelzen. GPS: 53.015969, 10.425621.
85. Erlenbrüche in der Lucie. Naturschutzgebiet zwischen Lüchow und Dannenberg

im Wendland mit Erlen-Bruchwald und alten Entwässerungsgräben. Von Seerau Richtung Zadrau über die Brücke fahren, dann in den dritten Waldweg auf der rechten Seite. GPS: 53.026364, 11.182418 (> **Schwarzerlen**, S. 299).

86. Hutewald in Bad Bentheim. Dieser Eichen- und Buchenwald wird heute mithilfe von Rindern, Ziegen und Schafen aus dem Nordhorner Tierpark als Hutewald erhalten. Von Bad Bentheim nach Norden an der Therme vorbei Richtung Wald.

87. Eibe in Wehrensdorf. Zwischen 800 und 1000 Jahren alter Baum in der Grünanlage zwischen Eibengrund und Mühlenstraße in Wehrendorf bei Bad Essen. GPS: 52.327090, 8.313949.

88. Marienlinde in Telgte (NRW). Ehemals stattliche Linde an der Ecke Münstertor und Münsterstraße in Telgte, nördlich von Münster. Mittlerweile ist aus dem 2007 abgeschnittenen Stumpf wieder ein Busch von zehn Meter Höhe geworden. GPS: 51.98558, 7.7817 (> **Linden**, S. 42).

89. Süntelbuchenallee in Bad Nenndorf. Größte Süntelbuchenallee Deutschlands, Süntelbuchen sind eine seltene Wuchsform der Rotbuche. Im Kurpark Bad Nenndorf, Eingang Parkstraße. GPS: 52.333396, 9.377327.

90. Süntelbuche in Lauenau. Weltweit ältestes Süntelbuchen-Exemplar. Etwa 200 Jahre steht diese Rotbuche schon im Lauenauer Volkspark. Seit 2019 ist sie zum Schutz vor Kletterern mit einem Zaun abgesperrt. GPS: 52.275769, 9.367821.

91. Süntelbuche in Bad Münder. Ungefähr 200 Jahre alte Süntelbuche mit kurzem Stamm und ausladender Krone in der Wermuthstraße 13 auf einer Grünfläche. GPS: 52.198316, 9.461148.

92. Bäume im Saupark Springe. In dem großen Tiergehege einen Kilometer vom Dorf Alvesrode entfernt leben unter anderem Wölfe, Rentiere und Wisente, aber auch viele besondere Bäume, zum Beispiel alte Eichen, die Überreste eines Hutewalds. GPS des Parkplatzes: 52.18852, 9.60409.

93. Platane in Ohr. Nahe der Weser, ein Solitär mit neun Meter starkem Stamm (GPS: 52.06558, 9.35169) auf einem Feld 200 Meter südlich des Ohrbergparks, in dem auch andere sehenswerte Bäume stehen, zum Beispiel eine Blutbuche und eine Silberlinde.

94. Buche in Banteln. Etwa 300 Jahre alte Farnblättrige Buche mit knapp sieben Meter Stammumfang im Park des Altenheims, unweit der Leine. GPS: 52.067739, 9.757128.

95. Eiche und Hainbuche im Tiergarten Hannover. Im Stadtteil Kirchrode im Südosten von Hannover stehen die Märcheneiche (GPS: 52.363200, 9.833017) und die Ludwig-Richter-Hainbuche mit ihrem verschlungen gewachsenen Stamm (GPS: 52.366441, 9.835744).

96. Blutbuchen in Peine. Eine der zwei über 150 Jahre alten Blutbuchen im Peiner Stadtpark ist bereits abgestorben, die zweite trotzt dem Pilzbefall. Eingang Woltorfer Straße oder Kantstraße. GPS: 52.32108, 10.23613 und 52.32192, 10.23467.

97. Bäume im Schlosspark Destedt. Kleiner, privat gepflegter Park mit einer über 30 Meter hohen Linde (GPS: 52.2403, 10.71089) und einer Blutbuche (GPS: 52.240082, 10.710045) östlich von Braunschweig. Bei der Gutsverwaltung gibt es einen Baumführer für den Park.

98. Bergahorn Dicker Forstmeister im Harz. 400 Jahre alter Bergahorn im Nordharz. Erreichbar von Okertal nach Südwesten ins Düstere Tal, der Baum steht an der Abzweigung Randweg/Unterer Talbergweg. GPS: 51.86995, 10.45371.

99. Urfichten am Brocken. Abzweigend von der Brockenstraße kurz nach der Abbiegung Richtung Ilsenburg führt ein 200 Meter langer Urwaldstieg in einen der letzten Bergfichten-Urwälder Mitteleuropas. Ende 2019 war der Pfad allerdings aus Sicherheitsgründen gesperrt. GPS: 51.79071, 10.64498.

100. Eibenwald am Hainberg bei Bovenden. Eines der größten Eibenvorkommen Nordeuropas mit bis zu 200 Jahre »jungen« Eiben. Erreichbar vom Parkplatz (GPS: 51.5972, 9.9687) vor der Plesseburg über die Plessestraße zum Mistweg. Von hier aus führt ein Wanderweg durch den Eibenwald Richtung Eddigehausen.

Quellen zu den Ortshinweisen:

Baumland, 1. Auflage 2005, und Hinweise der Autoren auf lohnenswerte Ziele.

Hans-Joachim Fröhlich, Wege zu alten Bäumen, Band 5 – Niedersachsen, WDV Wirtschaftsdienst OHG.

Hans-Joachim Fröhlich, Wege zu alten Bäumen, Band 6 – Schleswig-Holstein, Hamburg, Bremen, WDV Wirtschaftsdienst OHG.

Hans-Joachim Fröhlich, Wege zu alten Bäumen, Band 9 – Schleswig-Holstein, WDV Wirtschaftsdienst OHG.

Wege zu alten Bäumen in Schleswig-Holstein – Naturwanderführer, BUND Schleswig-Holstein, 2013.

Walter Denker und Reimer Stecher, Alte Bäume in Dithmarschen, Westholsteinische Verlagsgemeinschaft Boyens & Co., 1997.

Historische Alleen in Schleswig-Holstein – geschützte Biotope und grüne Kulturdenkmale, Publikation des LLUR SH, 2009.

Informationen über besondere Baumbestände in öffentlich zugänglichen Wäldern gibt es meist auf den Websites der jeweiligen Forstämter, einzelne Naturdenkmale sind auf den Websites der Landkreise und Städte vermerkt.

Informationen über Naturschutzgebiete gibt es auf den Websites des Niedersächsischen Landesbetriebs für Wasserwirtschaft, Küsten- und Naturschutz, des Schleswig-Holsteinischen Ministeriums für Energiewende, Landwirtschaft, Umwelt, Natur und Digitalisierung und des Landesamts für Umwelt, Naturschutz und Geologie Mecklenburg-Vorpommern. Parks und Gärten besitzen meist eigene Websites.

Standortdaten von den Autoren oder selbst aufgenommen, Eintragungen bei Google Maps, openstreetmap.de sowie aus Einträgen auf baumkunde.de, monumentale-eichen.de, monumentaltrees.com und ddg-web.de.

Einzelne Hinweise, Literaturempfehlungen und Standortdaten von Norbert Voigt, Joachim Stuhr, Susanne Stange, Dr. Uwe Holm, Nina Heinemann und Lina Walther.

Register

Abendländischer Lebensbaum 167
Ahorn 224, 228, 232, 275, 297
Alnus glutinosa 289, 301
Amberbaum 45, 70
Apfelbaum 66, 109, 229, 232, 234, 238, 307
Arizona-Nuss 247
Aspen-Baum 320
Bergahorn 45, 100, 106, 109, 208, 254
Bergulme 254
Besenginster 153
Besenheide 129, 215, 216, 218
Bingelkraut 279, 280 - Abb. 279
Birke 17f., 66, 97, 130, 132, 136, 138, 139, 146, 147, 148, 149, 152, 153, 208, 214, 215, 226, 231, 281, 291, 337 - Abb. 127, 153
Birnbaum 70, 239
Blackjack-Eiche 85
Blaufichte 100, 106, 107
Blutberberitze 101
Blutbuche 70, 100-112
- Abb. 101, 103, 104, 105, 107, 111, 112, 118f., 120
Bluthasel 101
Blutpflaume 101
Brennnessel 18, 45, 146, 298
Bruchweide 171f.
Buchsbaum 341
Buschwindröschen 278, 279
- Abb. 279
Calluna vulgaris 129, 218
Christophskraut 287
Cupressus sempervirens 163, 169
Dotterweide 171
Douglasie 65
Drachenbaum 203
Drüsiges Springkraut 72
Eberesche 66, 131, 132, 237, 275, 317-320, 341
- Abb. 318
Echte Trauerweide 170, 171
Efeu 253, 254
Eibe 175f., 193-207, 307, 337
- Abb. 176, 186f., 188, 199, 203, 206
Eiche 7, 18, 36, 67, 69, 70, 75-86, 87-99, 109, 110, 132, 135, 147, 149, 153f., 156f., 167, 203, 208-223, 238, 246, 273f., 276, 288, 289, 298, 337
- Abb. 64, 77, 79, 81, 84, 86, 89, 92, 95, 96, 113, 114f., 116f., 153, 190f., 211, 212, 215, 217, 219, 192
Einbeere 104, 279f., 287 - Abb. 279
Erle 36, 104, 129, 253, 274, 281, 283, 286 - Abb. 268f., 270f., 272, 332f., 335, 336
Esche 36, 40, 70, 90, 104, 132, 196, 253, 274, 283-287, 291, 295
- Abb. 62f., 263, 265f., 283, 284, 285
Euphratische Pappel 173
Europäische Eibe 201
Fahlweide 170
Faulbaum 208
Feigenbaum 69
Feldahorn 241
Felsenbirne 244, 341
Fichte 36, 106, 130, 281
Flatterbinse 20, 146
Flatterulme 275 - Abb. 11
Flechtweide 173
Flieder 69, 305, 306
Flügelnuss 70
Gelblaubige Robinie 102
Ginkgo 70 - Abb. 70
Ginster 131
Glyzinie 80
Goldnessel 279, 280, 287
Goldschopf-Trauerweide 170f.
Götterbaum 70, 109
Grannenkiefer 203
Grauweide 146

Hagebutte 237
Hainbuche 253, 274, 95, 341
- Abb. 189, 192
Hängebirke 254
Hasel, Haselbusch 66, 254
Heckenkirsche 147, 208
Heidekraut 137, 138, 139, 140, 216, 218, 293f. - Abb. 124f.
Hemlocktanne 106, 107
Himalaya-Zeder 106
Hohler Lerchensporn Abb. 279
Holländische Linde 31
Holunder 18, 131, 245, 303-315
- Abb. 305, 306, 309, 312, 314, 315, 321, 322f., 324f.
Hopfen 295, 296, 298
Italienische Säulenpappel 164
Japanische Lärche 106
Japanischer Staudenknöterich 72
Juglans major 247
Juniperus communis 130
Juniperus sabina 134
Juniperus scopulorum 167
Kanadapappel 231
Kastanie 69, 70, 80, 285f.
Kastanieneiche 85
Kätzchenweide 291
Kautschukbaum 281f.
Kiefer 36, 66, 70, 96, 136, 148, 194, 195, 215, 317, 341
Korbweide 291
Korkenzieherhasel 102
Lärche 70, 100
Libanonzeder 70
Linde 23-43, 69, 70, 78, 79, 224, 225, 274f.
- Abb. 9, 25, 27, 28, 31, 32, 33, 34, 35, 37, 38, 42, 52f., 54, 55, 56, 57, 257
Liriodendron tulipifera 48
Lorbeereiche 85
Louisianamoos 46, 47
Magnolie 109
Mährische Vogelbeere 318
Mammutbaum 70, 80
Mistel 224-231
- Abb. 224, 227, 230, 234, 257, 258
Mittelmeerzypresse 162, 164
- Abb. 163
Myrteneiche 85
Nordmanntanne 105f., 107
Nussbaum 67, 239-252
- Abb. 240, 245, 246, 248, 259, 260f.
Omorika-Fichte 110
Palaeotaxus redivivia 193
Palmen 203
Pappel 71, 97, 164, 173f., 224, 228, 233 - Abb. 182f.
Pazifische Eibe 198, 201
Pfaffenhütchen 244, 275
Pflaumenbaum 67
Platane 70, 80
Populus euphratica 173
Populus nigra italica 164
Populus nigra 71
Populus tremoluides 320
Populus tremula 219
Prunus serotina 72, 73
Pyramideneibe 205 - Abb. 205
Pyramidenpappel 110
Quercus eurocentica 213 - Abb. 213
Quercus pedunculata 219
Quercus robur 85f.
Raketen-Wacholder 167 - Abb. 165
Rhamnus frangula 219
Rhododendron 80, 106
Riesenbärenklau 72
Robinie 65, 80, 102 - Abb. 224
Rosmarinheide 294
Rosskastanie 70
Rotbuche 246, 253, 283 - Abb. 330f.
Roteiche 45, 65, 85
Sachalin-Staudenknöterich 72
Sadebaum 134
Salix alba tristis 171
Salix alba vitellina 171
Salix babylonica 168, 169
Salix blanda 171
Salix chrysocoma 170
Salix napoleona 169

Salix sp. 219
Salweide 109, 254
Sambucus canadensis 305, 309
Sambucus nigra 305, 309, 310
Sandbirke 155
Säuleneibe 167
Säuleneiche 167
Säulen-Lebensbaum 167
Säulenpappel 164–167, 168 – Abb. 167
Säulenwacholder 167
Säulen-Zitterpappel 166 – Abb. 166
Säulenzypresse 162, 163, 164
Scharbockskraut 279
Scheinzypresse 110, 167
– Abb. 58, 59, 60f.
Schlängelschmiede 139, 215
Schneeball 237
Schwarze Walnuss 246 – Abb. 251
Schwarzer Holunder 305–310, 311 – Abb. 306
Schwarzerle 45, 288-290, 291, 292, 295f., 297, 298f. – Abb. 333, 334f., 336
Schwarzpappel 71, 164, 230, 233
Silberahorn 229f – Abb. 258
Silberweide 18–20, 110, 170 – Abb. 49
Sommerlinde 31, 32, 42
Sorbus aucuparia 219, 318
Sorbus aucuparia glabrata 318
Spanisches Moos 46, 47
Spätblühende Traubenkirsche 72f., 154–158 – Abb. 155, 156
Spitzahorn 108, 275
Stechginster 85
Stechpalme 254, 274
Stieleiche 45, 79, 85, 93, 213, 219, 223
Sumpfzypresse 44–48, 74
– Abb. 44, 46, 65
Taxodium distichum 44, 47
Taxus baccata 201, 205
Taxus brevifolia 198, 201
Taxus celebica 193
Thuja occidentalis 167
Thuja occidentalis Fastigiata 167
Tilia cordata 31
Tilia platyphyllos 31
Tilia x vulgaris 31
Tillandsia usneoides 46
Traubeneiche 85, 213, 223
Trauerbuche 61 – Abb. 178f.
Traueresche 161
Trauerulme 161
Trauerweide 102, 110, 161, 168–173
– Abb. 171, 172, 177, 180f.
Trompetenbaum 70
Tulpenbaum 45, 48, 70
Ulme 39, 40, 285 – Abb. 50f., 185
Vogelbeere 18, 146, 214, 318, 319, 320
– Abb. 318
Vogelkirsche 275
Wacholder 129–145, 194
– Abb. 121, 122f., 135, 140, 142
Weide 18, 20, 23, 90, 97, 168, 169, 172f., 233, 337 – Abb. 13, 128, 333
Weideneiche 85
Weinrebe, Weinstock 65f., 285
Weißdorn 8, 69, 146
Weißtanne 231
Winterlinde 31f., 254
Winterschachtelhalm 274
Wisconsin-Trauerweide 171
– Abb. 171, 172
Wurmfarn 152
Zierapfelbaum 230
Zitterpappel 146, 166
Zwergmispel 237
Zypresse 45, 47, 140, 141f., 161–164, 166, 167, 169, 204, 205, 285

Hans-Helmut Poppendieck

war von 1973 bis 2013 Kustos am Botanischen Garten und am Herbarium in Hamburg. Er lehrte Botanik an der Universität und arbeitete wissenschaftlich über südafrikanische Wüstenpflanzen, tropische Holzgewächse und die Flora Norddeutschlands. Als passionierter Freilandbotaniker unternahm er zahlreiche Forschungs- und Sammelreisen und Exkursionen. Er ist Erster Vorsitzender des Botanischen Vereins zu Hamburg und der Stiftung Internationaler Gärtneraustausch. 2017 wurde er für sein Lebenswerk in Botanik und Naturschutz mit der Silberpflanze der Loki-Schmidt-Stiftung ausgezeichnet.

Buchpublikationen u.a.: »Botanischer Wanderführer rund um Hamburg« (Herausgeber, 2016), »Der Hamburger Pflanzenatlas« (Herausgeber, 2010), »Baumland« (mit Helmut Schreier 2005)

Helmut Schreier

war Dorfschullehrer, Gesamtschullehrer, Schulleiter, Lehrer an einer amerikanischen Schule und danach 27 Jahre lang Professor für Erziehungswissenschaft an der Universität Hamburg, ein Schwerpunkt: Umweltbildung. Er ist Ehrendoktor der Universität Kiel, war Gastdozent an mehreren amerikanischen Universitäten und arbeitete mit an Umweltbildungs-Projekten der Gesellschaft für Internationale Zusammenarbeit (GIZ) in Afrika und in Asien.

Buchpublikationen u.a.: »Urstromtal« 2018, »Baumland« (mit Hans-Helmut Poppendieck, 2005), »Bäume« (2004), »Die Zukunft der Umwelterziehung« (Herausgeber, 1994), »Kinder auf dem Wege zur Achtung vor der Mitwelt« (Herausgeber, 1992)

Die Melodie einer Landschaft

Helmut Schreier singt in diesem Buch das Lied vom Autal, von der Elbe, vom weißen Fluss. Er schildert den Jahreslauf – die Zartheit, Zerbrechlichkeit und Gewaltigkeit einer Landschaft, ihre Geschichte und ihre Gegenwart. Kenntnisreich und hoch inspiriert. Mit Fotografien von Uwe Hameyer u.a.

Vom Vergnügen, an einem großen Fluss zu leben

LEBEN AM FLUSS im Frühling, Sommer, Herbst und Winter. Hella Kemper erzählt von den Gerüchen des Wassers, romantischen Strandstimmungen, überraschenden Uferbegegnungen und vom dem sich immer wieder wandelnden großen Strom. LEBEN AM FLUSS ist ein sinnliches, intensives Buch.

Von Flensburg bis Göttingen,
von der Ems bis zu den Bodden
und ans Stettiner Haf

Unzählige Orte und die Schönheit der norddeutschen Landschaft. Mittendrin norddeutsche Typen: der Wattfotograf, die Meeresbiologin, die Züchterin alter Haustierrassen, die Techniker im ehemaligen Transrapidgebäude, der knollennasige Figuren schaffende Künstler. Norddeutsche Landschaften und norddeutsche Menschen. »Die Elbe von oben« und »Norddeutschland bei Nacht« heißen die Filme von Marcus Fischötter. Erstmals erscheinen die Bilder und Geschichten nun in zwei Büchern.

Mit den Augen einer Möwe

MEERLANDSCHAFTEN ist eine Luftbildreise über die drei deutschen Wattenmeer-Nationalparke. Es ist ein Flug über eine besondere Landschaft, die vom Meer täglich für einige Stunden freigegeben und dann wieder von seinen Fluten bedeckt wird, im ewigen Rhythmus der Gezeiten.

DÜNEN sind ein Geschenk des Meeres

Im Wattenmeer der Nordsee erstreckt sich das silberne Band der Küstendünen über 200 Quadratkilometer. Das nördliche Drittel der Silberkette beschreibt dieses Buch. Hier gibt es die breitesten Strände und höchsten Dünen, und nur hier dürfen sich die drei großen Wanderdünen frei bewegen.

Pflanzenwissen wiederentdeckt. Saisonales Kochen ganz einfach

Für unsere Ernährung muss der Supermarkt nicht allein zuständig sein. Es ist spannend, vor die Tür zu gehen und mit dem zu kochen, was im Garten oder im Park wächst. Es ist ebenso spannend, auf dem Markt und bei den Bauen direkt regionales Gemüse einzukaufen. Saisonales Kochen wirkt gegen kulinarisches Einerlei und ist nachhaltig und klimafreundlich. Pflanzenkunde und Rezepte. Interviews, Pflanzenregister und eine Liste essbarer Blüten

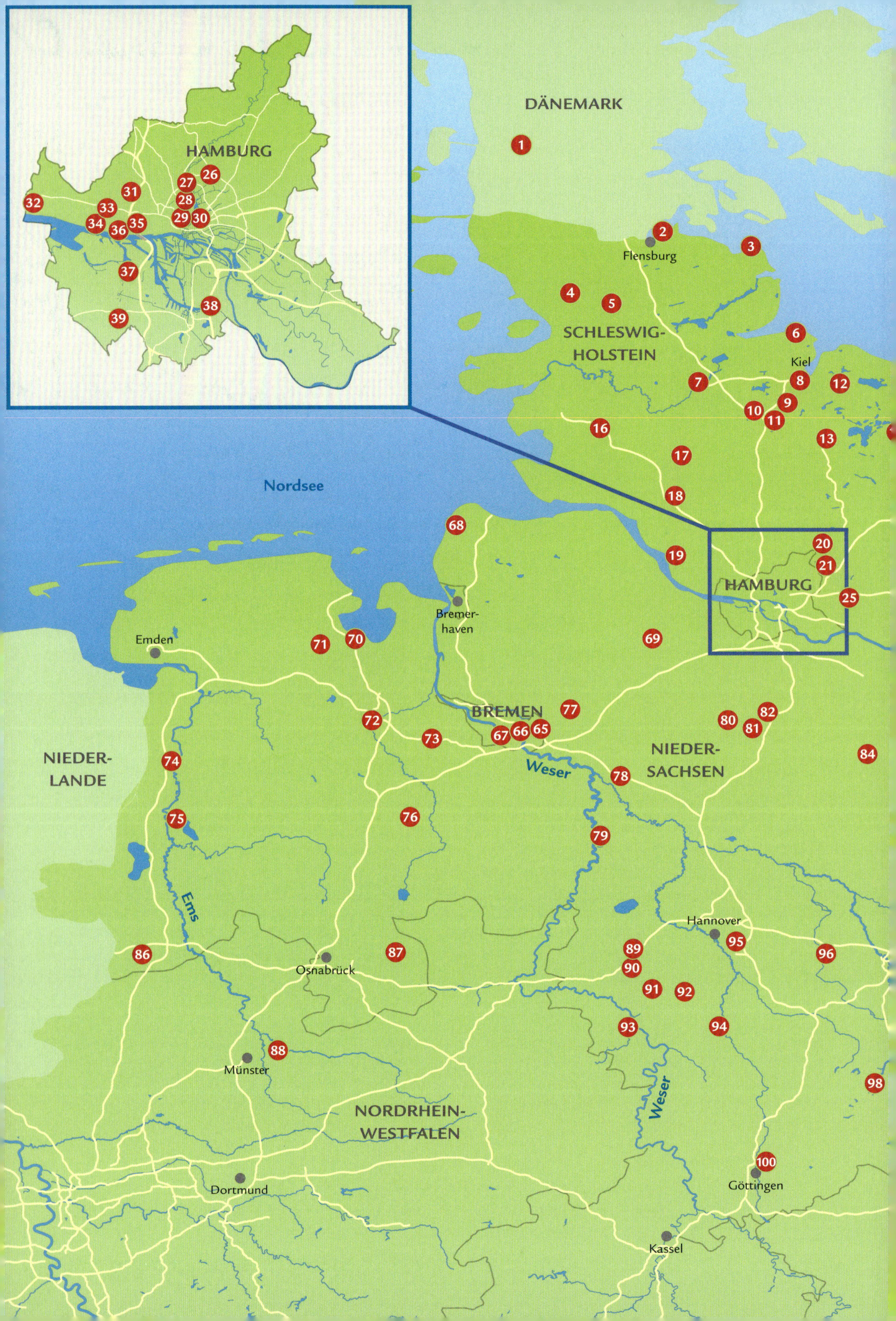

HAMBURG
26
27
31
28
32
33
29
30
34
36
35
37
38
39
DÄNEMARK
1
2
Flensburg
3
4
5
SCHLESWIG-
HOLSTEIN
6
Kiel
7
8
12
9
10
11
16
13
17
Nordsee
18
68
20
19
21
HAMBURG
25
Bremer-
haven
Emden
71
70
69
BREMEN
77
80
82
72
81
73
67
66
65
84
NIEDER-
LANDE
NIEDER-
SACHSEN
74
Weser
78
75
76
79
Ems
Hannover
89
95
86
87
96
Osnabrück
90
91
92
93
94
88
Münster
98
NORDRHEIN-
WESTFALEN
Weser
100
Göttingen
Dortmund
Kassel